高等职业教育“十三五”规划教材

计算机应用基础一体化教程

薛永三　主　编
翟秋菊　副主编

中国铁道出版社有限公司
CHINA RAILWAY PUBLISHING HOUSE CO., LTD.

内容简介

本书是一部理实一体化教材，汇集了一线教师多年的教学实践经验编写而成。按照职业院校学生的特点，采用项目引导任务驱动模式编写，侧重实际案例的制作过程，由案例关联讲解相关知识，引发兴趣，调动学生的学习积极性。主要内容包括DIY计算机、Windows 7的应用、使用Word 2010编辑文档、使用Excel 2010统计与分析数据、PowerPoint 2010演示文稿制作，每个项目分别通过子任务讲述相关知识和技能点。

本书适合作为高职高专院校各专业计算机应用基础课程的教材，也可作为社会培训及自学爱好者的参考用书。

图书在版编目（CIP）数据

计算机应用基础一体化教程/薛永三主编. —北京：中国铁道出版社，2019.1（2023.12重印）
高等职业教育“十三五”规划教材
ISBN 978-7-113-25407-0

Ⅰ.①计…　Ⅱ.①薛…　Ⅲ.①电子计算机-高等职业教育-教材　Ⅳ.①TP3

中国版本图书馆CIP数据核字（2018）第301352号

书　　名：计算机应用基础一体化教程
作　　者：薛永三

策　　划：王文欢　　**编辑部电话**：（010）83527746
责任编辑：许　璐　冯彩茹
封面设计：刘　颖
封面校对：张玉华
责任印制：樊启鹏

出版发行：中国铁道出版社有限公司（100054，北京市西城区右安门西街8号）
网　　址：http://www.tdpress.com/51eds/
印　　刷：三河市宏盛印务有限公司
版　　次：2019年1月第1版　2023年12月第8次印刷
开　　本：787 mm×1 092 mm　1/16　**印张**：12　**字数**：302千
书　　号：ISBN 978-7-113-25407-0
定　　价：37.00元

前　言

计算机技术已经渗透到社会的各个行业，计算机应用技术已经成为从业者的必备能力，但很多人使用计算机并没有经过培训和严格的训练，因此操作并不规范，使用也仅仅停留在娱乐上，实际工作中常用的操作技能并未掌握。高等职业教育作为职业人才培养的一条重要途径，计算机应用基础能力的培养是各专业学生的一门必修专业基础课，起到了规范操作和培养基本的数据处理能力的作用，同时对学生的计算机综合应用能力、信息素养和计算思维的培养发挥了重要作用，为学生奠定了职业岗位所需要的信息技术基础。

本书集编者多年一线教学的经验和体会，以及课程教学改革的成果编写而成，体现了“教、学、做”一体化思路。将教学内容进行科学大胆的整合，以“必需、实用”为本，以“够用、适度”为纲，删繁就简，重点突出实践动手技能、职业岗位技能和解决实际问题技能的培养，强化职业技能训练。在结构上打破了传统教材以知识点为目标的框架，采用项目引领、任务驱动的编写方法，注重操作技能的培养和训练，每个项目精心设计了多个任务，通过任务驱动启发、引导学生学习的积极性，在完成各项任务的过程中，理解并熟练掌握计算机各项操作的技能和技巧，更好地满足实际工作岗位的要求。本书主要内容包括 DIY 计算机、Windows 7 的应用、使用 Word 2010 编辑文档、使用 Excel 2010 统计与分析数据、PowerPoint 2010 演示文稿制作等。

本书由黑龙江农业经济职业学院组织编写，薛永三任主编，翟秋菊任副主编。参加编写的有周敏、宇虹儒、卢长鹏、何鑫。具体编写分工如下：何鑫编写项目 1；翟秋菊编写项目 2 的任务 1 和项目 4 的任务 3；宇虹儒编写项目 2 的任务 2 和任务 3；薛永三编写项目 3；周敏编写项目 4 的任务 1 和任务 2；卢长鹏编写项目 5。全书由薛永三统稿。

本书的编写参考了有关教材、论文、网络资料等文献，在此向文献作者表示衷心感谢！

由于编者水平有限，书中难免存在疏漏和不足之处，敬请读者批评指正。

编　者

2018 年 10 月

目　　录

项目1　DIY 计算机

项目介绍

学生小明是一位 DIY（Do It Yourself，自己动手制作）发烧友，非常愿意自己动手实践，由于学习需要，想要购买一台计算机，小明决定自己动手组装一台兼容计算机。本项目中，以兼容计算机的部件识别、组装为主线，带领小明完成他第一台 DIY 计算机的安装和配置，并在学习过程中，掌握鼠标、键盘的使用方法。

学习目标

① 了解计算机的发展、分类及应用领域。
② 掌握计算机系统的基本组成。
③ 了解计算机常用数制及字符编码。
④ 熟练组装微型计算机。
⑤ 熟练使用键盘、鼠标。
⑥ 熟练设置输入法。

任务1　认识计算机

任务介绍

学生小明因学习需要，需购买一台计算机，初次接触计算机，小明不知要如何购买，咨询老师，老师要求小明，首先要了解计算机硬件系统的组成部分，并说明各部分组件的主要作用。

任务分析

计算机从外观上有主机箱、显示器、键盘、鼠标等，各连接端口主要位于主机箱的前面板和后面板上，然后把能够看到的各个组件进行分类归纳，并掌握每一个组件的作用。

任务分解

本项目任务可以分解为以下 2 个子任务:
子任务 1: 认识计算机的外观并连接线路。
子任务 2: 认识主机箱的内部设备。

子任务 1　认识计算机的外观并连接线路

步骤 1：从外观上认识计算机

与人们生活息息相关的微型计算机由主机箱、显示器、键盘和鼠标等部分组成，如图 1–1 所示。

步骤 2：认识主机箱的正面

主机箱的正面如图 1–2 所示，包括有光盘驱动器、电源开关、复位开关、电源指示灯、硬盘指示灯等，有的机箱还包括前置 USB 接口、前置音频输入/输出接口等。其中光盘驱动器主要用于光盘的读/写操作。电源开关用于接通和关闭电源，开机时，直接按电源开关按钮即可。指示灯中一个是电源指示灯，提示电源已经打开；另一个是硬盘指示灯，硬盘运行时点亮。音频接口是用来连接音箱和耳麦的接口。USB 接口用于连接 USB 设备。

图 1–1　微型计算机外观

图 1–2　主机箱正面

步骤 3：认识主机箱的背面

主机箱的背面如图 1–3 所示，主要是连接各种外围设备的接口。电源插口用于连接外部电源；PS/2 接口属于串行端口，用于连接键盘和鼠标，现在多用 USB 接口连接；USB 接口用于连接 USB 设备；显示器接口即 VGA 接口，共有 15 针，是显卡上应用最为广泛的接口类型；网卡接口用于连接外部双绞线；音频接口用于连接音箱和耳麦等外部音频设备。

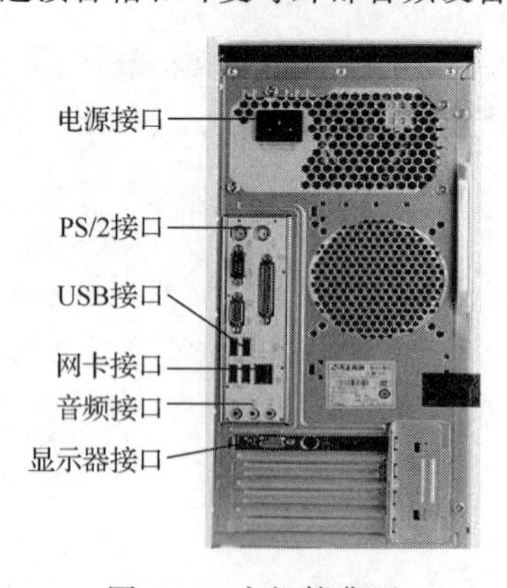

图 1–3　主机箱背面

操作技巧：也可使用图 1-1 主机箱正面的音频接口连接音箱和麦克。

步骤 4：键盘和鼠标与主机箱连接

① 在主机箱后面有两个圆形插座，即为键盘、鼠标的 PS/2 接口，PS/2 接口键盘和鼠标的插头如图 1-4 所示，调整插头方向，将插头上的“脊”与插座上的“槽”相对，轻轻插入即可。鼠标连接方式与键盘连接方式相同，如图 1-5 所示。

② USB 键盘/鼠标连接。当购买的键盘、鼠标是 USB 插头时，首先找到主机箱上的 USB 接口，然后将键盘或鼠标接头的管脚对准 USB 接口的孔，轻轻将插头插入即可。

步骤 5：显示器与主机箱的连接

主机箱背面和显示器背面的 VGA 接口就是视频接口，查看视频线的梯形头，视频线如图 1-6 所示。首先使它与主机箱背面的 VGA 视频接口吻合（两者均为梯形），轻轻插入插口，拧紧两边的固定螺钉，如图 1-7 所示。按同样的方法，将视频线连接到显示器，即完成了显示器与主机数据线的连接。

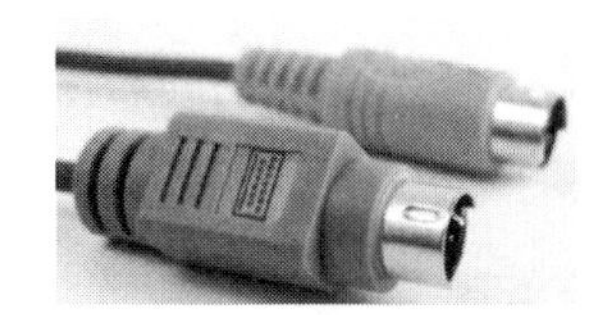

图 1-4　键盘、鼠标插头

图 1-5　键盘和鼠标与主机连接

图 1-6　视频线

步骤 6：电源线的连接

主机箱与电源的连接如图 1-8 所示，显示器与电源的连接如图 1-9 所示。一体机和笔记本式计算机的电源线只有 1 根。将电源连接好后，打开总电源，按下主机箱上的电源按钮即可实现计算机的启动。

图 1-7　视频线与主机箱相连

图 1-8　主机箱连接电源

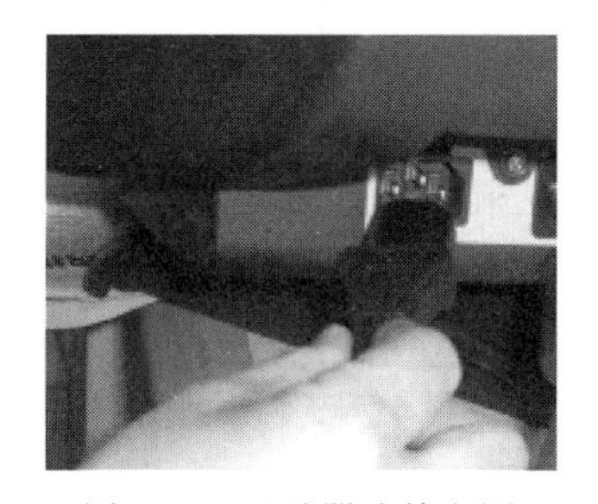

图 1-9　显示器连接电源

子任务 2　认识主机箱的内部设备

步骤 1：工具准备

组装计算机的过程中用到的工具主要有十字螺丝刀和尖嘴钳等。主机箱中包括的各种硬件有主板、CPU、内存条、硬盘、电源、DVD 光驱等。

步骤 2：组装过程

计算机主机箱各组件所在位置如图 1-10 所示。

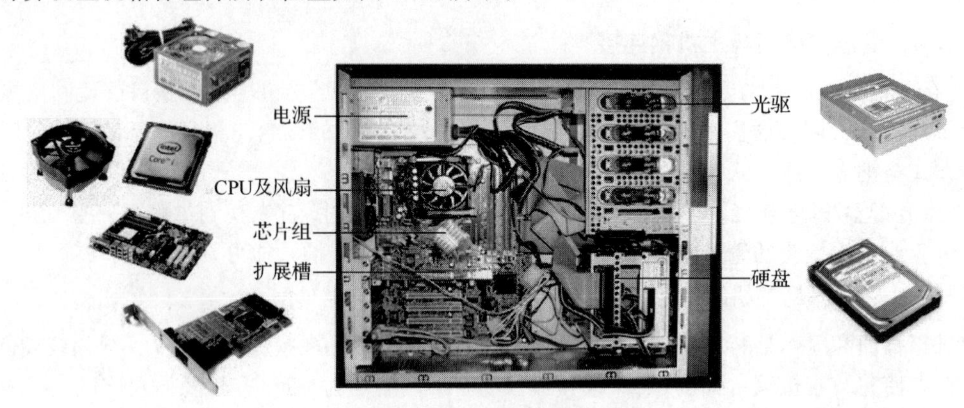

图 1-10　主机箱硬件

组装过程如下所述：

① 安装电源。打开机箱，将电源安装在机箱内。

② 安装光驱。将光盘驱动器固定在光盘驱动器舱。

③ 安装硬盘。将硬盘驱动器安装在硬盘驱动器舱。

④ 安装 CPU 及其风扇。根据 CPU 的针脚，将 CPU 准确插入 CPU 插槽中，扣好扣具，上好硅胶并安装 CPU 风扇。

⑤ 安装内存条。将内存插入内存条槽插。

⑥ 固定主板。将主板安装在机箱底板上。

⑦ 安装显卡和声卡以及其他 PCI 插卡。分别将显卡、声卡等插入各自的插槽中。若主板集成显卡和声卡，可以不安装独立显卡和声卡。

⑧ 连接主板电源线及数据线。计算机各个部件装好后就要连接各部件的数据线。

⑨ 确认无误后盖上机箱盖。为了便于做最后的检查，也可以暂时不盖机箱盖。

⑩ 连接鼠标、键盘、显示器及电源。将鼠标、键盘、显示器以及电源分别插接在相应的位置。

步骤 3：检查组装部件

组装计算机完成后，要进行一次全面的检查并清理机箱。主要检查机箱内部连接，确认 CPU 及风扇是否装好，内存条是否插到位，电源线以及数据线是否已按主板说明书接好，机箱内部有无短路的接线或者装错部件，确认无误后盖上机箱盖；然后将显示器、鼠标、键盘与主机相连；最后再查看电源插板是否都插好，可以进行试启动。

步骤 4：安装操作系统

准备 Windows 7 操作系统安装盘或 U 盘，设置光盘或 U 盘启动。安装操作系统。

扩展任务　认识台式一体机

任务介绍：识别如图 1-11 所示的台式一体机的各个外部接口，并说出与前面介绍的计算机的区别。

图 1-11　台式一体机背面

知识链接

1. 计算机的发展史

1946 年 2 月 14 日，美国宾夕法尼亚大学诞生了世界上第一台电子计算机，它被称为 ENIAC。经过半个多世纪的快速发展，电子计算机经历了大型计算机阶段、微型计算机阶段和计算机网络阶段。其中，电子元器件的发展对计算机的发展起到了决定性的作用。

① 第一代计算机（1946—1957 年），以 ENIAC 为代表，采用电子管为基本元器件。第一代计算机内存储器的容量仅为几千个字节，外存储器有纸带、卡片、磁带和磁鼓等。运算速度为每秒钟几千次到几万次的基本运算，采用机器语言和汇编语言编写程序。ENIAC 如图 1-12 所示，电子管如图 1-13 所示。

特点：体积庞大、造价昂贵、速度低、存储容量小、可靠性差。

应用领域：军事领域和科研领域进行数值计算。

② 第二代计算机（1958—1964 年），采用晶体管为基本元器件。第一台晶体管计算机是 1958 年美国的 IBM 公司制成的 RCA501 型计算机。第二代计算机内存储器采用磁芯存储器，每颗磁芯存储一位二进制代码，外存储器有磁盘、磁带。运算速度提高到每秒钟几十万次，内存容量扩大到几十万字节。第二代计算机出现了操作系统，高级程序设计语言 BASIC、FORTRAN 和 COBOL 的出现使程序开发变得更加容易。晶体管计算机如图 1-14 所示，晶体管如图 1-15 所示。

特点：体积小、质量小、功耗低、速度快、可靠性高。

应用领域：从科学计算扩大到事务处理等领域。

图 1-12　第一台计算机 ENIAC

图 1-13　电子管

图 1-14　晶体管计算机

③ 第三代计算机（1965—1970 年），采用小规模集成电路和中规模集成电路为基本元器件。代表机器为 IBM 公司生产的 S/360 机器，如图 1-16 所示。小规模集成电路上集成十几个电子元器件，中规模集成电路上集成几十个电子元器件，内存储器采用半导体存储器芯片，存储容量和可靠性有了较大的提高，集成电路如图 1-17 所示。在软件方面，出现了分时操作系统、数据库系统，程序设计出现了结构化程序设计方法（如 Pascal 语言的广泛应用），应用软件的开发已逐步成为一个庞大的现代产业。

图 1-15 晶体管

图 1-16 第三代集成电路计算机

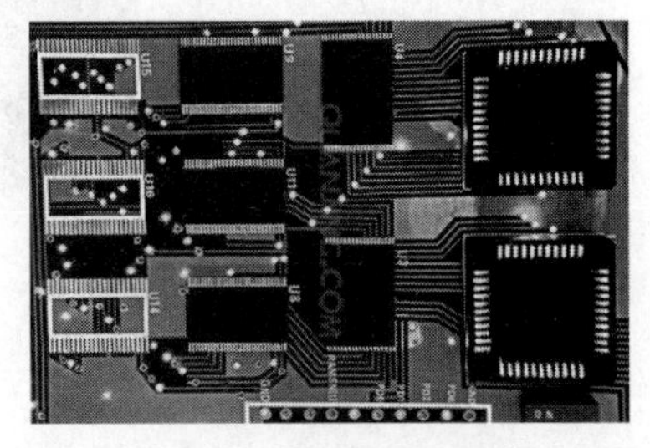
图 1-17 集成电路

特点：体积、功耗、质量进一步减少，可靠性进一步提高，运算速度可达到每秒几万次甚至上亿次基本运算。

应用领域：

数值计算：弹道轨迹、天气预报、高能物理等。

信息管理：企业管理、物资管理、电算化等。

过程控制：工业自动化控制，卫星飞行方向控制。

辅助工程：计算机辅助设计（CAD）、计算机辅助制造（CAM）、计算机辅助教学（CAI）、计算机辅助测试（CAT）、计算机辅助教育（CAE）、计算机辅助出版（CAP）等。

④ 第四代计算机（1971—），采用大规模和超大规模集成电路，如图 1-18 所示，大规模集成电路（LSI）可容纳数千到数万的晶体管，超大规模集成电路（VLSI）可容纳几万个到几十万个晶体管，可以将计算机的核心部分甚至整个计算机集成在一个芯片上，计算机朝巨型化和微型化发展。软件上出现分布式操作系统、数据库系统，软件产业成为高科技产业。

图 1-18 大规模集成电路

特点：存储速度和存储容量有了很大的提高，运算速度可能达到每秒钟几百万次到上亿次。

应用领域：在第三代基础上不断向各个方向渗透。

2. 计算机的发展趋势

今后计算机的发展特点是以人工智能原理为基础，突破原有的冯·诺依曼体系结构，以大规模集成电路或其他新器件为逻辑部件，可以对数值、文字、声音、图形图像等多媒体信息进行处理。未来的计算机将朝着智能化、多媒体化、网络化和多极化发展。

① 智能化。智能化使计算机具有模拟人的“视觉”“语言”“思维”和“学习”能力，使计算机成为可思考的智能计算机。这也是目前正在研制的新一代计算机要实现的目标。智能化的研究包括模式识别、图像识别、自然语言的生成和理解、博弈、定理自动证明、自动程序设计、专家系统、学习系统和智能机器人等。目前，已研制出多种具有人的部分智能的机器人。

② 多媒体化。多媒体计算机是当前计算机领域中最引人注目的高新技术之一。多媒体计算

机就是利用计算机技术、通信技术和大众传播技术，来综合处理多种媒体信息的计算机，这些信息包括图形、图像、声音、文字处理等。多媒体技术使多种信息建立了有机联系，并集成为一个具有人机交互性的系统。多媒体计算机将使计算机朝着人类接收和处理信息的最自然的方式发展。

③ 网络化。网络化是计算机发展的又一个重要趋势。所谓计算机网络化，是指用现代通信技术和计算机技术把分布在不同地点的计算机互联起来，组成一个规模大、功能强、可以互相通信的网络结构。网络化的目的是使网络中的软件、硬件和数据等资源能被网络上的用户共享。网络的发展将在公共数据网和因特网的基础上继续向更大范围发展。

④ 多极化。由于计算机应用的不断深入，对巨型机、大型机的需求也稳步增长，巨型、大型、小型、微型机各有自己的应用领域，形成了一种多极化的发展形式。例如，巨型计算机主要应用于天文、气象、地质、核反应、航天飞机和卫星轨道计算等尖端科学技术领域和国防事业领域，它标志着一个国家计算机技术的发展水平。

3. 计算机的主要用途

计算机具有运算速度快、计算精度高、记忆能力强、自动执行等一系列特点，使计算机在各领域都有一席之地，包括科研、生产、交通、商业、国防、卫生等，计算机的主要用途如下：

（1）科学计算（数值计算）

主要指计算机用于完成和解决科学研究和工程技术中的数学计算问题。科学计算是计算机应用的一个重要领域。如高能物理、工程设计、地震预测、气象预报、航天技术等。由于计算机具有高运算速度和精度以及逻辑判断能力，因此出现了计算力学、计算物理、计算化学、生物控制论等新的学科。

（2）过程检控

利用计算机对工业生产过程中的某些信号自动进行检测，并把检测到的数据存入计算机，再根据需要对这些数据进行处理，这样的系统称为计算机检测系统。特别是仪器仪表引进计算机技术后所构成的智能化仪器仪表，将工业自动化推向了一个更高的水平。

（3）信息管理（或称数据处理）

信息管理是目前计算机应用最广泛的一个领域。利用计算机来加工、管理与操作任何形式的数据资料，如企业管理、物资管理、报表统计、账目计算、信息情报检索等。国内许多机构纷纷建设自己的管理信息系统（MIS）；生产企业也开始采用制造资源规划软件（MRP），商业流通领域则逐步使用电子信息交换系统，实现无纸贸易。

（4）辅助系统

计算机辅助系统有计算机辅助教学（CAI）、计算机辅助设计（CAD）、计算机辅助工程（CAE）、计算机辅助制造（CAM）、计算机辅助测试（CAT）、计算机辅助翻译（CAT）、计算机集成制造（CIMS）等系统。

（5）人工智能

用计算机来模拟人的思维判断、推理等智能活动，使计算机具有自学习适应和逻辑推理的功能，帮助人们学习和完成某些推理工作。

4. 冯·诺依曼原理

冯·诺依曼是美籍匈牙利科学家，在 1946 年提出了存储程序原理，这种结构被称为“冯·诺依曼结构”，按这一结构建造的计算机称为存储程序计算机（通用计算机）。

冯·诺依曼原理的主要思想为：

① 把计算过程描述为由许多命令按一定顺序组成的程序，然后把程序和数据一起输入计算机，计算机对已存入的程序和数据处理后，输出结果。程序以二进制代码的形式存放在存储器中；所有的指令都是由操作码和地址码组成的。

② 冯·诺依曼计算机硬件由 5 个基本部分组成，分别是运算器、控制器、存储器、输入设备和输出设备，它们之间的关系如图 1-19 所示。

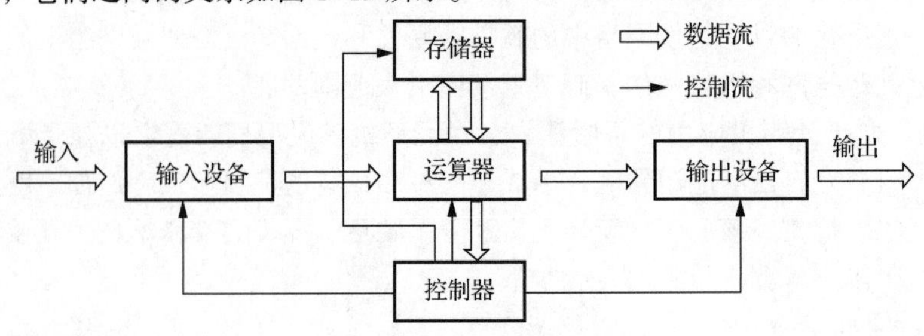

图 1-19 计算机硬件运行原理图

5. 计算机的主要硬件设备

（1）主板

主板又称主机板系统板或母板，是主机箱中面积较大的矩形电路板，是计算机最基本、最重要的部件之一。主板一般包含 CPU 插槽、内存插槽、扩展槽、BIOS 芯片、I/O 控制芯片、键盘和面板控制开关接口、指示灯插接件等元件，主板结构图如图 1-20 所示。其中：CPU 插座就是 CPU 插在主板上所对应的位置。常见的 CPU 插座有针座式和插卡式两种。内存插座用于安装内存条。PCI 扩展槽用于安装 PCI 总线结构的显卡、声卡等。AGP 插槽用于安装 AGP 总线结构的显卡。

图 1-20 主板结构图

（2）CPU

中央处理器（CPU）是一块超大规模的集成电路，是计算机的运算核心和控制核心，如图 1-21 所示。其主要功能是处理指令、执行操作、控制时间、处理数据，控制、管理计算机系统各部件的工作协调一致。

图 1-21　CPU

中央处理器主要包括运算器、寄存器和控制器等部件。运算器可以执行定点或符点算术运算操作、移位操作以及逻辑操作，还可以执行地址运算和转换；寄存器主要用来保存指令执行过程中临时存放的操作数和操作结果；控制器主要是负责指令译码，并且发出为完成每条指令所执行的各个操作的控制信号。

中央处理器的性能直接决定计算机的性能指标。CPU 的性能指标主要是字长、主频和运算速度。

① 字长。计算机字长是指计算机的运算部件在同一时间内处理的二进制数的位数。在其他指标相同时，字长越大计算机处理数据的速度就越快。早期的微型计算机的字长一般是 8 位和 16 位，而后发展到 32 位、64 位、128 位。

② 主频。主频也称时钟频率，是指 CPU 在单位时间（s）内发出的脉冲数，是决定计算机的运算速度的重要指标，主频越高，一个时钟周期里面完成的指令数也越多，计算机运算速度越快。主频使用的基本单位为 Hz，另外 MHz 和 GHz 也是常用单位。

③ 运算速度。运算速度是指每秒钟所能执行的加法指令条数，一般用“百万条指令 / 秒”（mips）来描述。计算机的运算速度与主频、内存容量、硬盘的工作速度有关。一般来说，主频越高、内存容量越大、硬盘的工作速度越快，则计算机的运算速度越快。

（3）内存储器

内存储器一般由半导体器件组成，可分为随机存储器（RAM）和只读存储器（ROM）两种。

① 随机存储器（RAM）也称读写存储器，是与 CPU 直接交换数据的内部存储器，也称主存。它可以随时读写，而且速度很快，通常作为操作系统或其他正在运行中的程序的临时数据存储媒介。

随机存储器（RAM）的特点：一是信息随时可以读出或写入，读出时，原来的信息不丢失；写入时，原有信息被写入的信息替代。二是一旦断电，RAM 中保存的数据就会消失且无法恢复。

② 只读存储器（ROM）只能进行读出内容而不能进行写入内容的操作，也称固件，主要用来存放固定不变的控制计算机的系统程序和数据，如监控程序、基本 I/O 系统等。ROM 中的信息是厂家在制造 ROM 存储电路时用专门设备一次写入的，用户不能修改，断电后信息不会丢失。当计算机开机启动时，读取的 BIOS 程序就存于主板上的 EEPROM 中，该程序保存着计算机最重要的基本输入/输出的程序、系统设置信息、开机上电自检程序和系统启动自举程序。

（4）外存储器

外存储器的特点是存储容量大，价格较低，而且在断电的情况下也可以长期保存数据。常见的外存储器有硬盘、可移动外存储器和光盘等。

① 硬盘。硬盘全称为温彻斯特式硬盘，是计算机的主要存储设备之一。硬盘的存储介质通常由一组重叠的、覆盖有磁性材料的盘片组成。每个盘片的上下两面各有一个读写磁头，硬盘的盘片和驱动器密封成一个整体，绝大多数硬盘都是固定硬盘，被永久性密封在一个金属壳体，安装在主机箱内。在读/写数据过程中，主轴电动机驱动磁盘高速旋转，传动轴驱动磁盘臂将磁头在磁盘上定位，以此读取磁盘上指定位置的数据，或将数据写入到磁盘上的指定位置，硬盘内部结构如图 1-22 所示。硬盘性能的主要技术指标一般包括存储容量、速度、访问时间等。

图 1-22　硬盘内部结构

- 存储容量：表示存储设备存储信息的能力，常用的单位有位和字节。位/bit，存放一位二进制数，即 0 或 1，是最小的存储单位。1 字节（Byte）由 8 位二进制位组成，即 1 Byte= 8 bit。字节是计算机内表示信息的常用单位，通常用大写英文字母 B 表示。除了字节以外，实际使用的单位还有千字节（KB）、兆字节（MB）、吉字节（GB）、太字节（TB）等。各单位之间的换算关系为：

  1 KB=1 024 B

  1 MB=1 024 KB

  1 GB=1 024 MB

  1 TB=1 024 GB

- 转速：转速是硬盘内电机主轴的旋转速度，也就是硬盘盘片在一分钟内所能完成的最大转数。转速的快慢是标识硬盘档次的重要参数之一，转数越快，读写速度越快。
- 平均访问时间：是指磁头从起始位置到达目标磁道位置，并且从目标磁道上找到要读写的数据扇区所需的时间。平均访问时间体现了硬盘的读写速度。
- 传输速率：是指硬盘读写数据的速度，单位为兆字节每秒（Mbit/s）。
- 硬盘的缓存：硬盘缓存的大小也是硬盘的重要指标之一。硬盘的缓存是指在硬盘内部的高速存储器。如今硬盘采用的缓存类型多为 SDRAM。缓存的容量越大越好，它直接关系到硬盘的读取速度。

② 可移动外存储器。当前市场上比较常见的可移动外存储器有 U 盘（见图 1-23）和移动硬盘（见图 1-24），这两种设备都使用通用串行总线接口（USB）与主机相连。

U 盘又称闪存盘（Flash Disk），它采用一种可读写不易失的半导体存储器——闪速存储器作为存储媒介，可以像硬盘一样读写、传送文件。U 盘不需要外接电源，具有支持热插拔、体积小、便于携带等特点。

图 1-23　U 盘

图 1-24　移动硬盘

当存储容量需要特别大，U 盘无法满足存储要求时，可以使用容量更大的移动硬盘，目前市场上移动硬盘容量已经可以达到 6 TB。

（5）输入设备

输入设备是向计算机输入数据和信息的设备，常用的输入设备有键盘、鼠标、扫描仪等。

① 键盘。键盘是一种标准的输入设备，通过键盘可以将英文字母、数字、标点符号等输入到计算机中，从而向计算机发出命令、输入数据等。键盘从外形上可分为标准键盘（见图 1-25）和人体工程学键盘（见图 1-26）

图 1-25　标准键盘

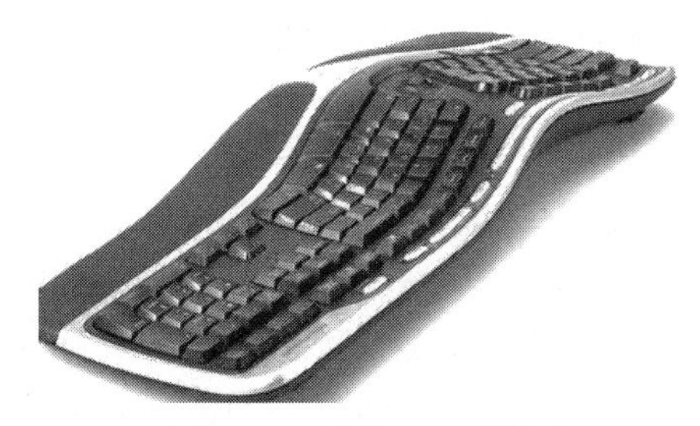
图 1-26　人体工程学键盘

人体工程学是研究“人—机—环境”系统中人、机、环境三大要素之间的关系，为解决该系统中人的效能、健康问题提供理论与方法的科学。人体工程学键盘是在标准键盘上将指法规定的左手键区和右手键区左右分开，形成一定角度，使操作者保持一种比较自然的形态，减少身体的疲劳程度。

② 鼠标。“鼠标”的标准称呼是“鼠标器”，是计算机常用输入设备，它可以对当前屏幕上的游标进行定位，并通过按键和滚轮装置对游标所经过位置的屏幕元素进行操作，它广泛用于图形用户界面的使用环境中，可以实现良好的人机交互。“鼠标”按外形可分为有线鼠标（见图 1-27）、无线鼠标（见图 1-28）和人体工程学鼠标（见图 1-29）。

图 1-27　有线鼠标

图 1-28　无线鼠标

图 1-29　人体工程学鼠标

（6）输出设备

输出设备属于计算机硬件系统的终端设备，用于接收计算机数据的输出显示、打印、声音、控制外围设备操作，也就是把各种计算结果数据或信息以数字、字符、图像、声音等形式表示出来。常见的输出设备有显示器、打印机、投影仪、音响等。

① 显示器。显示器通常也被称为监视器，是一种标准输出设备，是将电信号表示的二进制代码信息转换为直接可以看到的字符、图形或图像。显示器可分为 CRT 显示器和 LCD 显示器两大类。

- CRT 显示器（阴极射线管显示器），是一种使用阴极射线管的显示器，是应用最广泛的显示器之一。常见的 CRT 显示器有球面显示器、平面直角显示器和纯平显示器。
- LCD 显示器（液晶显示器），优点是机身薄，占地小，辐射小。常见的显示器有 STN 显示器和 TFT 显示器。

显示器的性能指标有以下几个：

- 屏幕尺寸：通常采用英寸（1 in=25.4 mm）为单位。屏幕尺寸依屏幕对角线长度来计算，常见尺寸有 17 in、19 in、21 in、22 in、24 in 等。
- 分辨率：表示每一个方向上的像素数量，如 1 024×768，表示水平方向最多可以包含 1 024 个像素，垂直方向是 768 像素。分辨率越高，画面包含的像素数就越多，图像越细腻清晰。
- 刷新率：CRT 显示器的刷新率是指每秒钟显示器重复刷新显示画面的次数，以赫兹（Hz）表示。刷新率越高，图像越稳定，质量越好。一般认为，70 ~ 72 Hz 的刷新率即可保证图像的稳定。LCD 显示器刷新率是指显示帧频，亦即每个像素为该频率所刷新的时间，与屏幕扫描速度及避免屏幕闪烁的能力相关。

② 打印机。打印机是计算机标准的输出设备，用于将计算机处理结果打印在相关介质上。按打印元件对纸是否有击打动作，可分击打式打印机（针式打印机，如图 1-30 所示）与非击打式打印机（喷墨打印机，如图 1-31 所示；激光打印机，如图 1-32 所示）。

图 1-30 针式打印机

图 1-31 喷墨打印机

图 1-32 激光打印机

6. 计算机的软件系统

计算机的软件系统是指在计算机中运行的各种程序、数据及相关的文档资料。计算机软件系统通常被分为系统软件和应用软件两大类。

（1）系统软件

系统软件是控制和协调计算机及其外围设备、支持应用软件开发和运行的一类计算机软件。系统软件一般包括操作系统、语言处理程序、数据库系统和网络管理系统。

（2）应用软件

应用软件是指为特定领域开发、并为特定目的服务的一类软件。应用软件是直接面向用户需要的，它们可以帮助用户提高工作效率。应用软件一般分为实用型软件和工具软件两类，实用型软件如教育辅助软件、会计核算软件等；工具软件如用于处理文档处理的 Word，处理图像的 Photoshop 等。

任务 2　键盘及鼠标的使用

任务介绍

成功组装计算机后，小明开始使用计算机，在本任务中，小明要熟悉计算机鼠标及键盘的操作方法。能够使用鼠标打开记事本，通过键盘编辑字符。掌握字符在计算机中的存储方式。

任务分析

计算机基本的输入设备主要是鼠标和键盘，鼠标的常见操作主要有左键单击、左键双击、右键单击和滚轮操作等。键盘的操作除了基本字符的输入和汉字的输入等操作，还有一些功能键在计算机操作过程中经常使用。

任务分解

本任务可以分解为以下 2 个子任务：

子任务 1：鼠标和键盘的使用。

子任务 2：设置输入法并输入字符。

任务实施

子任务 1　鼠标和键盘的使用

步骤 1：鼠标的使用

鼠标是计算机重要的输入设备之一，鼠标的常用操作有移动、单击、双击、三击、右击、选择和拖动等操作。

移动：在桌面或鼠标垫上改变鼠标位置。

单击：鼠标左键点击一次。

双击：连续点击鼠标左键二次。

三击：连续点击鼠标左键三次。

右击：鼠标右键点击一次。

选择：单击鼠标左键，按住不放。

拖动：将鼠标移动到目标位置，按住左键不放，移动到目标位置松开鼠标左键即为拖动。

步骤 2：键盘操作

主键盘区中，左右双手负责不同的键位，正确的键盘指法如图 1-33 所示。

打字要求：

① 打字时身子要坐正，双手轻松地放在键盘上。

② 打字过程中，要求左手的食指、中指、无名指及小手指分别放置在 FDSA 4 个键位上；右手的食指、中指、无名指及小手指分别放置在 JKL; 4 个键位上。

③ 打字过程中，要求各手指能“各负其责”，只负责各手指应该控制的键位即可。

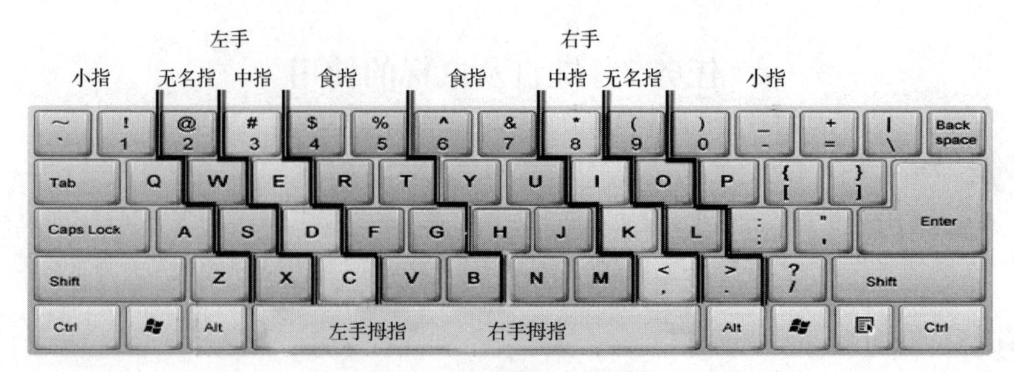

图 1-33 正确的指法分布图

子任务 2 设置输入法并输入字符

步骤 1：添加输入法

在任务栏右侧提示区域中的语言按钮上右击，在如图 1-34 所示的快捷菜单中选择“设置”命令，弹出如图 1-35 所示的“文本服务和输入语言”对话框。单击“常规”选项卡中的“添加”按钮，弹出如图 1-36 所示的“添加输入语言”对话框，选中要添加的语言前的复选框，单击“确定”按钮，即可实现语言的添加操作。此种添加语言的方式，只能添加系统自带的各种语言输入法，像极品五笔、紫光拼音、搜狗拼音等非自带输入法，则需要下载安装包，单独安装。

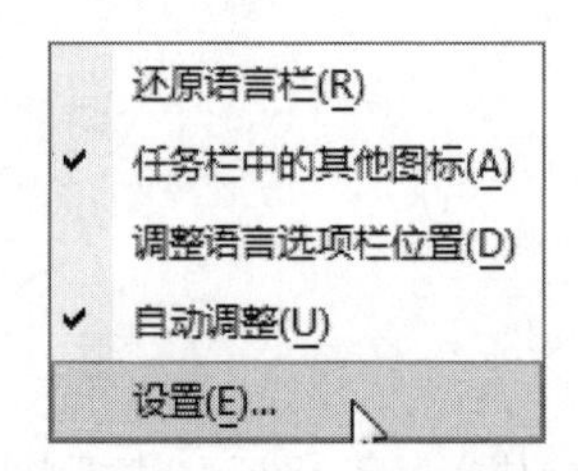

图 1-34 语言栏快捷菜单

图 1-35 “文本服务和输入语言”对话框

步骤 2：设置输入法切换相关热键

在“文本服务和输入语言”对话框中选择“高级键设置”选项卡，在“输入语言的热键”选项区域（见图 1-37），选择其中一项，单击“更改按键顺序”按钮，弹出“更改按键顺序”对话框，如图 1-38 所示，进行热键设置。

步骤 3：字符输入

选择“开始”→“所有程序”→“ 附件”→“ 记事本”命令，打开记事本程序窗口。输入下列基本字符。

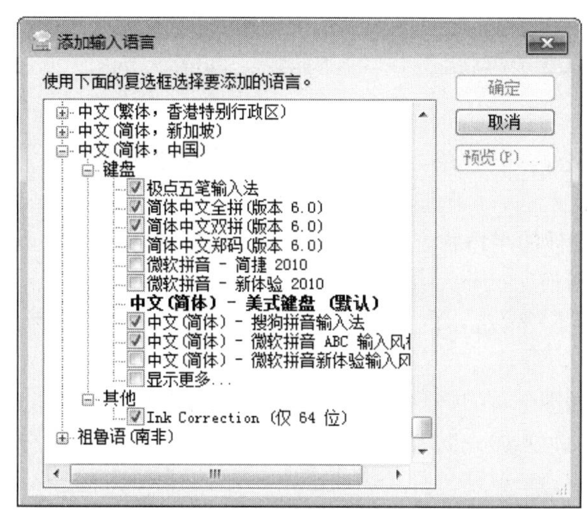

图 1-36 “添加输入语言”对话框

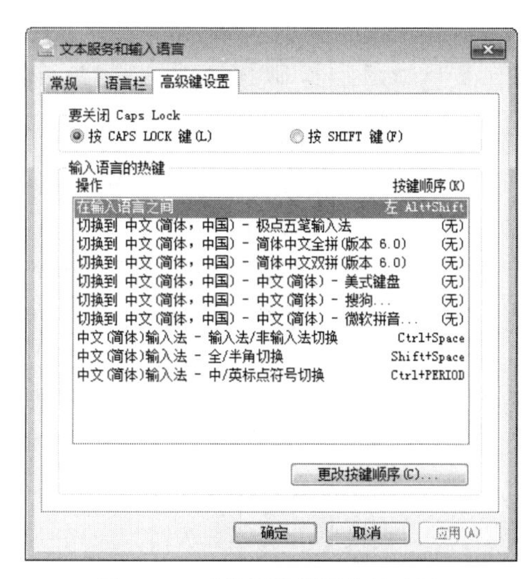

图 1-37 “高级键设置”选项卡

① 先输入 26 个英文小写字母，然后按【Caps Lock】键，再输入 26 个英文大写字母。

a b c d e f g h i j k l m n o p q r s t u v w x y z A B C D E F G H I J K L M N O P Q R S T U V W X Y Z

② 将大写锁定解锁，按【Shift】+符号键，输入下列符号。

~ ! @ # $ % ^ & * ( ) — + { } | < > ? “ : _

③ 输入下列英文单词。

If you’re not satisfied with the life you're living, don't just complain. Do something about it.

④ 单击任务栏上的“语言指示器”图标，弹出图 1-39 所示的输入法菜单，选择使用的中文输入法，输入下列汉字。

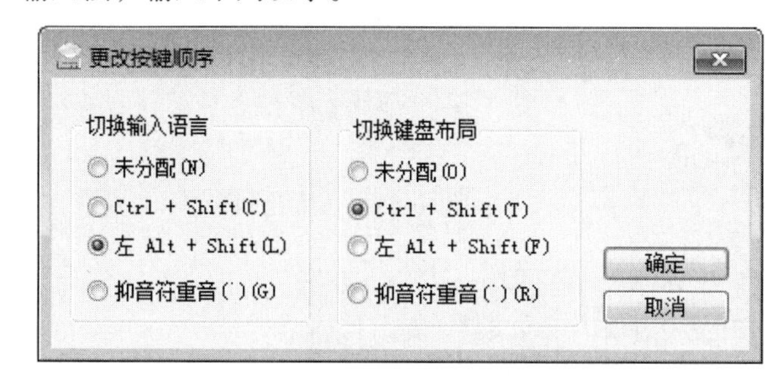

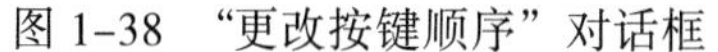
图 1-38 “更改按键顺序”对话框

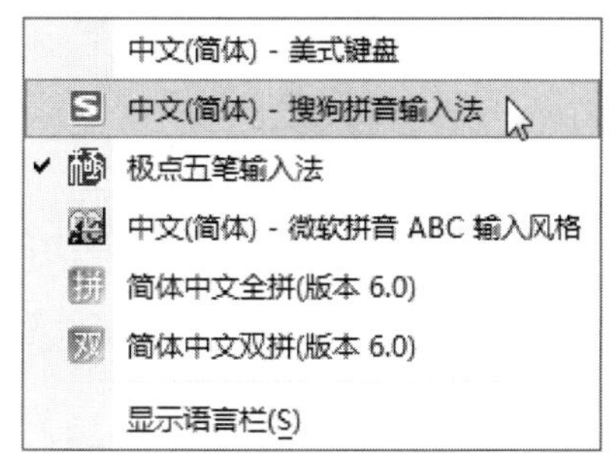

图 1-39 输入法菜单

蓝光光碟（Blu-ray Disc，BD）是 DVD 之后的下一代光盘格式之一，用以存储高品质的影音以及高容量的数据存储。蓝光光碟的命名是由于其采用波长 405 nm（纳米）的蓝色激光光束进行读写操作（DVD 采用 650 nm 波长的红光读写器，CD 则是采用 780 nm 波长）。一个单层的蓝光光碟的容量为 25 GB 或 27 GB，足够录制一个长达 4 h 的高解析影片。

操作技巧：按【Ctrl+空格】组合键可以进入默认的汉字输入状态。也可以通过【Ctrl+Shift】组合键循环选择输入法。

扩展任务　使用搜狗中文输入法

搜狗拼音输入法语言栏如图 1-40 所示。

① 中英文切换按钮：单击“中”可将中文输入转换成英文输入，按钮图标变为“英”样式。也可按【Shift】键实现中英文切换。

② 全角与半角切换按钮：单击“半月”图标的半角状态切换成“圆月”图标的全角状态。也可按【Shift+空格】组合键实现全角与半角的切换。

③ 中英文标点符号切换：单击可将空心标点符号标示的中文标点切换成实心样式的英文标点符号。也可按【CTRL+。】组合键实现切换。

④ 软键盘：右击软键盘按钮，可以打开如图 1-41 所示的软键盘列表，选择各种字符的软键盘，如选择特殊符号，则打开图 1-42 所示的软键盘，可以单击各特殊符号，完成输入操作。使用完毕后，直接单击软键盘按钮，关闭打开的软键盘。

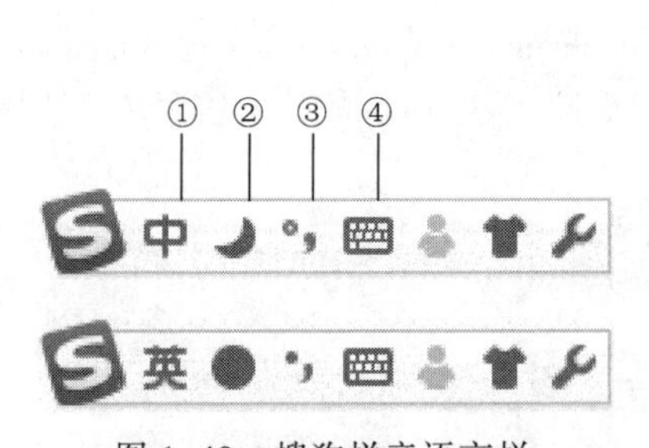

图 1-40　搜狗拼音语言栏

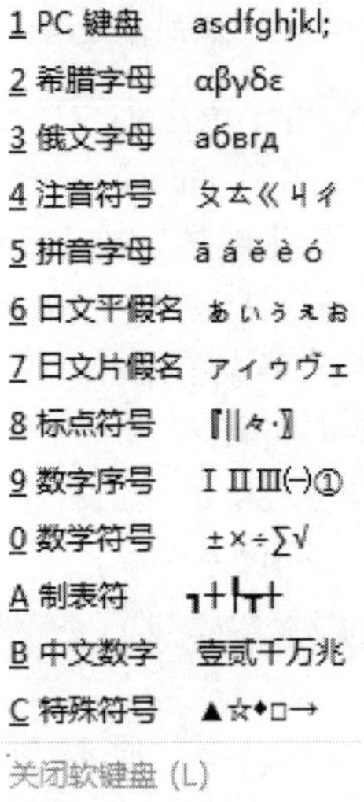

1 PC 键盘　asdfghjkl;
2 希腊字母　αβγδε
3 俄文字母　абвгд
4 注音符号　ㄆㄊㄍㄐㄔ
5 拼音字母　ā á ě è ó
6 日文平假名　あぃぅぇぉ
7 日文片假名　アィゥヴェ
8 标点符号　『‖々·』
9 数字序号　ⅠⅡⅢ㈠①
0 数学符号　±×÷∑√
A 制表符　┐┼├┬┼
B 中文数字　壹贰千万兆
C 特殊符号　▲☆◆□→
关闭软键盘 (L)

图 1-41　软键盘列表

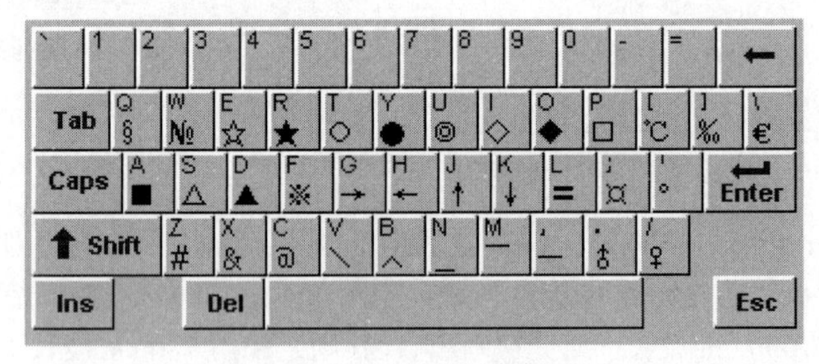

图 1-42　特殊符号软键盘

知识链接

1. 键盘结构

常规键盘可分为主键盘区、功能键盘区、编辑键盘区、数字辅助键盘区等，如图 1-43 所示。

图 1–43　键盘布局

① 主键盘区：又称标准打字区，由字母键、数字键、专用符号键和控制功能键组成。字母键 a–z（A ~ Z），用于输入 26 个英文字母；数字键：0 ~ 9，用于输入数字；空格键用于产生一个空格。专用符号键为` ~ !@#$%^&*()–_=+\|[]{}'";:<>,./?。

② 控制功能键：【Ctrl】【Alt】均为控制键，一般与其他键组合使用。【Shift】为换挡键，用于输入键的上挡字符以及英文字母大小写的转换。【←】键为退格键，用于删除当前光标处的前一字符。"Tab"为制表定位键，按此键可使光标右移 8 个字符。【Enter】为回车键，按此键后，表示执行一次操作。键盘最上边的【Esc】键和【F1】~【F12】键统称为功能键；【Esc】键用于强行中止或退出；【F1】~【F12】键在运行不同的软件时，被定义不同的功能。

③ 功能键：【Esc】键用于强行中止或退出。【F1】键用于启动帮助功能。若在资源管理器中选定了一个文件或文件夹，按【F2】键则会对这个选定的文件或文件夹重命名。【F4】键用来打开 IE 中的地址栏列表，【Alt+F4】组合键可以关闭当前窗口。【F5】键用来刷新 IE 或资源管理器中当前所在窗口的内容，在 Word 中是出现查找和替换页面。在启动计算机时，可以用【F8】键显示启动菜单。【F10】键用来激活 Windows 或程序中的菜单，按【Shift+F10】组合键会出现右键快捷菜单。【F11】键可使当前的资源管理器或 IE 变为全屏显示。

④ 编辑键盘区：【↑】【↓】【←】【→】键是键盘上的方向键，使光标上下左右移动。【Delete】键为删除键，删除当前光标处的字符或删除选中文件。【Print Scrn/SysRq】键为复制屏幕上显示的内容，【Scroll Lock】键为屏幕移动和锁定转换键，【Pause/Break】键为暂停/中止键，【Insert】键为转换插入与改写状态，【Home】键为光标移到行首，【End】键为光标移到行尾，【PgUp】键为光标上移一页，【PgDn】为光标下移一页。

⑤ 数字辅助键盘区：数字键【0】~【9】、符号键【/】【*】【-】【+】、【Enter】键与主键盘区的数字键相同。光标移动键【↑】【↓】【←】【→】【Home】【End】【PgUp】【PgDn】功能和编辑键区的光标移动键的功能相同。【NumLock】键用于切换小键盘区中键的两种功能（数字和移动光标）。【Ins】键的功能等同于编辑区的【Insert】键；【Del】键等同于编辑区的【Delete】键。另外，键盘右上方有 3 个状态指示灯：Num Lock 指示灯、Caps Lock 指示灯和 Scroll Lock 指示灯。当按【Num Lock】键、【Caps Lock】键或【Scroll Lock】键时，就分别点亮或熄灭相应的指示灯。根据指示灯的亮暗，操作者可以判断出数字小键盘状态、字母大小写状态和滚动锁定状态。

2. 计算机中的信息编码

在计算机中，无论是参与运算的数据，还是文字、图形、声音、动画等类型数据，都是以二进制形式存储的，以 0 和 1 组成的二进制代码表示。信息编码部分主要介绍计算机中常用的数制。

不同数制之间的转换及不同类型信息的二进制编码方法由学生自行学习。

（1）数制的相关概念

数制也称计数制，是用一组固定的符号和统一的规则来表示数值的方法。基本概念有以下几个：

① 数码：数制中表示基本数值大小的不同数字符号。例如，十进制有 0、1、2、3、4、5、6、7、8、9。

② 基数：数制所使用数码的个数。例如，二进制的基数为 2；十进制的基数为 10。

③ 位权：数制中某一位上的 1 所表示数值的大小。例如，十进制的 234，2 的位权是 100，3 的位权是 10，4 的位权是 1。二进制中的 1011，从左向右，1 的位权是 8，0 的位权是 4，1 的位权是 2， 1 的位权是 1。

（2）常用数制

计算机内部采用二进制数表示，存在位数太长，不易识别、书写烦琐等问题。为方便计算机程序书写，通常采用的数制有十进制 D（decimal）、二进制 B（binary）、八进制 O（octal）和十六进制 H（hexadecimal）来表达，常见数制如表 1-1 所示。

表 1-1　常见数制的基数和数码表

常见进制	数　码	基数	运算规则	标　识	表示方式
十进制	0,1,2,3,4,5,6,7,8,9	10	逢十进一，借一当十	D	$(296)_{10}$或 296D
二进制	0,1	2	逢二进一，借一当二	B	$(1001)_{2}$或 1001B
八进制	0,1,2,3,4,5,6,7	8	逢八进一，借一当八	O	$(235)_{8}$或 235O
十六进制	0,1,2,3,4,5,6,7,8,9,A,B,C,D,E,F	16	逢十六进一，借一当十六	H	$(9F2A)_{16}$或 9F2AH

3. 计算机中汉字的表示

计算机中汉字的表示也是用二进制编码，因为汉字数量繁多、字形复杂、字音多变等特点，计算机对汉字的处理要比西文字符复杂得多。汉字编码分为外码、交换码、机内码和字形码。

习题与训练

一、操作题

1. 将紫光拼音输入法，安装到本地计算机。
2. 列出市场上台式机的最高配置详单。
3. 在本机安装金山打字软件，使用该软件练习基本字符输入。
4. 打开记事本，输入任意一段英语短文。
5. 打开记事本，输入一段文字。
6. 查看当前计算机系统中安装的软件，并罗列出来。
7. 使用搜狗拼音输入法的笔画模式输入下列文字：

梗　锨　鞔　阗　笏

二、选择题

1. 为计算机显示器参数的是______。

A. 12 mm　　B. 40 GB　　C. 56KV. 90

D. 28 dot pitch　　E. 1024×768 dpi

2. 下列______是代表计算机微处理器的速度。

A. 24 X　　B. 12 GB　　C. 733 MHz　　D. 800×600 pdi

3. 计算机从其诞生至今已经经历了 4 个时代，这种对计算机划代的原则是根据______。

A. 计算机的存储量　　B. 计算机的运算速度

C. 程序设计语言　　D. 计算机所采用的电子元器件

4. ROM 与 RAM 的主要区别在于_____。

A. ROM 可以永久保存信息，RAM 在掉电后信息会丢失

B. ROM 掉电后，信息会丢失，RAM 则不会

C. ROM 是内存储器，RAM 是外存储器

D. RAM 是内存储器，ROM 是外存储器

5. 一个完整的微型计算机系统应包括_____。

A. 计算机及外围设备　　B. 主机箱、键盘、显示器和打印机

C. 硬件系统和软件系统　　D. 系统软件和系统硬件

6. Enter 键是_____。

A. 输入键　　B. 回车换行键　　C. 空格键　　D. 换挡键

7. 在计算机中，bit 的中文含义是_____。

A. 二进制位　　B. 字　　C. 字节　　D. 双字

8. 某单位的人事档案管理程序属于_____。

A. 工具软件　　B. 应用软件　　C. 系统软件　　D. 字表处理软件

9. 微型计算机的运算器、控制器及内存存储器的总称是_____。

A. CPU　　B. ALU　　C. 主机　　D. MPU

10. 在微机中外存储器通常使用 U 盘作为存储介质，U 盘中存储的信息，在断电后_____。

A. 不会丢失　　B. 完全丢失　　C. 少量丢失　　D. 大部分丢失

11. 某单位的财务管理软件属于_____。

A. 工具软件　　B. 系统软件　　C. 编辑软件　　D. 应用软件

三、填空题

1. CPU 主要技术性能指标有________、________和________。

2. 反映计算机存储容量的基本单位是________。

3. 计算机存储器可分为____存储器和______存储器。

4. 计算机系统包括___________和_____________系统。

5. 辅助设计主要应用于________、________和________等领域。

6. 从最基本的外观上看，计算机的组成部分______、______、______、______及音箱等。

7. 第一台计算机诞生于 1946 年美国______________大学，名称是_________。

8. Linux、Windows、Office、Photoshop、Flash、UNIX、DOS、Excel、ACDsee 这些软件，属于系统软件的有____，属于应用软件的有______________________________。

项目2 Windows 7的应用

项目介绍

小明要使用Windows 7操作系统进行办公和学习，必须掌握Windows 7的基本操作，希望通过本项目的学习，能熟练使用Windows 7操作系统，熟练设置桌面环境、管理文件及文件夹、管理软件、设置用户账户等操作，能够通过系统工具对操作系统进行管理与维护，能够熟练使用Internet网络完成电子邮件的收发，可以使用防护软件及杀毒软件保护计算机文件的安全。

学习目标

通过本项目的学习与实施，应该完成下列知识和技能的理解和掌握：

① Windows 7基本操作（包括桌面、菜单、任务栏、窗口等）。
② 文件和文件夹的管理（掌握文件和文件夹的新建、移动、复制、重命名等）。
③ 软件管理（软件安装、卸载等）。
④ 账户管理（创建账户、设置账户密码、删除账户等）。
⑤ 系统管理及优化。
⑥ 网络连接及电子邮箱的使用（设置IP地址、注册电子邮箱、使用电子邮箱收发邮件）。
⑦ 杀毒软件使用。

任务1 配置个性化环境

任务介绍

成功组装一台计算机后，小明正式接触计算机，开始学习使用。本任务中，小明要设置桌面图标，设置“开始”菜单及任务栏属性，将常用图标锁定在任务栏上，搭配自己喜欢的个性化环境，完成计算机的各种基本操作，设置系统环境，调整计算机工作状态，并检验桌面窗口的显示效果，使学习过程更加轻松惬意。

任务分析

本任务中，主要执行的是计算机的基本操作。主要包括计算机启动和计算机的退出方式、系统分辨率的设置、系统图标的操作、快捷图标的操作、任务栏的设置。通过各操作步骤，明确系统各项设置的执行方式。

任务分解

本项目任务可以分解为以下 3 个子任务：

子任务 1：桌面图标设置。

子任务 2：任务栏和“开始”菜单属性设置。

子任务 3：其他个性化设置。

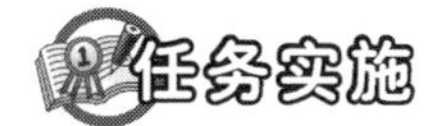

任务实施

子任务 1　桌面图标设置

步骤 1：启动计算机

将计算机的电源连接好之后，按下显示器上的电源开关，显示器指示灯变亮，按下主机箱上的电源开关（Power）按钮，主机电源指示灯变亮，计算机开始自检，并启动 Windows 7 操作系统，进入登录界面。正常启动 Windows 7 操作系统，屏幕显示 Windows 7 桌面，如图 2-1 所示。

图 2-1　Windows 7 桌面

步骤 2：桌面系统图标的显示与隐藏

在桌面上右击，选择“个性化”命令，打开“个性化”窗口，如图 2-2 所示，单击窗口左侧“更改桌面图标”项，弹出“桌面图标设置”对话框，如图 2-3 所示，在“桌面图标”区域复选框中被选择项为桌面显示的系统图标，未被选择项为桌面隐藏的系统图标。

步骤 3：更改“计算机”系统图标样式

选择图 2-3 对话框中的“计算机”图标，单击“更改图标”按钮，弹出图 2-4 所示的“更改图标”对话框。在图标列表中选择图标样式，单击“确定”按钮。返回到上一级对话框，单击“还原默认值”按钮可以将选定图标还原为原始图标。

步骤 4：创建桌面快捷图标

① 在桌面空白区域右击，在弹出的快捷菜单中选择“新建”→“快捷方式”命令，如图 2-5 所示，弹出如图 2-6 所示的“创建快捷方式”对话框。

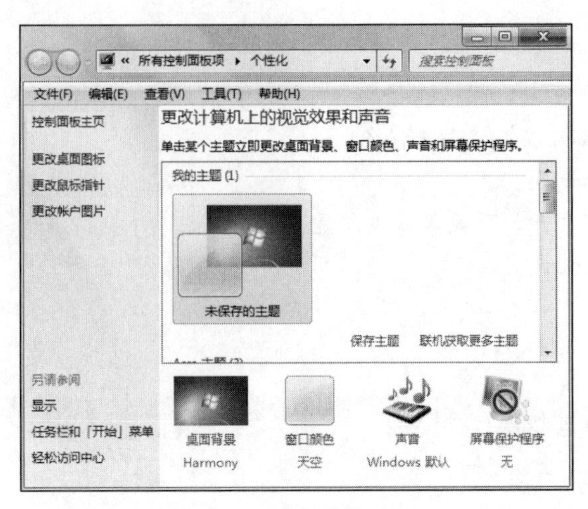

图 2-2 “个性化”窗口

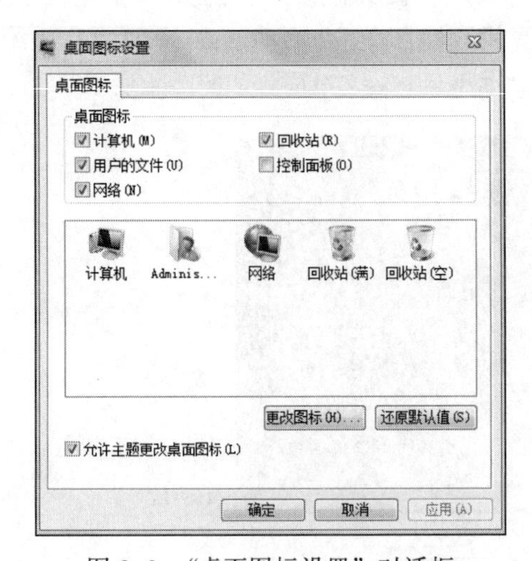

图 2-3 “桌面图标设置”对话框

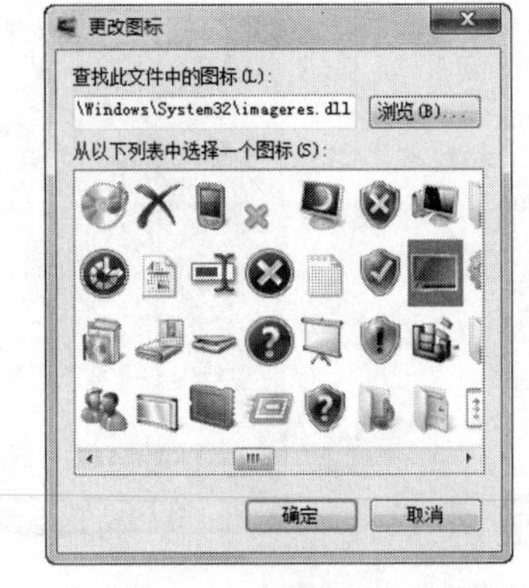

图 2-4 “更改图标”对话框

图 2-5 新建“快捷方式”菜单

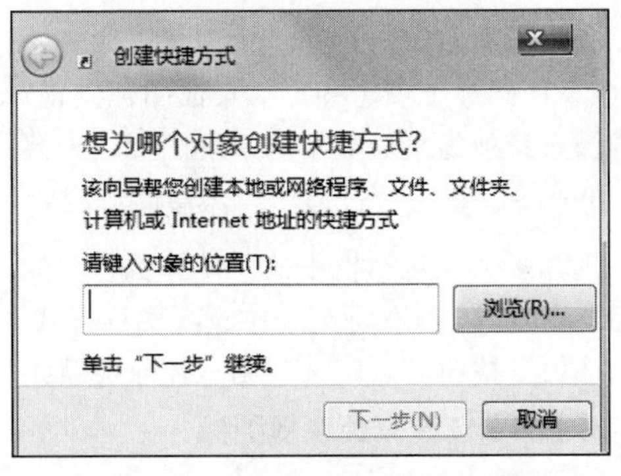

图 2-6 “创建快捷方式”对话框

② 单击对话框中的“浏览”按钮，弹出图 2-7 所示的对话框，指定创建快捷方式的目标文件或文件夹，这里选择“D 盘”，单击“确定”按钮，再单击“下一步”按钮，在图 2-8 中输入快捷方式名称，单击“完成”按钮。

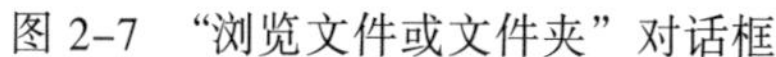
图 2-7　“浏览文件或文件夹”对话框

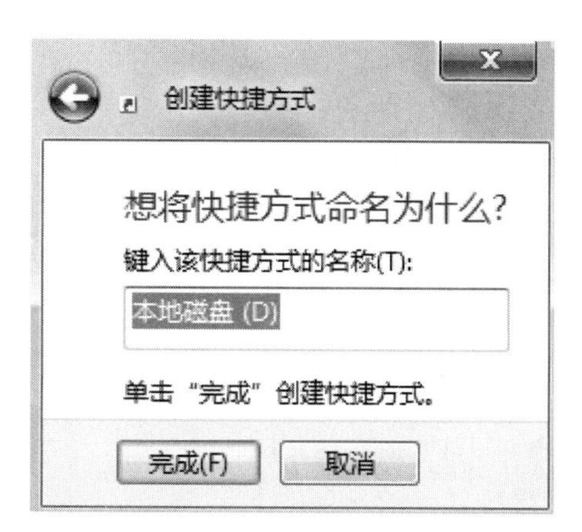

图 2-8　输入快捷方式名称

操作技巧：右击要创建快捷方式的图标，在弹出的快捷菜单中选择“发送到”→“桌面快捷方式”命令，也可以创建出桌面快捷图标。或者选择快捷菜单中的创建快捷方式项，可以在当前位置创建出对应图标的快捷方式。

步骤 5：删除快捷图标

选择要删除的快捷图标，在图标上右击，在弹出的快捷菜单中选择“删除”命令即可。也可以选择图标后按【DEL】键删除。

子任务 2　任务栏和“开始”菜单属性设置

步骤 1：任务栏属性设置

在任务栏空白处右击，选择“属性”命令，弹出图 2-9 所示的“任务栏和“开始”菜单属性”对话框。在“任务栏外观”区域中可以设置任务栏外观显示状态；单击“屏幕上的任务栏位置”下拉按钮，可以设置任务栏在屏幕上的位置；单击“任务栏按钮”下拉按钮，可设置任务栏上按钮的显示方式；单击“通知区域”中的“自定义”按钮，可以自定义通知区域的显示效果。

步骤 2：快速启动区设置

在任务栏中右击准备添加到快速启动区域中的应用程序，在弹出的快捷菜单中选择“将此程序锁定到任务栏”命令，如图 2-10（a）所示。当关闭应用程序后，图标保留在快速启动区。右击快速启动区图标，在弹出的快捷菜单中选择“将此程序从任务栏解锁”命令即可实现将图标从快速启动区删除，如图 2-10（b）所示。

步骤 3：设置“开始”菜单

在“任务栏和“开始”菜单属性”对话框中选择“开始”菜单”选项卡，如图 2-11 所示，在“开始菜单”选项卡中可以设置“电源按钮操作”方式。单击“自定义”按钮，弹出“自定义“开始”菜单”对话框，在““开始”菜单大小”选择区域可以设置“开始”菜单中列出的历史程序数和最近使用的项目数；在中间的列表框中可以指定各程序在“开始”菜单中的状态是显示、不显示、或者显示为链接，如图 2-12 所示。

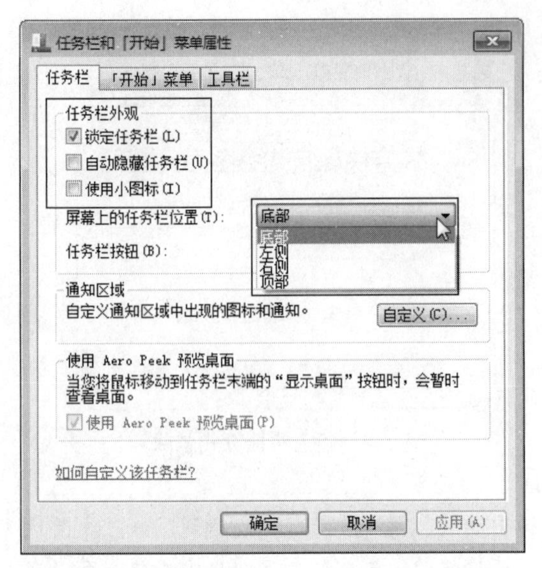

图 2-9　“任务栏和「开始」菜单属性”对话框

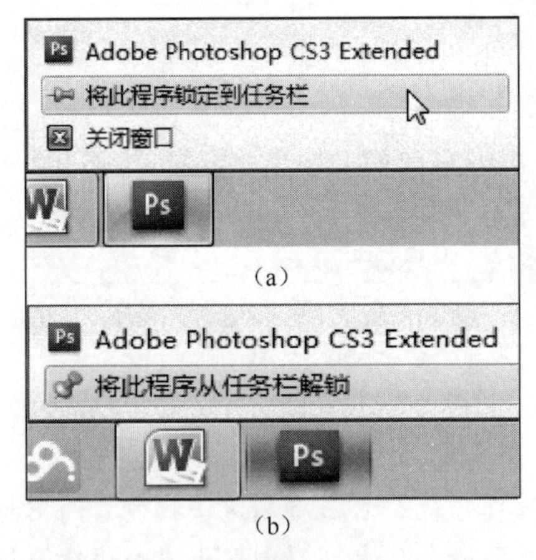

图 2-10　添加/删除块速启动区项

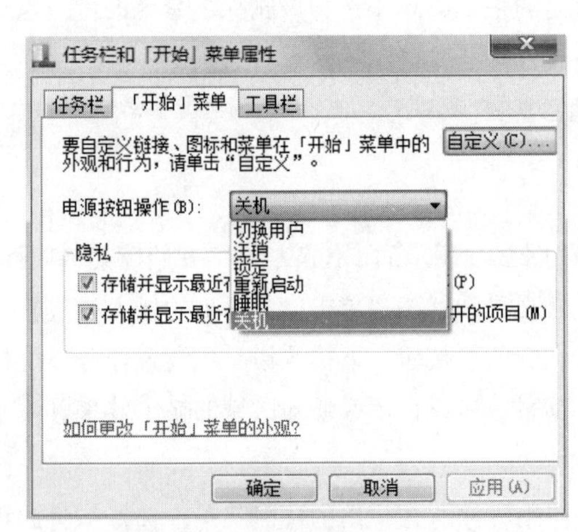

图 2-11　“电源按钮操作”的设置

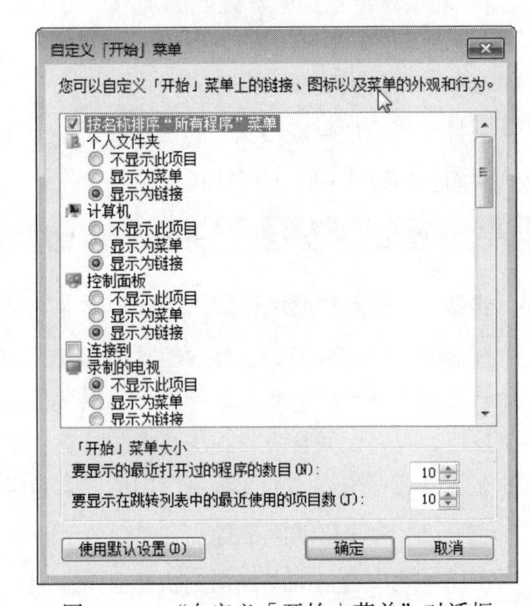

图 2-12　“自定义「开始」菜单”对话框

子任务 3　其他个性化设置

步骤 1：设置个性化背景

在桌面空白处右击，在弹出的快捷菜单中选择“个性化”命令，打开“个性化”窗口（见图 2-2）。单击窗口下方的“桌面背景”超链接，打开如图 2-13 所示的“桌面背景”窗口。在“桌面背景”窗口中，选择背景，设置图片位置，单击“保存修改”按钮即可改变桌面背景。

步骤 2：设置窗口颜色

在“个性化”窗口中单击下方的“窗口颜色”超链接，打开如图 2-14 所示的“窗口颜色和外观”窗口。在该窗口中，在“更改窗口边框、「开始」菜单和任务栏的颜色”区域选择色块显示的颜色效果。选择“启用透明效果”复选框，单击“保存修改”按钮，可更改窗口颜色等外观效果。

图 2-13　“桌面背景”窗口

图 2-14　“窗口颜色和外观”窗口

步骤 3：设置屏幕保护程序

单击“个性化”窗口下方的“屏幕保护程序”超链接，弹出图 2-15 所示的“屏幕保护程序设置”对话框，单击“屏幕保护程序”下拉按钮，选择合适的保护程序，然后在“等待”中输入 5 分钟，单击“确定”按钮即可实现屏幕保护程序的设置。

步骤 4：设置个性化鼠标

单击“个性化”窗口中的“更改鼠标指针”超链接，弹出图 2-16 所示的“鼠标 属性”对话框，选择“指针”选项卡，单击“方案”下拉按钮，选择合适方案，选择“允许主题更改鼠标指针”复选框。选择“指针选项”选项卡，选择“提高指针精确度”复选框。选择“滑轮”选项卡，设置滑轮滚动时滚动的行数为 5 行。单击“确定”按钮，完成鼠标个性化设置。

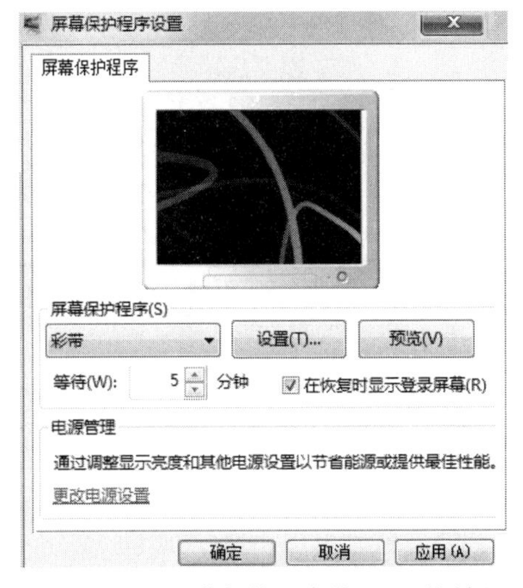

图 2-15　“屏幕保护程序设置”对话框

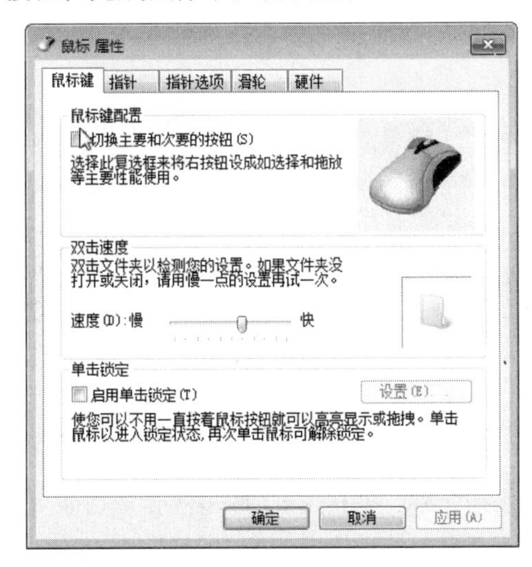

图 2-16　“鼠标 属性”对话框

步骤 5：设置屏幕分辨率

在桌面空白处右击，在弹出的快捷菜单中选择“屏幕分辨率”命令，打开图 2–17 所示的“屏幕分辨率”窗口。单击“分辨率”下拉按钮，可设置显示器的不同分辨率，在窗口显示的分辨率中，1920 × 1080 是这台显示器支持的最高分辨率。单击“方向”下拉按钮，可改变显示效果为横向（横向翻转）或纵向（纵向翻转）。单击“高级设置”按钮，弹出“通用即插即用监视器属性”对话框，切换到“监视器”选项卡，如图 2–18 所示，可以设置“屏幕刷新频率”的值。

图 2–17 “屏幕分辨率”窗口

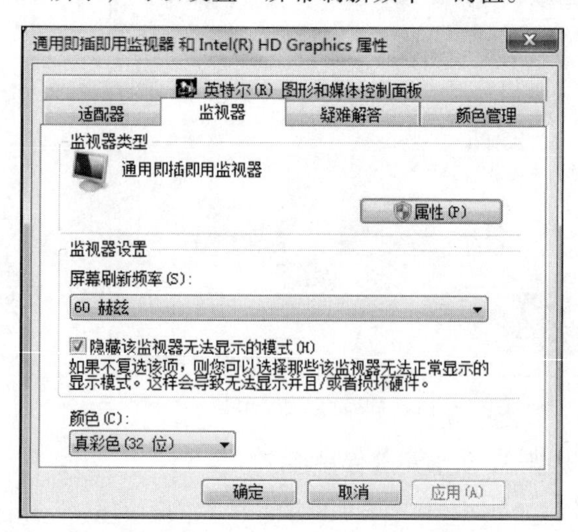

图 2–18 “监视器”选项卡

步骤 6：关闭计算机

单击“开始”菜单中的“关机”按钮，即可实现计算机关机，如图 2–19 所示。单击“关机”→“重新启动”按钮，即可使计算机重新启动，如图 2–20 所示。休眠、睡眠、锁定、注销和切换用户操作方式与重新启动相同。

操作技巧：Windows 7 操作系统将计算机从休眠状态唤醒时，只需按一下主机箱上的电源开关即可。唤醒睡眠状态时，按下主机箱上的电源开关，即可使计算机恢复睡眠之前的状态。

图 2–19 关机

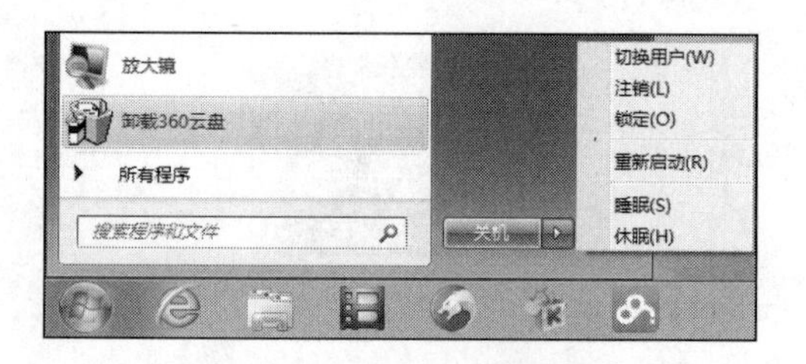

图 2–20 重新启动计算机

扩展任务 设置电源管理

任务介绍：Windows 7 的电源管理功能更加强大，用户可根据实际需要，设置电源使用模式，在细节上更加贴近用户的使用需求。并方便用户更快、更好地设置和调整电源属性。

打开“控制面板”窗口，在“大图标”显示状态下，单击“电源选项”超链接，打开如图 2-21 所示的“电源选项”窗口，单击左侧的“创建电源计划”超链接，打开如图 2-22 所示的“创建电源计划”窗口，输入计划名称，选择平衡、节能和高性能中比较接近计划的选项，单击“下一步”按钮，打开“编辑计划设置”窗口，设置关闭显示器时间和使计算机进入睡眠状态时间。单击“创建”按钮，即可返回到“电源选项”窗口，执行刚创建的“我的自定义计划 1”的电源计划。

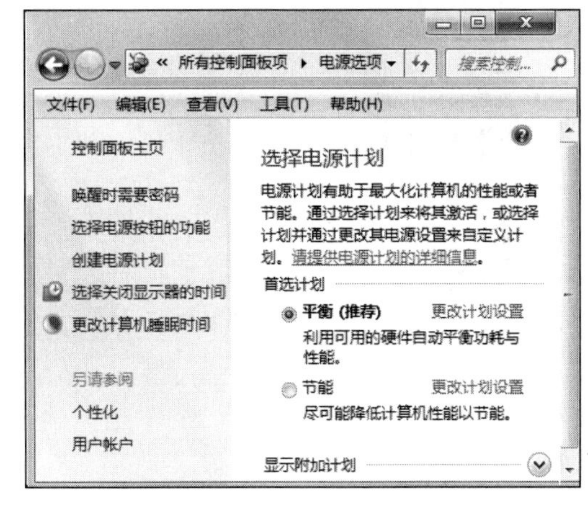

图 2-21 “电源选项”窗口

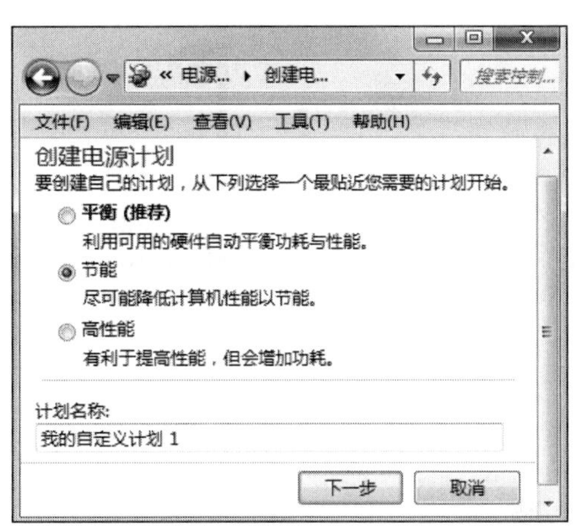

图 2-22 “创建电源计划”窗口

知识链接

1. 桌面

桌面是指启动 Windows 7 后，进入的默认操作系统界面。在该界面中可以使用计算机完成各种操作。Windows 7 桌面主要由 3 部分组成，分别是桌面背景、桌面图标和任务栏（见图 2-1）。

桌面背景又称墙纸，是 Windows 7 桌面中的背景图片，背景图片可以改变。

桌面图标是指 Windows 7 桌面中显示的可以打开某些特定窗口和对话框的按钮，或启动一些程序的快捷方式。可分为系统图标和快捷方式图标。

（1）系统图标

系统图标是系统自带的图标，包括用户的文件、计算机、网络、控制面板和回收站等。这些图标可以显示在桌面或隐藏起来。如图 2-23 所示，双击系统图标，可以打开对应窗口。

（2）快捷图标

快捷图标是指用户自己创建或在安装某些程序时由程序自动创建的图标，该图标直接指向对应的文件，但不是文件本身。双击该图标可以直接打开对应的应用程序、文件或文件夹。快捷图标上有一个醒目的标志，图标左下角有一个小箭头标志，如图 2-24 所示。

图 2-23 桌面系统图标

图 2-24 桌面快捷图标

2.“开始”菜单组成

“开始”菜单可以分成如图 2-25 所示的各部分区域。

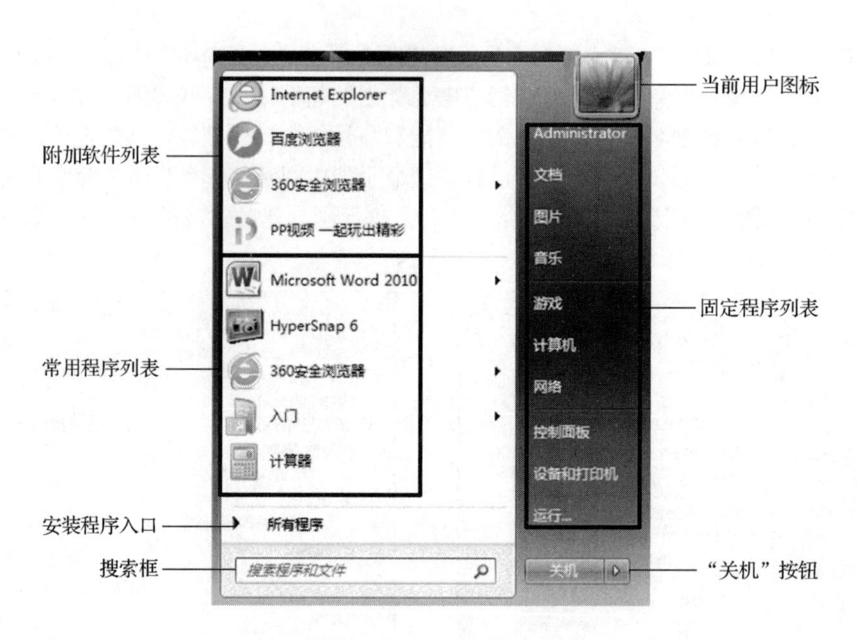

图 2–25 “开始”菜单组成

3. 任务栏

任务栏位于页面最下方，提供快速切换应用程序、文档和其他窗口的功能。任务栏如图 2–26 所示。

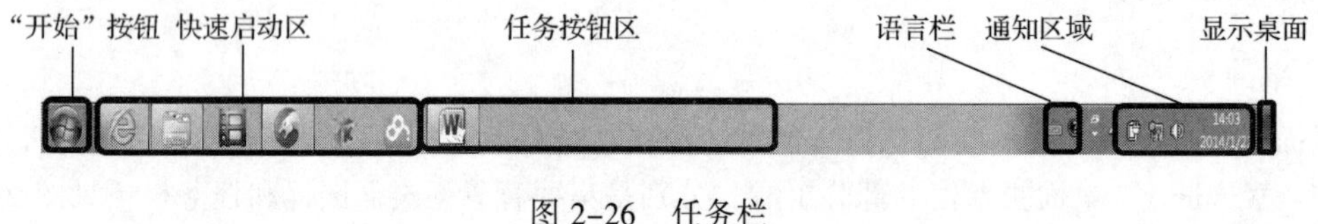

图 2–26 任务栏

4. 屏幕保护程序

传统显示器中，屏幕保护程序的作用是通过不断变化的图形显示避免电子束长期轰击荧光粉的相同区域，以减少显示器的老化程度。随着显示技术的不断进步和节能监视器的出现，已经从根本上消除了对屏幕保护程序的需要，现在我们依然使用屏幕保护程序，主要因为它能给用户带来一定的娱乐性和安全性。例如设置有密码保护的屏保之后，用户可以放心离开计算机，而不用担心别人在计算机上看到私密信息。

5. 屏幕分辨率

屏幕分辨率就是屏幕上显示的像素个数，一般是以（水平像素数 × 垂直像素数）表示。分辨率越高，像素的数目越多，感应到的图像越精密。而在屏幕尺寸一样的情况下，分辨率越高，显示效果就越精细和细腻，并且屏幕上显示的项目就越小，可容纳的项目内容越多。

可以使用的分辨率取决于监视器支持的分辨率，监视器越大，通常所支持的分辨率越高。

6. 刷新频率

刷新率是指电子束对屏幕上的图像重复扫描的次数。刷新率越高，所显示的图像稳定性就越好。刷新率高低将直接决定其价格，但是由于刷新率与分辨率两者相互制约，因此只有在高分辨率下达到高刷新率这样的显示器才能称其为性能优秀。注意，虽然它的计算单位与垂直扫描频率都是 Hz，但这是两个截然不同的概念。75 Hz 的画面刷新率是 VESA 订定无闪烁的最基本标准，这里的 75 Hz 应是所有显示模式下的都能达到的标准。

计算机默认的刷新频率设置为 60 赫兹（Hz），对于传统显示器来说，刷新频率越低，图像闪烁和抖动的就越厉害，眼睛疲劳得就越快，60 Hz 的刷新频率时会产生令人难受的频闪效应，因此，传统显示器的刷新频率至少要设置在 70 Hz，这是在显示器稳定工作时的最低要求。而液晶显示器则使用默认的 60 Hz 即可。

7. 电源管理

Windows 7 系统增强了自身的电源管理功能，使用户对系统电源的管理更加方便有效。Windows 7 系统为用户提供了包括"已平衡""节能程序"等多个电源使用计划，同时还可快速通过电源查看选项，调整当前屏幕亮度和查看电源状态。

电源计划是控制便携式计算机如何管理电源的硬件和系统设置的集合。Windows 有两个默认计划：

① 已平衡：此模式为默认模式，CPU 会根据当前应用程序的需求动态调节主频，在需要时提供完全性能和显示器亮度，在计算机闲置时 CPU 耗电量下降，节省电能。

② 节能程序：延长电池寿命的最佳选择，此模式会将 CPU 限制在最低倍频工作，同时其他设备也会应用最低功耗工作策略，整个计算机的耗电量和发热量都达最低状态。

任务 2　计算机资源管理

任务介绍

配置好计算机后，小明通过与老师的交流，了解了在校期间要学习的专业课程结构，为了能够更好地学习，小明下载了所需的软件与学习资料。为此小明要安装所需软件并对资料通过文件夹进行分类整理。

任务分析

本任务中首先要掌握应用软件的安装过程和卸载过程。然后要掌握如何管理文件和文件夹，管理文件过程中，主要涉及的操作有文件或文件夹的新建、重命名、移动、复制、删除、查找等，最后建立 Windows 个人账户，对重要的个人资料起到一定的保护作用。

任务分解

本项目任务可以分解为以下 4 个子任务:

子任务 1 管理计算机软件。

子任务 2 管理文件和文件夹。

子任务 3 管理 Windows 账户。

子任务 4 管理并优化系统。

子任务 1　管理计算机软件

步骤 1：360 安全卫士的安装

打开 360 官网，下载 360 安全卫士安装包，以“360 安全卫士 9.6”为例，单击“免费下载”超链接，如图 2-27 所示，下载完成后，双击“inst.exe”安装执行文件，如图 2-28 所示。单击“同意并安装”按钮，安装程序会自动开始在 360 官网下载主程序。下载完成后，程序自动开始安装，安装完成后会自动进入到 360 安全卫士主界面，如图 2-29 所示。

其他软件的安装同安全卫士类似，在此不再重复讲解。

步骤 2：卸载应用程序

单击“开始”菜单→“固定程序列表”→“控制面板”，打开如图 2-30 所示的“控制面板”窗口，单击“程序”类别下的“卸载程序”超链接，打开如图 2-31 所示的“卸载或更改程序”窗口，单击选择要卸载的程序，单击“卸载/更改”按钮，弹出如图 2-32 所示的“确认卸载”窗口，单击该窗口中的“是”按钮即可完成该程序卸载。

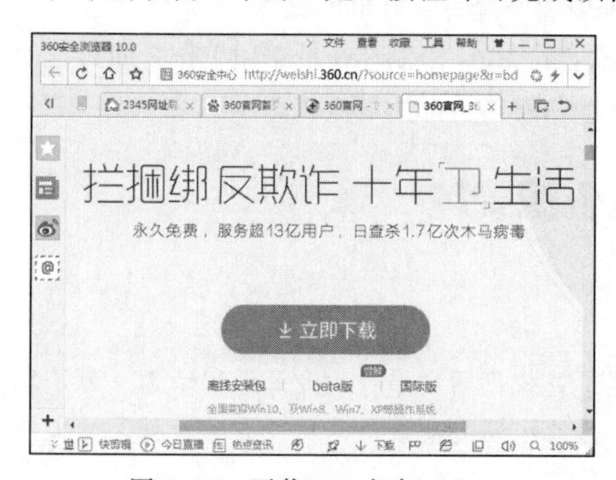

图 2-27　下载 360 安全卫士 9

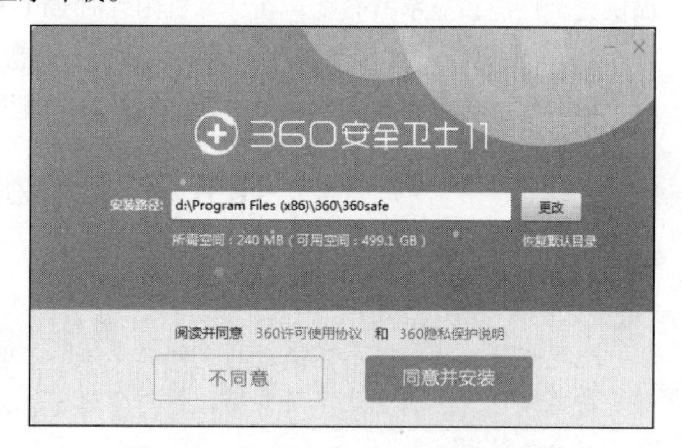

图 2-28　“360 安全卫士”安装对话框

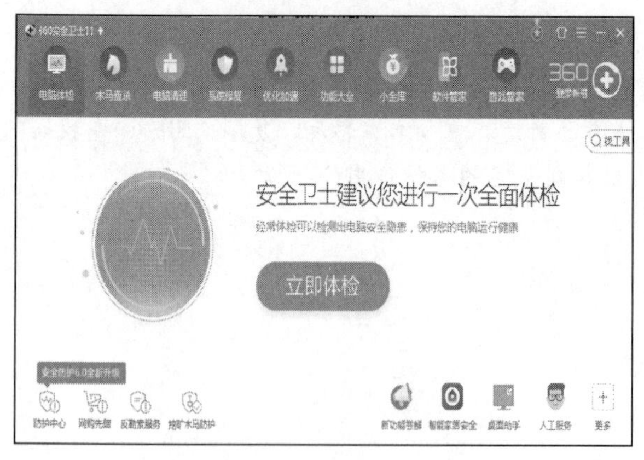

图 2-29　“360 安全卫士”主界面

图 2-30　“控制面板”窗口

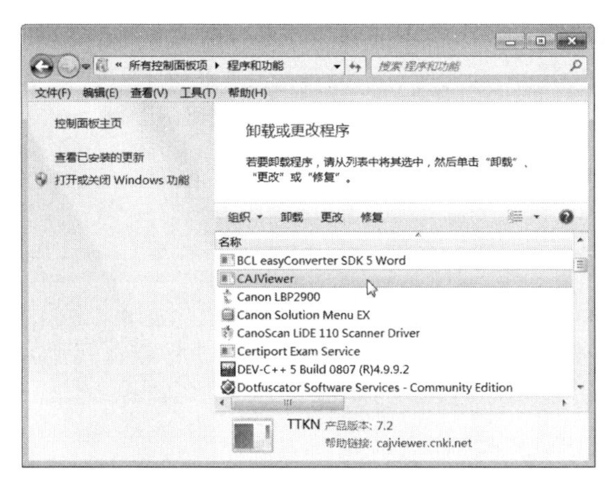

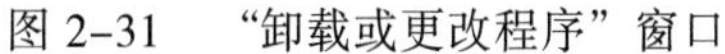
图 2-31　“卸载或更改程序”窗口　　　图 2-32　确认卸载提示框

子任务 2　管理文件和文件夹

步骤 1：打开建立个人文件夹的位置

双击“计算机”图标，打开“计算机”窗口，双击“E 盘”图标，打开“E 盘”窗口，在窗口中显示出 E 盘下所有文件与文件夹，如图 2-33 所示。

操作技巧：单击“开始”→“所有程序”→“附件”→“Windows 资源管理器”命令，在打开窗口的左侧导航窗格中选择目标位置。

步骤 2：新建文件夹

在窗口空白处右击，在弹出的快捷菜单中选择“新建”子菜单，如图 2-34 所示，选择“文件夹”命令，在窗口中出现一个新的文件夹，并自动以“新建文件夹”命名，如图 2-35 所示。输入文件夹名称“下载软件”，在窗口中的其他位置单击或按【Enter】键即完成了文件夹的新建与重命名。

图 2-33　E 盘窗口

图 2-34　“新建”子菜单

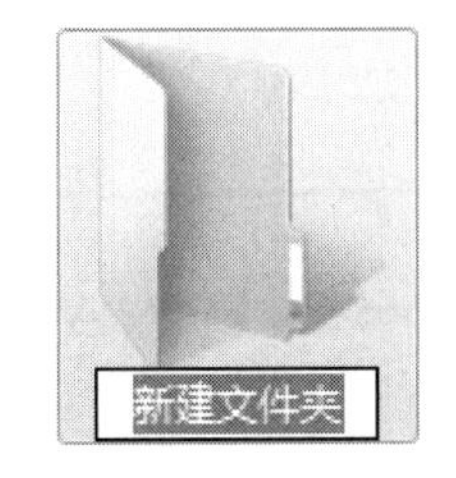

图 2-35　新建的文件夹图标

步骤 3：选择文件或文件夹

① 单个文件或文件夹选择：用鼠标左键单击就可选择文件或文件夹。

② 多个连续文件或文件夹选择：按住鼠标左键拖动，将要选择的文件都框在矩形区域内。

③ 选择相邻的多个文件或文件夹：用鼠标左键选择第一个文件或文件夹，按住【Shift】键，单击最后一个文件或文件夹，即可实现单击的两个图标之间的所有文件与文件夹的选择。

④ 不连续文件或文件夹选择：用鼠标左键单击第一个要选择的文件，按住【Ctrl】键，再单击其他要选择的文件或文件夹，即可实现不连续文件或文件夹的选择。

步骤 4：重命名文件或文件夹

（1）重命名单个文件或文件夹

选择要重命名的文件或文件夹，在该图标上右击，在弹出的快捷菜单中选择“重命名”命令，此时，该图标的名字被反选（见图 2-33），直接通过键盘输入新名字。按【Enter】键或在其他区域单击即可实现文件或文件夹的重命名。

（2）批量重命名文件或文件夹

选择要重命名的多个文件或文件夹，在任意图标上右击，选择“重命名”命令，则选择图标变为重命名状态，如图 2-36 所示，在默认图标上输入重命名名字，按【Enter】键，所有选择的图标均以增加下标方式进行命名，如图 2-37 所示。

图 2-36 已经选择的多个文件

图 2-37 批量重命名后的文件

步骤 5：删除/恢复文件或文件夹

在要删除的文件图标上右击，选择“删除”命令。或选择要删除的文件或文件夹，按【Delete】键。或拖动文件或文件夹到“回收站”中，都可以完成文件和文件夹的删除操作。

操作技巧：

（1）双击“回收站”图标，打开回收站窗口，选择“文件”→“还原”命令（或者在要恢复的图标上右击，在弹出的快捷菜单中选择“还原”命令），都可实现将文件或文件夹从回收站中恢复。

（2）删除文件时，按住【Shift】键，即可实现文件的彻底删除。

步骤 6：移动、复制文件或文件夹

（1）移动文件或文件夹

选择要移动的文件或文件夹，在图标上按住鼠标左键，拖动到目标位置即可。

操作技巧：选择要移动的文件或文件夹并右击，在弹出的快捷菜单中选择“剪切”（Ctrl+X）命令，系统会将所选文件或文件夹保留到剪切板上，到目标位置空白处右击，在弹出的快捷菜单中选择“粘贴”（Ctrl+V）命令即可完成移动功能。

（2）复制文件或文件夹

选择要复制的文件或文件夹并右击，在弹出的快捷菜单中选择“复制”命令（Ctrl+C），到目标位置的空白区域右击，在弹出的快捷菜单中选择“粘贴”命令即可完成复制功能。

步骤 7：查找文件或文件夹

打开要查找文件的窗口，在搜索栏中输入查找内容，如图 2-38 所示，搜索结果自动显示在窗口内。在搜索栏中还可指定搜索文件的“修改日期”或者文件的“大小”进行高级查找。

步骤 8：显示所有隐藏文件和文件夹

选择“工具”→“文件夹选项”命令，弹出“文件夹选项”对话框，切换到“查看”选项卡，在“高级设置”列表框中，选择“显示隐藏的文件、文件夹和驱动器”复选框，如图 2-39 所示。隐藏文件即可显示于窗口中，隐藏文件图标比正常图标略暗。

图 2-38　搜索文件

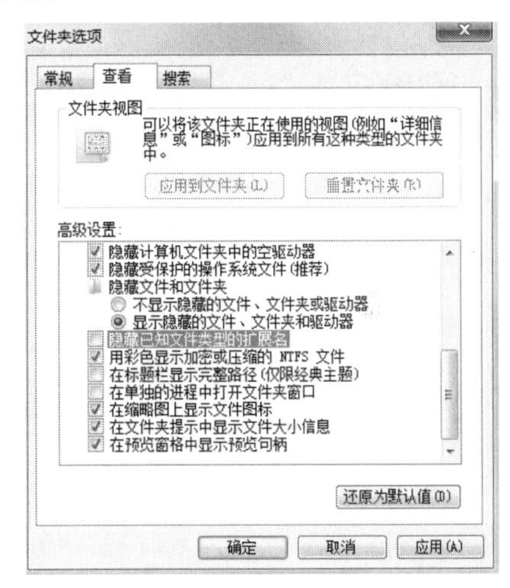

图 2-39　“查看”选项卡

> **操作技巧**：在“查看”选项卡的“高级设置”列表框中，取消选中“隐藏已知文件类型的扩展名”复选框（见图 2-39），可显示文件的扩展名。

步骤 9：更改文件或文件夹的查看方式

在窗口空白处右击，弹出如图 2-40 所示的快捷菜单，选择“查看”命令，在展开的子菜单中可将窗口文件或文件夹以超大图标、大图标、中等图标、小图标、列表、详细信息、平铺和内容进行显示，区别各种显示效果，图 2-41 为详细信息的显示效果。在“详细信息”的查看方式中，把鼠标指针放置到文件属性间，变成黑色左右箭头状态时，可调整各属性栏宽。单击详细信息标题“类型”右侧的向下箭头，选择 JPG 文件，可以将当前文件夹中的文件筛选出扩展名为“JPG”的所有文件，如图 2-42 所示。也可以按名称、日期、大小等进行文件筛选。

步骤 10：更改文件或文件夹的排列方式

在窗口空白处右击，在弹出的快捷菜单中选择排序方式，如图 2-43 所示，按照名称进行递增排序。

步骤 11：查看文件或文件夹属性

右击文件夹，在弹出的快捷菜单中选择“属性”命令，弹出“属性”对话框，如图 2-44 所示。在“常规”选项卡中，可以查看该文件夹的保存位置、文件大小、占用空间、包含文件和文件夹数目、创建时间，并将该文件夹设置为只读文件。单击“高级”按钮，弹出如图 2-45 所示的“高级属性”对话框，设置文件夹具有“存档属性”和“加密内容以保护数据”。选择“共享”选项卡，可设置文件夹共享，如图 2-46 所示。选择“安全”选项卡，设置组或用户更改访问权限，如图 2-47 所示。单击“确定”按钮完成文件夹属性设置。

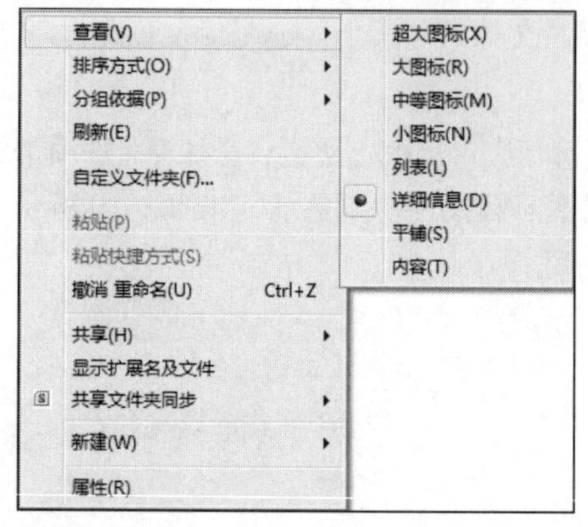

图 2-40　查看文件方式

名称	日期	类型	大小	标记
P1080001	2012/10/4 11:27	JPG 文件	3,983 KB	
P1080002	2012/10/4 11:30	JPG 文件	4,056 KB	
P1080003	2012/10/4 11:30	JPG 文件	4,152 KB	
P1080004	2012/10/4 11:30	JPG 文件	4,110 KB	
P1080005	2012/10/4 11:30	JPG 文件	4,015 KB	
P1080006	2012/10/4 11:30	JPG 文件	3,965 KB	
P1080007	2012/10/4 11:30	JPG 文件	3,958 KB	
P1080008	2012/10/4 11:30	JPG 文件	3,950 KB	
P1080009	2012/10/4 11:30	JPG 文件	3,926 KB	
P1080010	2012/10/4 11:30	JPG 文件	4,424 KB	
P1080011	2012/10/4 11:30	JPG 文件	3,906 KB	
P1080012	2012/10/4 11:30	JPG 文件	4,503 KB	
P1080014	2012/10/4 11:31	JPG 文件	4,014 KB	

图 2-41　“详细信息”查看方式

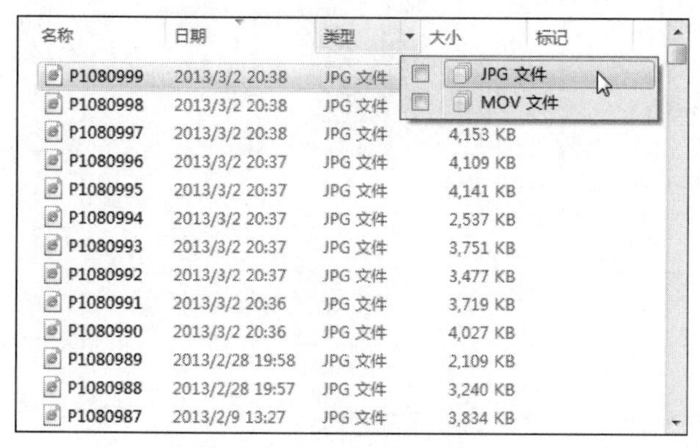

图 2-42　按“类型”筛选文件

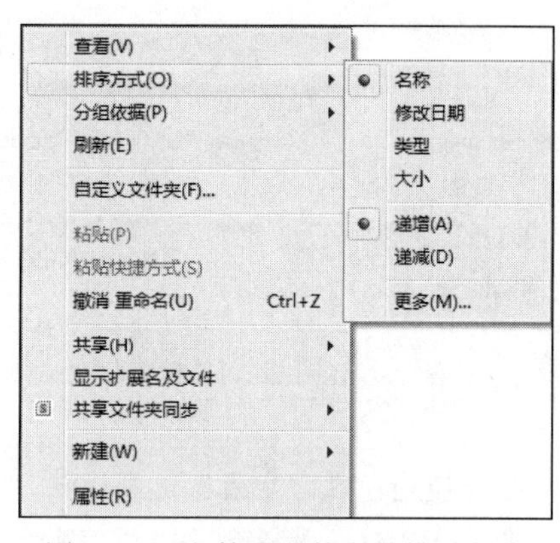

图 2-43　文件或文件夹的排列方式

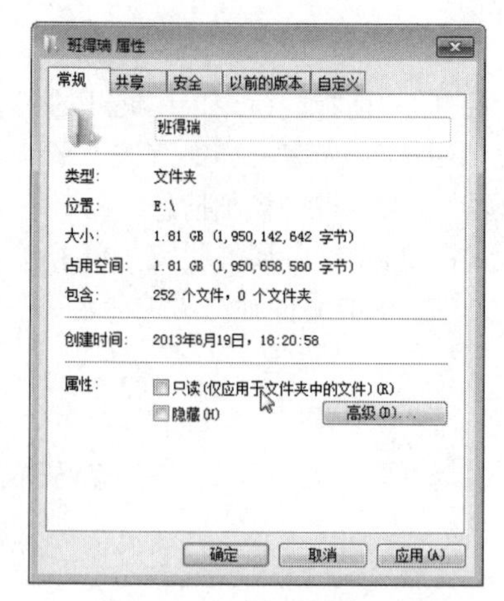

图 2-44　文件夹属性设置

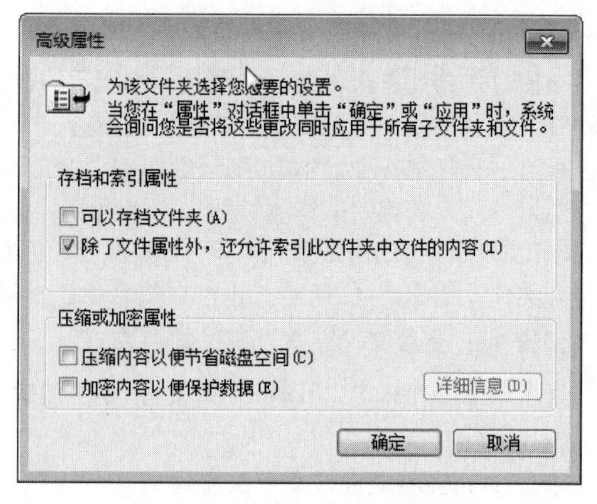

图 2-45　“高级设置”对话框

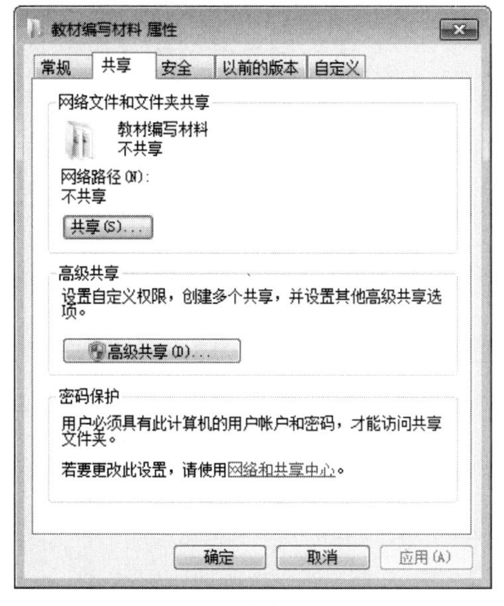

图 2-46 “共享”选项卡

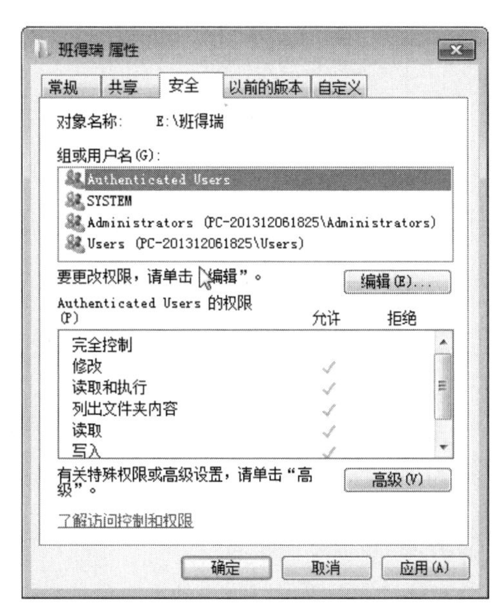

图 2-47 “安全”选项卡

子任务 3 管理 Windows 账户

步骤 1：创建新账户

单击“控制面板”窗口中的“用户账户和家庭安全”超链接（见图 2-30），打开图 2-48 所示的“用户账户和家庭安全”窗口，单击“添加或删除用户账户”超链接，打开如图 2-49 所示的“管理账户”窗口。单击窗口中的“创建一个新账户”超链接，打开图 2-50 所示的“创建新账户”窗口，在该窗口中输入用户名称，确定用户类型后，单击“创建账户”按钮，完成新账户的创建，并返回“管理账户”窗口。

图 2-48 “用户账户和家庭安全”窗口

图 2-49 “管理账户”窗口

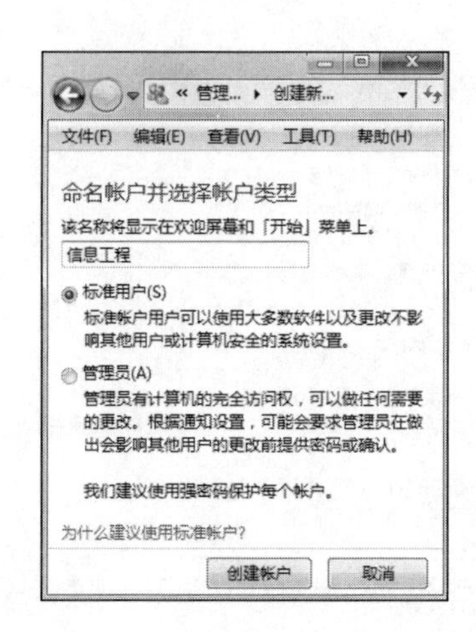

图 2-50 “创建新账户”窗口

步骤 2：设置账户密码

为账户设置密码可以防止他人查看或修改自己账户下的内容。在“管理账户”窗口，双击要创建密码的账户，打开“更改账户”窗口，如图 2-51 所示。单击“创建密码”链接，打开“创建密码”窗口，输入并确认账户密码，如图 2-52 所示。单击“创建密码”按钮，返回“更改账户”窗口，该账户名称下方出现密码保护字样，完成该账户的密码设置。在“更改账户”窗口还可以更改账户的其他选项。

步骤 3：删除账户

在“管理账户”窗口中选择要删除的账户，单击“删除账户”超链接，打开“删除账户文件”窗口，如图 2-53 所示，单击“删除文件”按钮。

步骤 3：弹出确认删除账户的对话框，单击“删除账户”按钮，完成账户的删除操作。

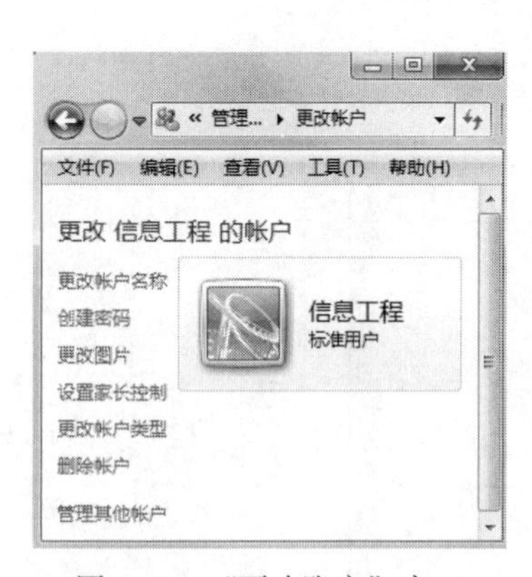

图 2-51 “更改账户”窗口

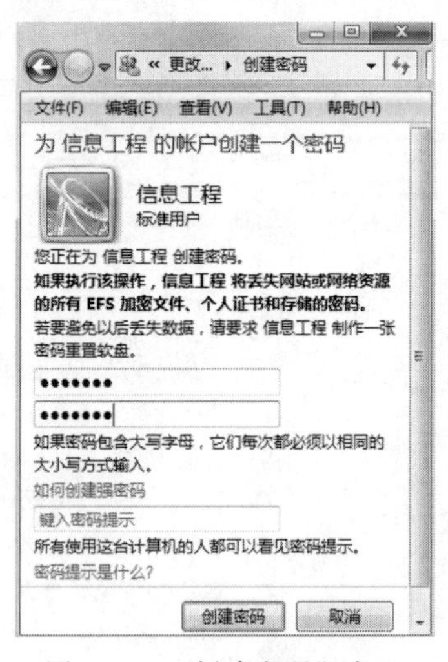

图 2-52 “创建密码”窗口

图 2-53 “删除账户”窗口

子任务 4 管理并优化系统

当计算机出现“无响应”时，可以“结束任务”，还可以使用常见的系统维护工具如磁盘清理和磁盘碎片整理对计算机进行磁盘管理，提高计算机运行速度。

步骤 1：结束应用程序

在任务栏空白处右击，在弹出的快捷菜单中选择“启动任务管理器”命令，打开如图 2–54 所示的“任务管理器”窗口。在“应用程序”选项卡中单击任务列表中的准备结束的应用程序选项，单击“结束任务”按钮，即可结束应用程序的运行。

步骤 2：磁盘清理

打开“计算机”窗口，右击要进行磁盘清理的分区盘符，在弹出快捷菜单中选择“属性”命令，弹出如图 2–55 所示的“磁盘属性”对话框，单击“磁盘清理”按钮，弹出如图 2–56 所示的“磁盘清理”对话框，在列表项中选择清理项目，单击“确定”按钮，删除选择文件。

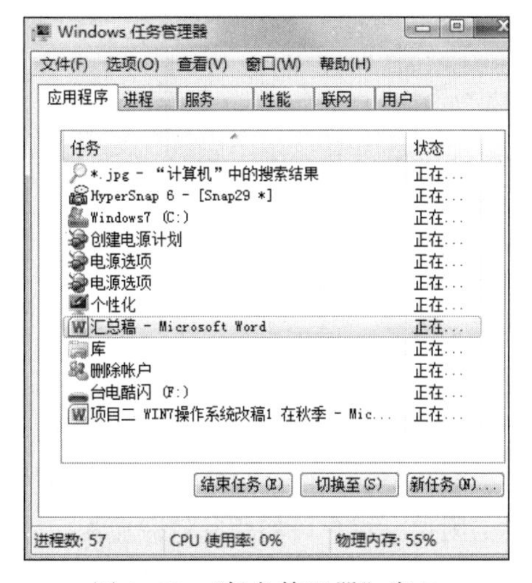

图 2–54　“任务管理器”窗口

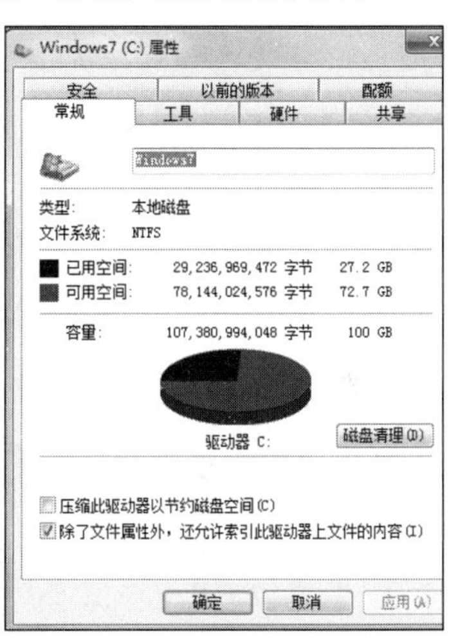

图 2–55　“磁盘属性”对话框

步骤 3：磁盘碎片整理

单击“开始”→“附件”→“系统工具”→“磁盘碎片整理程序”命令，打开如图 2–57 所示的“磁盘碎片整理程序”对话框，选择要进行碎片整理的磁盘分区，单击“磁盘碎片整理”按钮即可开始进行磁盘碎片整理操作，整理完毕后，单击“关闭”按钮即可完成磁盘碎片整理。

图 2–56　“磁盘清理”窗口

图 2–57　“磁盘碎片整理程序”对话框

步骤 4：自定义 Windows 开机启动程序

单击“开始”菜单，在搜索框中输入“msconfig”，按【Enter】键，弹出“系统配置”对话框。切换到“启动”选项卡，如图 2-58 所示，在启动项目前的复选框中进行选择或取消。单击“确定”按钮。重新启动系统后即可实现自定义启动。

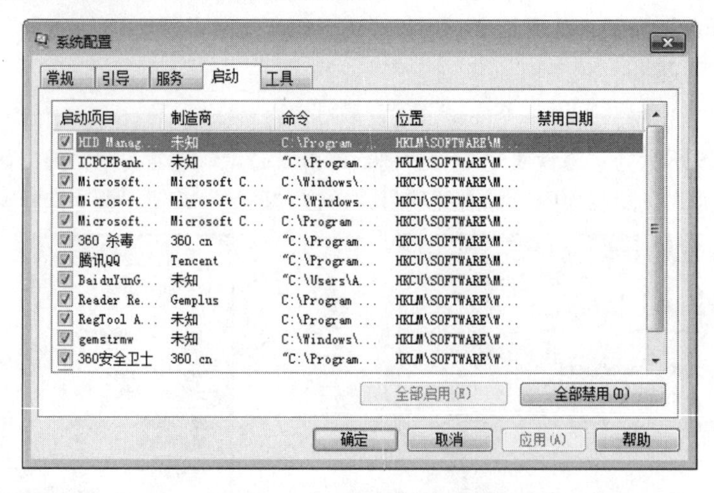

图 2-58 “系统配置”对话框

扩展任务 附件小程序的应用

任务介绍：Windows 7 提供了一些实用的小程序，如便笺、画图、计算器、写字板、截图工具、放大镜、屏幕键盘和录音机等，这些程序被统称为附件，用户可使用它们完成相应的工作。在本任务中要求利用截图工具和画图工具制作一张如图 2-59 所示的台历图片。

图 2-59 台历制作效果

知识链接

1. 文件和文件夹

① 文件。在 Windows 7 操作系统中，文件是以单个名称在计算机中存储的信息的集合，是最基本的存储单位。在计算机中，一张图片、一段视频、一篇文章等都属于文件。

② 文件夹。文件夹是计算机中用来分类存储文件的一种工具，如图 2-60 所示。可以将多个文件或文件夹放置在一个文件夹中，从而实现对文件或文件夹的分类管理。

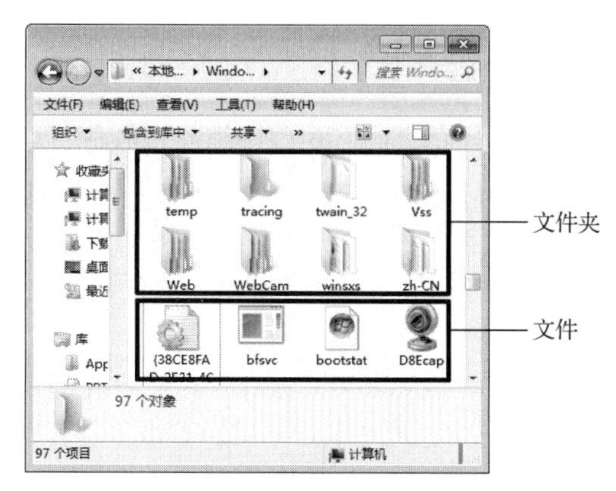

图 2-60 计算机文件和文件夹

③ 文件名称。在 Windows 7 操作系统中，文件通常以“文件图标+文件名+扩展名”的形式显示。通过文件图标和扩展名即可知道文件的类型。文件名和扩展名中间以“.”进行分隔，文件名通常以易于识别的名字命名，扩展名通常由 3 或 4 个字母组成，用来表示文件的类型和性质。常见的文件类型如表 2-1 所示。

表 2-1 Windows 7 操作系统中的常见文件及其扩展名

扩展名	文件类型	扩展名	文件类型
.doc .docx	Word 文档	.xls .xlsx .csv	Excel 电子表格
.avi .wmv	视频文件	.ppt .pptx	PowerPoint 演示文稿
.mp3 .m4a	音频文件	.one	OneNote 笔记软件
.txt .text	文本文件	.rar .zip	压缩文件
.jpg .png .bmp .tif	图像文件	.jnt	日记本文档
.html .htm	网页文件	.exe	可执行文件
.swf	Flash 文件	.pdf	电子读物文件

2. 剪贴板

剪贴板是内存中的一块区域，是 Windows 内置的一个非常有用的工具，用来临时存放数据信息。通过剪贴板，可以使数据在不同的磁盘、文件或文件夹进行移动或复制，也使得在各种应用程序之间，传递和共享信息成为可能。

剪贴板是不可见的，直接复制数据到剪贴板，并从剪贴板中直接粘贴到目标位置。剪贴板中的信息存储在内存中，关机后将不复存在。剪贴板中的信息可以使用多次，但只能保留最近一次复制的内容。

3. 回收站

回收站主要用来存放用户临时删除的文档资料，存放在回收站的文件可以恢复。

回收站是一个特殊的文件夹，默认在每个硬盘分区根目录下的 RECYCLER 文件夹中，该文件夹是隐藏的。将文件删除并移到回收站后，实质上就是把它放到了这个文件夹，仍然占用磁盘的空间。只有在回收站中删除它或清空回收站才能使文件真正地删除，为计算机获得更多的磁盘空间。

4. Windows 账户类型

用户账户是一个信息集，定义了用户可以在 Windows 系统中执行的操作。通过用户账户，可以在拥有自己的文件和设置的情况下与多个人共享计算机，每个人都可以使用用户名和密码来访问其用户账户。用户账户类型有几下几种：

① 标准账户：适用于日常使用。可以防止用户做出会对该计算机的所有用户造成影响的更改。当用户使用标准账户登录到 Windows 7 时，用户可以执行管理员账户下几乎所有的操作，但是如果用户要执行影响该计算机其他用户的操作时，Windows 7 可能要求用户提供管理员账户密码。

② 管理员账户：可以对计算机进行最高级别的控制，但应该只在必要时才使用。Windows 7 系统默认情况下，超级管理员账户是禁用的。

③ 来宾账户：如果说管理员账户是主账户，那么来宾账户算是副账户，主要用于需要临时使用计算机的用户，来宾账户不能执行管理员账户下的所有操作。

5. Windows 任务管理器

提供有关计算机性能的信息，并显示了计算机上所运行的程序和进程的详细信息，若连接到网络，那么还可以查看网络状态并迅速了解网络是如何工作的。它的用户界面包括提供了文件、选项、查看、窗口、帮助 5 个菜单项，其下有应用程序、进程、服务、性能、联网、用户 6 个选项卡，窗口底部是状态栏用来显示当前进程数、CPU 使用率及物理内存使用信息。默认设置下系统每隔两秒钟对数据进行 1 次自动更新，也可以单击“查看”→“更新速度”命令重新设置。

任务 3 网 络 应 用

任务介绍

小明在学习过程中，经常需要通过网络查找资料，与同学互通邮件等。为此他需要将计算机接入互联网，借助网络收发邮件，达到资源共享的目的。

任务分析

小明可以通过局域网连接到 Internet，这就要求小明对自己的计算机设置网络连接，主要包括设置 IP 地址、DNS 服务器等操作。而电子邮箱的使用主要包括电子邮箱的申请及邮件的收发使用情况。

任务分解

本项目任务可以分解为以下 2 个子任务：

子任务 1 网络连接。

子任务 2 申请并使用电子邮箱。

子任务 3 使用网盘。

任务实施

子任务 1 网络连接

步骤 1：局域网接入互联网

单击“控制面板”窗口中的“网络和 Internet”（见图 2-30）类别下的“查看网络状态和任务”

超链接，打开“网络和共享中心”窗口，如图 2-61 所示。单击“查看网络活动”区域下的“本地连接”按钮，弹出如图 2-62 所示的“本地连接 状态”对话框，单击“属性”按钮，弹出图 2-63 所示的“本地连接 属性”对话框，选择“Internet 协议版本 4（TCP/IPv4）”选项，单击“属性”按钮，弹出“Internet 协议版本 4（TCP/IPv4） 属性”对话框，选择“使用下面的 IP 地址”单选项由用户手动输入网络运营商指定的 IP 地址、子网掩码、默认网关及 DNS 服务器地址，每次登入网络时此 IP 地址不变，如图 2-64 所示。单击“确定”按钮，完成局域网接入 Internet 的操作。

步骤 2：宽带连接接入互联网

单击“网络和共享中心”窗口（见图 2-61）中的“更改网络设置”区域下的“设置新的连接或网络”超链接，弹出“设置连接或网络”对话框，如图 2-65 所示，单击“下一步”按钮，弹出“连接到 Internet”对话框，如图 2-66 所示。单击“宽带（PPPoE）”按钮，输入由网络运营商提供的用户名及密码，如图 2-67 所示，根据使用情况的不同，可选择“显示字符”“记住此密码”两个复选项，并可设置“连接名称”，默认为“宽带连接”，如果允许本操作系统的其他用户通过此连接访问网络，可选择“允许其他人使用此连接”复选框。设置完毕，单击“连接”按钮，即可接入互联网。

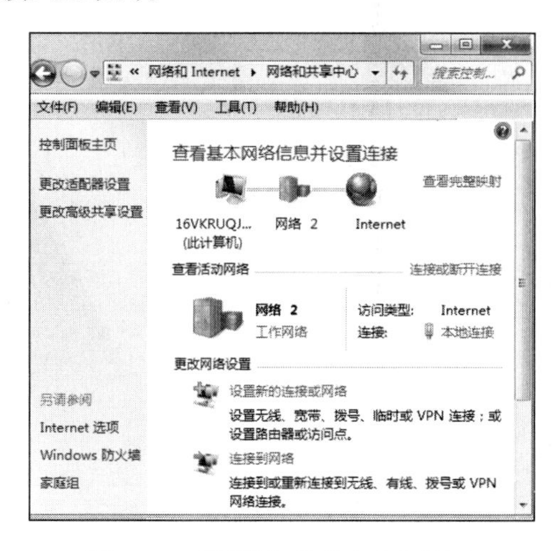

图 2-61　“网络和共享中心”窗口

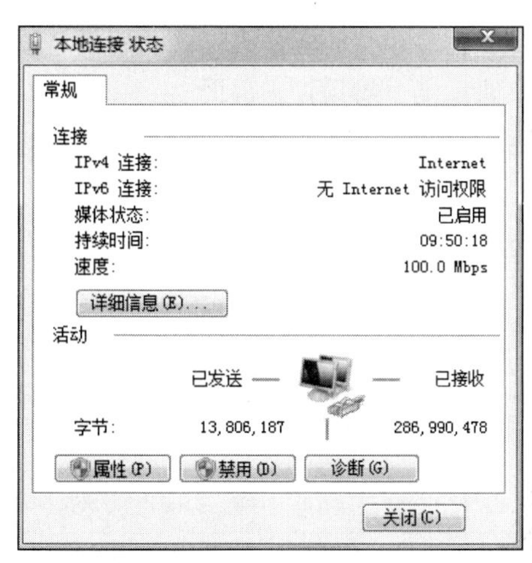

图 2-62　“本地连接状态”对话框

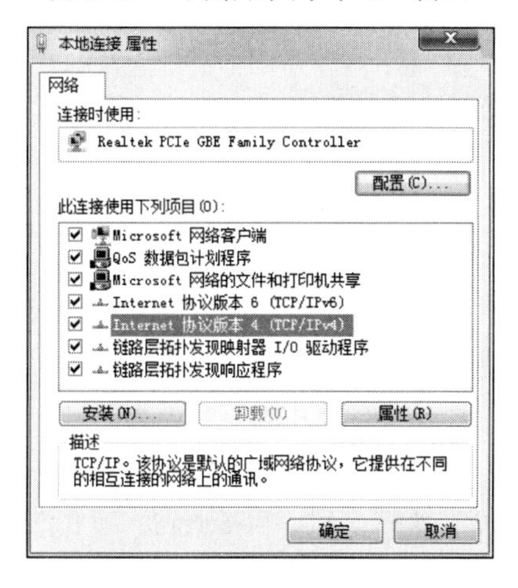

图 2-63　“本地连接 属性”对话框

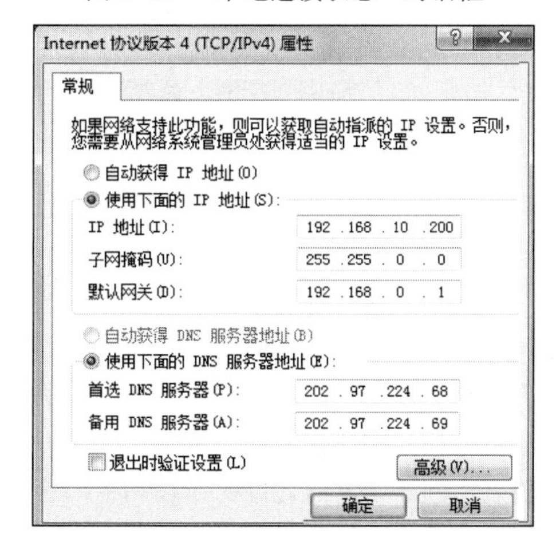

图 2-64　“Internet 协议版本 4 属性”对话框

图 2-65 “设置连接或网络”对话框

图 2-66 “连接到 Internet”对话框

步骤 3：无线路由器设置

① 以设置 TP-Link 无线路由器为例，打开 IE 浏览器，在地址栏输入“http://192.168.1.1”，打开路由器登录页面，输入正确的用户名和密码（默认为 admin），如图 2-68 所示，单击“登录”按钮，进入路由器设置主界面。

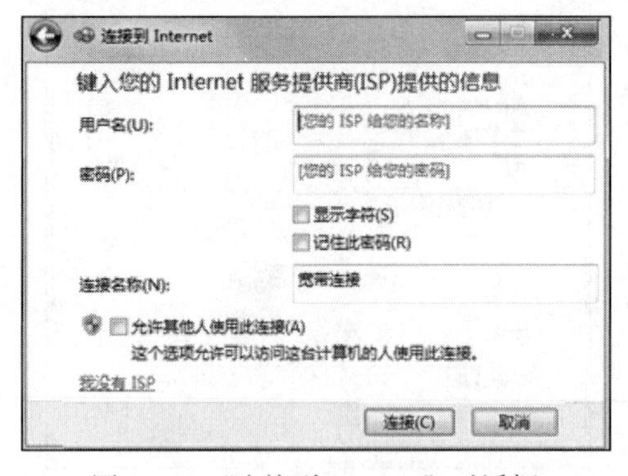

图 2-67 “连接到 Internet”对话框

图 2-68 路由器登录界面

② 单击左侧导航条中的“设置向导”超链接，打开“设置向导”页面，如图 2-69 所示。

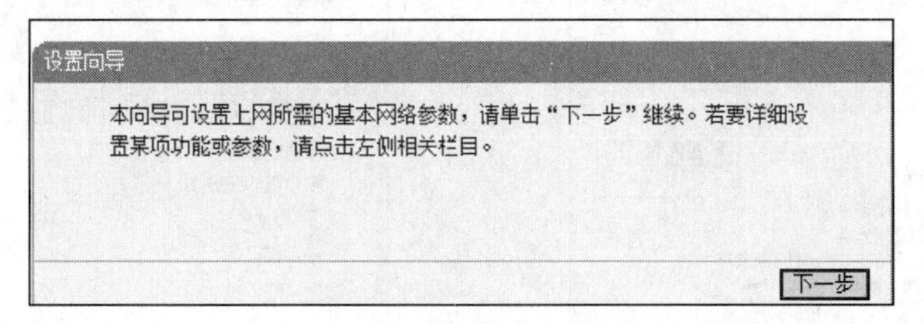

图 2-69 设置向导页面

③ 单击“下一步”按钮，打开“上网方式”页面，选择“让路由器自动选择上网方式”一项，也可根据网络连接的形式选择“上网方式”，如图 2-70 所示。选择“PPPoE”单选按钮，应准确输入由网络运营商提供的账户和密码；选择“静态 IP”单选按钮，应准确输入所在网络分配的固定 IP。

④ 单击“下一步”按钮，上网方式设置完成后会进入到“无线设置”页面，在“SSID:”文

本框中输入“WiFi 信号”名称，同时在“PSK 密码:”文本框中设置“WiFi”密码（密码位数最低 8 位），如图 2-71 所示。单击“下一步”按钮，进入到“设置向导”完成页面，单击“完成”按钮，设置完成。

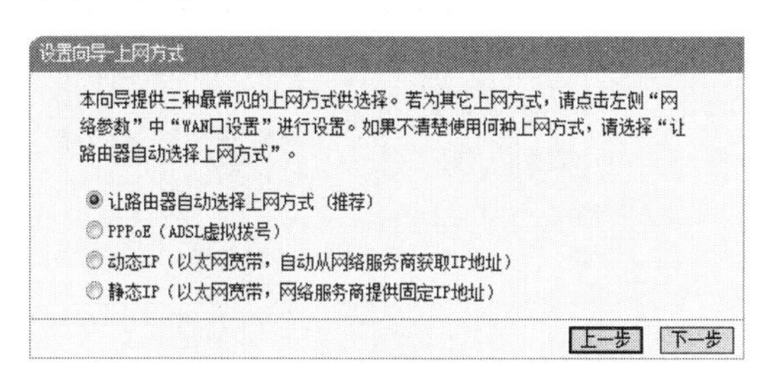

图 2-70　“上网方式”页面

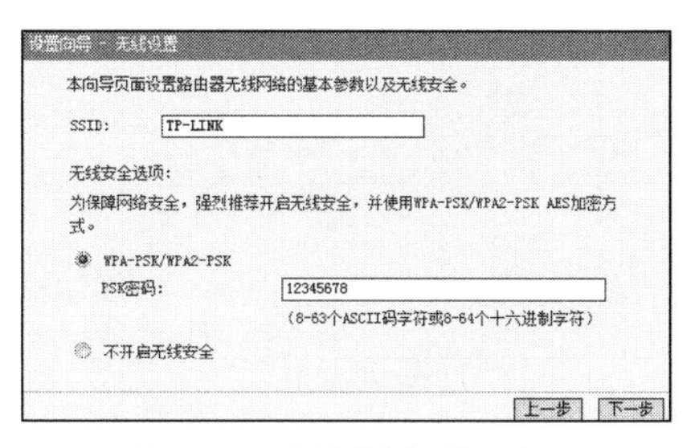

图 2-71　“无线设置”页面

⑤ 路由器配置完成后还应对地址分配一项进行设置，才能保证连接多个无线设备。单击左侧导航条中的“DHCP 服务器”超链接，打开“DHCP 服务”页面，选择“启用”，并在“开始地址”和“结束地址”两项中设置一个 IP 范围，单击“保存”按钮，设置完成，如图 2-72 所示。

步骤 4：无线宽带连接设置

单击屏幕右下角任务栏上的无线网络图标，选择已知的无线网络连接项“TP-LINK_1701”，如图 2-73 所示。输入正确的无线连接密码，无线网络即连接完成。

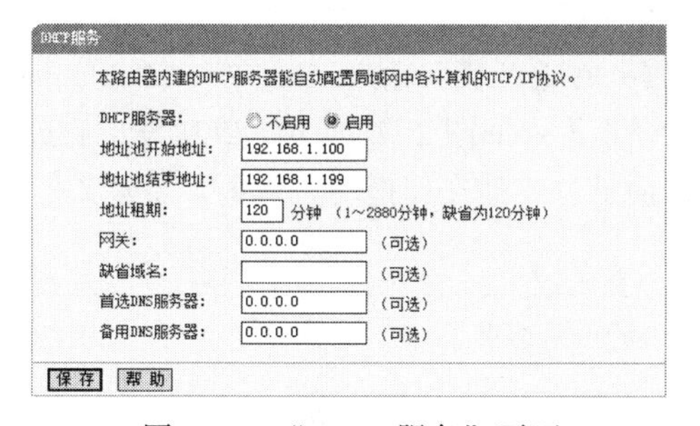

图 2-72　“DHCP 服务”页面

图 2-73　已知网络列表

子任务 2　申请并使用电子邮箱

步骤 1：申请邮箱

双击 IE 浏览器图标，在地址栏中输出“www.163.com”，打开网易网站主页面，单击页面右上方“注册免费邮箱”超链接，如图 2-74 所示，打开如图 2-75 所示的“注册网易免费邮箱”窗口，在打开的页面上填写注册信息，单击“立即注册”按钮，完成注册。

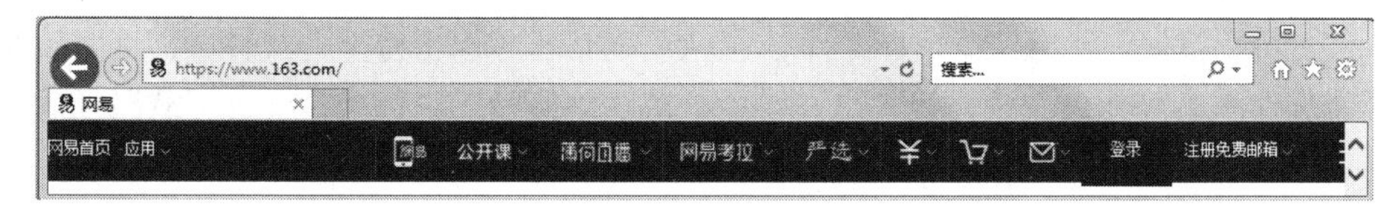

图 2-74　网易主页面上方的导航条

步骤 2：接收和发送邮件

登录邮箱，打开如图 2-76 所示的“邮箱”窗口，单击邮箱主页面“收件箱”超链接，打开邮件列表，看到所有发来的邮件。单击“写信”按钮，可以打开发送邮件窗口。

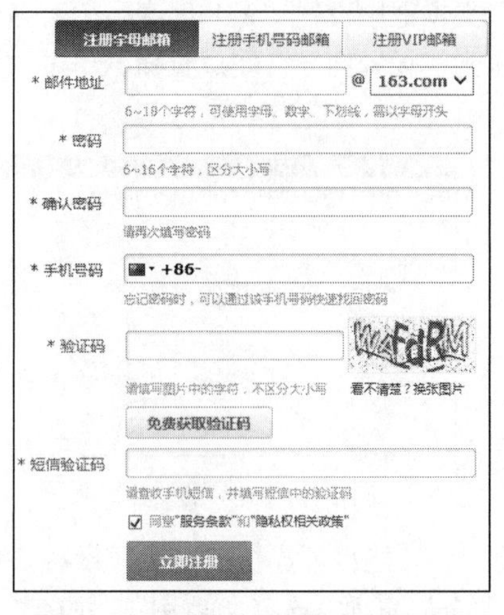

图 2-75 “注册网易免费邮箱”窗口

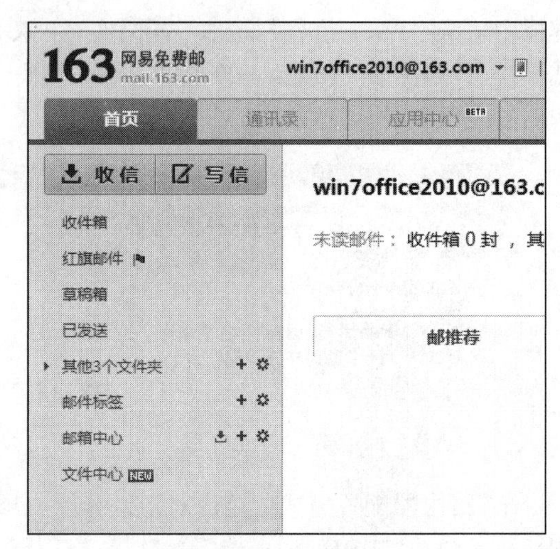

图 2-76 “邮箱”窗口

子任务 3 使用网盘

网盘又称网络硬盘或网络 U 盘，是互联网公司推出的在线存储服务，向用户提供文件的存储、访问、备份、共享等文件管理等功能。步骤 1：登录网盘

以“百度云管家”网盘为例，打开 IE 浏览器，在地址栏中输入“http://yun.baidu.com/”或下载并安装“百度云管家”，安装完毕后启动程序，登录界面如图 2-77 所示。成功登录后进入到“百度云管家”主界面，如图 2-78 所示，界面非常简洁并支持文件拖动。单击“新建文件夹”按钮对上传文件进行分类。

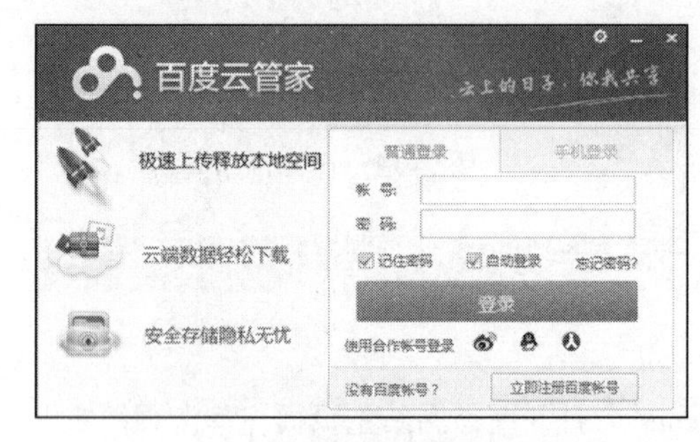

图 2-77 “百度云管家”登录界面

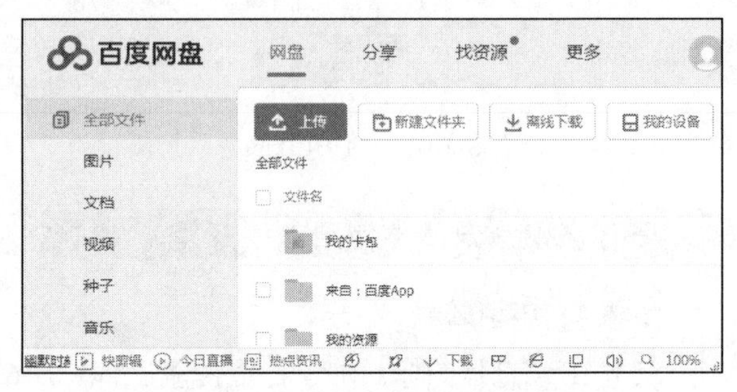

图 2-78 “百度云管家”主界面

步骤 2：上传和下载文件

单击“上传”按钮，弹出“请选择文件/文件夹”对话框，双击待上传文件，即可实现文件上传。选择文件，单击“下载”按钮，弹出“设置下载存储路径”对话框，设置下载路径后，即可实现文件下载。

扩展任务 360 安全卫士的使用

任务介绍：小明的计算机出现了文件丢失、损坏、QQ 账号被盗用的情况，他在操作系统中安装、设置并使用 360 了安全卫士，360 杀毒软件，通过这两款软件检测操作系统和文件并进行了保护，极大地避免了计算机异常情况的出现。

步骤 1：360 安全卫士的使用

在任务栏的右下角可看到 360 的运行图标，软件在第一次启动时会自动进入到“电脑安检”页面中，如图 2-79 所示，单击“立即体检”按钮，对计算机进行一次安全检测。360 安全卫士会将计算机的检测结果显示在主窗口中，如图 2-80 所示，可单击“一键修复”按钮可逐条修复。其他选项由读者自行探索。

图 2-79　“360 安全卫士”体检界面

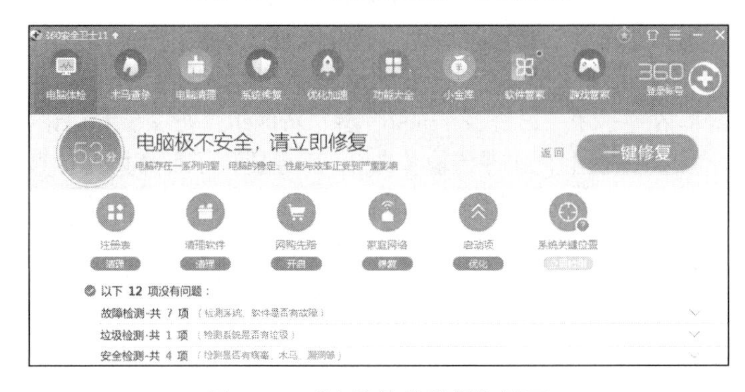

图 2-80　“电脑体检结果”界面

步骤 2：360 杀毒软件的使用

双击“360 杀毒”图标，启动“360 杀毒软件”，如图 2-81 所示，单击“快速扫描”按钮，软件自动开始对计算机系统进行快速杀毒扫描，扫描完成后可单击“立即处理”来清理异常和病毒。

图 2-81　“360 杀毒”主界面

知识链接

1. 什么是 Internet

Internet 互联网，又称因特网，从通信角度讲，Internet 是按照一定的网络通信协议（基于 TCP/IP 协议）连接全球各个国家、各个地区、各个机构的计算机网络的数据通信网。从信息资源角度讲，Internet 是一个集各部门、各领域的各种信息资源为一体的供网上用户共享的信息资源网。互联网通信线路可以是电话线、数据专线、光纤、微波、通信卫星等。

2. Internet 提供的服务

Internet 提供了形式多样的手段和工具为用户服务。常见的服务有万维网（WWW）、电子邮件（E-mail）、文件传输（FTP）、远程登录（Telnet）、网络新闻（USENET）等。

① 万维网。万维网（World Wide Web，WWW），简称 Web，也称 3W 或 W3。万维网是遵循 HTTP 协议并由“超文本”链接方式而组成的信息系统，是全球网络资源。它是近年来 Internet 最广泛的一种应用，是 Internet 上最方便、最受用户欢迎的信息服务类型。万维网为人们提供了查找和共享信息的方法，同时也是人们进行动态多媒体交互的最佳手段。最主要的两项功能是读超文本（Hypertext）文件和访问 Internet 资源。

② 远程登录。远程登录就是用户通过 Internet，使用远程登录（Telnet）命令，管理和应用在远端的计算机系统。远程登录允许任意类型计算机之间进行通信。

③ 网络新闻。网络新闻（USENET）是 Internet 的公共布告栏。网络新闻的内容非常丰富，几乎覆盖当今生活全部内容，用户通过 Internet 可参与新闻组进行交流和讨论。

④ 文件传输。在 Internet 上，文件传输（FTP）服务提供了任意两台计算机之间相互传输文件上传下载的功能。连接在 Internet 上的许多计算机上都保存有若干有价值的资料，只要它们都支持 FTP 协议，如果需要这些资料，就可以随时相互传送文件。

⑤ 网络检索工具。万维网提供了一种嵌套菜单式查询工具，提供面向文本的信息检索服务。用于查询网络用户、E-mail、URL、服务器地址、信息资源检索、数据库查询等。

3. 网络浏览器

网络浏览器是指可以显示网页服务器或者网络系统的 HTML 文件内容，并让用户与这些文件实现交互操作的一种应用型软件。网络浏览器通过网络地址的超链接形式来显示万维网内的信息资源，一般文件是 HTML 格式。万维网遵循 HTTP（超文本传输协议）和 URL 协议可允许网页中嵌入图像、动画、视频、声音、流媒体等，有了浏览器的支持，可以更方便地使用网络的各类资源，极大地促进了 Internet 的普及。

4. 电子邮件

电子邮件（E-mail）服务是一种通过 Internet 与其他用户进行联系的方便、快捷、价廉的现代化通信手段，也是目前用户使用最为频繁的服务功能。通常的 Web 浏览器都有收发电子邮件的功能。

① E-mail 地址。电子邮件（E-mail）的传送也需要地址，即电子地址或电子信箱。电子信箱实际上是在邮件服务器上为用户分配的一块存储空间，每个电子信箱对应一个信箱地址。信箱地址一般由用户名和主机域名组成，其格式为“用户名@主机域名”，如 xyz@163.com。其中，用户名是用户申请电子信箱时与 ISP（网络服务提供商）协商的一个字母与数字的组合，域名是 ISP 的邮件服务器地址，中间的字符“@”是一个固定的字符，读为“at”，意思是“在”。

② SMTP 简单邮件传输协议。SMTP 协议主要负责底层的邮件系统将邮件从一台机器传至另外一台机器。

③ POP 邮局协议。POP 协议是把邮件从电子邮箱中传输到本地计算机的协议。

④ 邮箱密码规范。注册邮箱填写密码需符合一定的要求，以网易邮箱为例，邮箱地址的填写应注意格式要求，由 6 ~ 18 个字母、数字、下画线组成；密码由 6 ~ 16 个字符组成，字母区分大小写。

5. 计算机病毒与木马

计算机病毒（Computer Virus）在《中华人民共和国计算机信息系统安全保护条例》中被明确定义，病毒指“编制者在计算机程序中插入的破坏计算机功能或者破坏数据，影响计算机使用并且能够自我复制的一组计算机指令或者程序代码”。常见的计算机病毒可分为“引导区病毒”“文件型病毒”“宏病毒”“脚本病毒”“网络蠕虫病毒”等。

木马与一般的病毒不同，它不会自我繁殖，也不去感染其他文件，它通过将自身伪装吸引用户下载执行，向施种木马者提供打开被种者计算机的门户，使施种者可以任意毁坏、窃取被种者的文件，甚至远程操控被种者的计算机。

杀毒软件，也称反病毒软件或防毒软件，是用于消除计算机病毒、特洛伊木马和恶意软件等计算机威胁的一类软件。杀毒软件通常集成监控识别、病毒扫描与清除和自动升级等功能，有的杀毒软件还带有数据恢复等功能，是计算机防御系统（包含杀毒软件、防火墙、特洛伊木马和其他恶意软件的查杀程序、入侵预防系统等）的重要组成部分。

360 安全卫士是一款由奇虎 360 公司推出安全杀毒软件。拥有查杀木马、清理插件、修复漏洞、电脑体检、电脑救援、保护隐私等多种功能，并独创了“木马防火墙”功能，依靠抢先侦测和云端鉴别，可全面、智能地拦截各类木马，保护用户的账号、隐私等重要信息。

习题与训练

一、操作题

1. 更改桌面系统图标，隐藏系统图标“网上邻居”和“回收站”。更改“计算机”的图标样式。

2. 应用“Aero 主题”,更改桌面背景设置为 10 张图片创建幻灯片,更改图片时间间隔为 5 min。

3. 显示鼠标运动轨迹，更改鼠标指针系统方案为放大。

4. 定义新账户，设置账户名为“儿童”，设置新账户密码为 12345，更改账户图片为气球。

5. 对 D 盘进行磁盘碎片整理。

6. 在 D 盘上运行磁盘清理。仅删除“回收站”临时文件。

7. 使用 IE 浏览器登录 www.126.com 网易免费邮，注册邮箱，并向教师发送一封电子邮件。

8. 使用 IE 浏览器访问“搜狐”网站，并将该网站收藏至 IE 收藏夹新建的“门户网站”文件夹中。

9. 打开 IE 浏览器，设置“www.3600.com”为默认主页。

10. 使用“360 杀毒”查杀计算机文件，并将结果截图发至教师邮箱。

二、选择题

1. 以下属于图片类型文件的扩展名是______。

A. .jpg B. .exe C. .mov D. .txt

2. 以下______系统工具适用于硬盘？（选择三项）

A. 备份 B. 网络扫描 C. 磁盘清理 D. 磁盘碎片整理程序

3. 计算机网络最突出的特点是______。

A. 资源共享 B. 运算精度高 C. 运算速度快 D. 内存容量大

4. IE 浏览器的“收藏夹”的主要作用是收藏______。

A. 图片 B. 邮件 C. 网址 D. 文档

5. 要能顺利发送和接收电子邮件，下列设备必需的是______。

A. 打印机 B. 邮件服务器 C. 扫描仪 D. Web 服务器

三、填空题

1. Windows 7 有 4 个默认库，分别是视频、图片、________和音乐。

2. 电子邮箱地址是由________组成的。

3. 文件名一般由两部分组成，即主文件名和扩展文件名，两组名字之间用“________”号分开。

4. 不经过回收站，永久删除所选中文件和文件夹中要按_________。

5. 选定多个不连续的文件或文件夹，先选定一个文件或文件夹，然后按住________键，再选择其他的文件或文件夹。

项目 3　使用 Word 2010 编辑文档

项目介绍

Word 2010 是 Office 2010 系列软件中的一个成员，它提供了顶端的文档编辑设置工具，可以处理日常生活中的各种办公文档，它功能强大，应用领域广泛，可以应用于图书、论文、报纸、期刊等的排版，可以处理数据，建立表格，可以做简单的海报、网页，可以附件或其他格式的形式发送 E-mail 等，还可以轻松地与他人协同工作并可以在任何地点访问自己的文件。利用 Word 2010 能满足绝大部分人的日常办公需求。

学习目标

通过本项目的学习与实施，应该完成下列知识和技能的理解和掌握：

① 了解 Word 2010 的基本功能、窗口的组成。
② 掌握 Word 2010 文档的管理与编辑。
③ 熟练掌握字符、段落、页面格式化的设置方法。
④ 熟练掌握页眉和页脚的设置方法。
⑤ 熟练掌握插入页码、插入水印的方法。
⑥ 熟练掌握使用表格的建立与编辑方法。
⑦ 熟练掌握图文混排、添加图示的方法。
⑧ 熟练掌握形状的建立与编辑方法。
⑨ 熟悉 Word 2010 的高级编辑技巧。

任务 1　工作计划的制作

任务介绍

小明在走进大学校园时，参与了班级的班级干部竞聘选举，并被同学们选举为班长。辅导员要求班长小明写一份学期工作计划。该任务设计的目的是通过工作计划的书写使学生掌握 Word 文档编辑的基本知识，如文档的新建、打开与保存，字符格式化、段落格式化等内容的设置方法。

任务分析

工作计划是应用写作的一种，是对一定时期的工作预先做出安排和打算形成的书面材料。计划一般包括标题、正文（基本情况、目的、措施）、制订人、日期等内容。

本任务的要求是制作一个学期工作计划，将章标题设置为黑体、三号字，居中显示；正文设置为宋体小四号字，段落首行缩进两个字符，1.25 倍行距；段落标题设置为宋体、四号、加粗。样式效果如图 3-1 所示。

工作计划

新的学期，新的开始，大学生活的第一个学期是一个关键的时刻。作为班长对于班级的事物应该有一个全面的计划和安排，这样才能充分调动同学们的工作、学习热情，把班级建设成一个温暖的大家庭。下面是我在这一学期制定的工作目标与计划。

一、工作目标

1、增强同学们的集体荣誉感、增强集体凝聚力。

2、学生以学为本，力求班级整体成绩更上一层楼；同时丰富课余文化生活。

3、树立班级形象、争创院级、校级先进班级

二、工作计划

1、协调班委成员做好各自的本职工作，定期组织班委开例会，制定具体的工作目标，培养合作精神，加强彼此之间的信任，能够为同学们更好的服务。

2、保证上课出勤率，为班级营造学习氛围，让大家意识到学习的重要性。

3、建立班级群、吸引全班学生参与，增进同学们沟通的桥梁。

4、定期组织班级活动，增强班级的集体凝聚力。

5、制定合理的奖励制度，增加学生学习、工作积极性。

6、坚持每周开班委会，针对班内出现的新问题制定新的对策。

7、定期召集班委和宿舍长开会，分析最近同学们在生活上遇到的问题和讨论个别同学最近可能存在的难处，争取帮助他解决。

8、积极组织同学参加课外活动，于让同学们养成良好习惯，以最佳的精神状态投入大学的生活中。

班长：陈海旭

2014 年 7 月 2 日

图 3-1　工作计划样文

任务分解

本任务可以分解为 2 个子任务：

子任务 1：工作计划的录入与编辑。

子任务 2：工作计划的字符与段落格式设置。

任务实施

子任务 1　工作计划的录入与编辑

步骤 1：　新建 Word 文档

单击“开始”→“所有程序”→“Microsoft Office”→“Microsoft Word 2010”命令，或双击桌面上已有的 Word 2010 应用程序图标，在启动 Word 2010 的同时会建立一个新的 Word 文档。

> **操作技巧**：在打开的 Word 环境状态下，按【Ctrl+N】组合键会建立一个新的 Word 文档窗口。

步骤 2：保存 Word 文档

单击“文件”→“保存”命令，在第一次保存文档时，会弹出如图 3-2 所示的“另存为”对

话框，选择好文档的保存地址，在“文件名”右侧的文本框中输入“班长工作计划”，单击“保存”按钮。

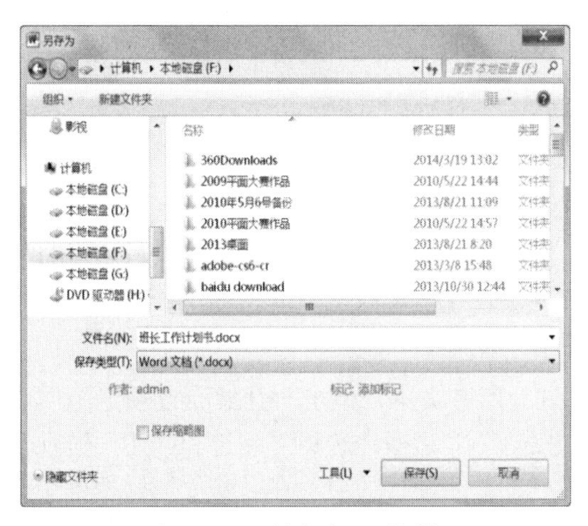

图 3-2　“另存为”对话框

操作技巧： 单击快速访问工具栏中的“保存”按钮或按【Ctrl+S】组合键也可以保存文档。

步骤 3：输入“工作计划”文档内容

单击鼠标左键定位插入点，切换到适合的输入法，输入如图 3-3 所示的工作计划内容。

操作技巧： 在输入文本时，有“插入”与“改写”两种状态，在“插入”状态下输入文本时，插入点右侧的原有字符将右移。在“改写”状态下输入文本时，插入点右侧的原有字符被新输入的字符所替换。用户可以通过单击“状态栏”中的“插入”按钮或按【Insert】键切换两种不同的状态。

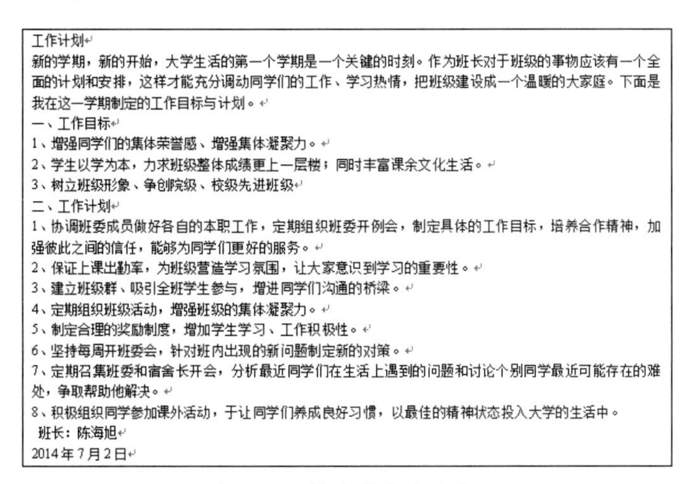
工作计划
新的学期，新的开始，大学生活的第一个学期是一个关键的时刻。作为班长对于班级的事物应该有一个全面的计划和安排，这样才能充分调动同学们的工作、学习热情，把班级建设成一个温暖的大家庭。下面是我在这一学期制定的工作目标与计划。
一、工作目标
1、增强同学们的集体荣誉感、增强集体凝聚力。
2、学生以学为本，力求班级整体成绩更上一层楼；同时丰富课余文化生活。
3、树立班级形象、争创院级、校级先进班级
二、工作计划
1、协调班委成员做好各自的本职工作，定期组织班委开例会，制定具体的工作目标，培养合作精神，加强彼此之间的信任，能够为同学们更好的服务。
2、保证上课出勤率，为班级营造学习氛围，让大家意识到学习的重要性。
3、建立班级群、吸引全班学生参与，增进同学们沟通的桥梁。
4、定期组织班级活动，增强班级的集体凝聚力。
5、制定合理的奖励制度，增加学生学习、工作积极性。
6、坚持每周开班委会，针对班内出现的新问题制定新的对策。
7、定期召集班委和宿舍长开会，分析最近同学们在生活上遇到的问题和讨论个别同学最近可能存在的难处，争取帮助他解决。
8、积极组织同学参加课外活动，于让同学们养成良好习惯，以最佳的精神状态投入大学的生活中。
班长：陈海旭
2014 年 7 月 2 日

图 3-3　输入的文字内容

步骤 4：保存并关闭文档

按【Ctrl+S】组合键保存文档。单击 Word 2010 窗口右上角的“关闭”按钮，关闭文档。

操作技巧：按【Alt+F4】组合键或单击“文件”→“关闭”命令或双击快速访问工具栏上的控制图标也可以关闭文档。

子任务 2　工作计划的字符与段落格式设置

步骤 1：打开“子任务 1”关闭的文档

找到文档存放的位置，双击该 Word 文档或单击“文件”→“打开”命令，在弹出的对话框中找到文件保存的位置，选择要打开的文档，单击“打开”按钮，打开“子任务 1”关闭的文档。

步骤 2：全文内容段落格式设置

按【Ctrl+A】组合键，选择所有文本，单击“开始”选项卡→“段落”组→对话框启动器按钮，弹出图 3-4 所示的“段落”对话框，选择“缩进和间距”选项卡。在“缩进”区域的“特殊格式”下拉列表框中选择“首行缩进”选项，在“磅值”微调框中设置 2 字符。在“行距”下拉列表框中选择“多倍行距”，在“设置值”微调框中设置为 1.25。

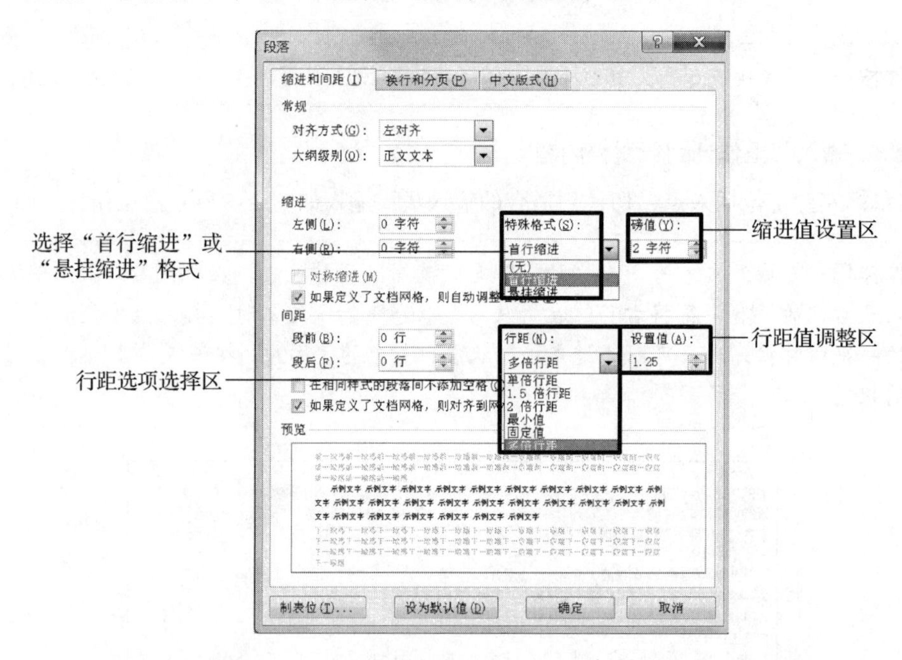

图 3-4　“段落”对话框

步骤 3：全文字符格式设置

单击“开始”选项卡→“字体”组→“字号”下拉按钮，在打开的下拉列表框中选择“小四”字号。

操作技巧：利用“字体”对话框可以对字符进行更复杂的格式设置。单击“开始”选项卡→“字体”组→对话框启动器按钮，弹出如图 3-5 所示的“字体”对话框，选择相应选项进行设置。如果想调整字符缩放、间距、位置等选项，可以切换到如图 3-6 所示的“高级”选项卡，进行相应格式的设置。

图 3-5 “字体”对话框

字体
字体(N) 高级(V)
字符间距
缩放(C): 100%
间距(S): 标准 磅值(B):
位置(P): 标准 磅值(Y):
为字体调整字间距(K): 1 磅或更大(O)
如果定义了文档网格，则对齐到网格(W)
OpenType 功能
连字(L): 无
数字间距(M): 默认
数字形式(F): 默认
样式集(T): 默认
使用上下文替换(A)
预览
微软卓越 AaBbCc
这是一种 TrueType 字体，同时适用于屏幕和打印机。
设为默认值(D) 文字效果(E)... 确定 取消

图 3-6 “高级”选项卡

步骤 4：章标题设置

选择文档中的章标题“工作计划”文字内容，单击“开始”选项卡→“字体”组→“清除格式”按钮，清除“工作计划”的“格式”设置。将鼠标指针移动到选定文本上，在出现的如图 3-7 所示的浮动工具栏中，将字体设置为“黑体”，字号设置为“三号”，加粗、段落居中。设置效果如图 3-8 所示。

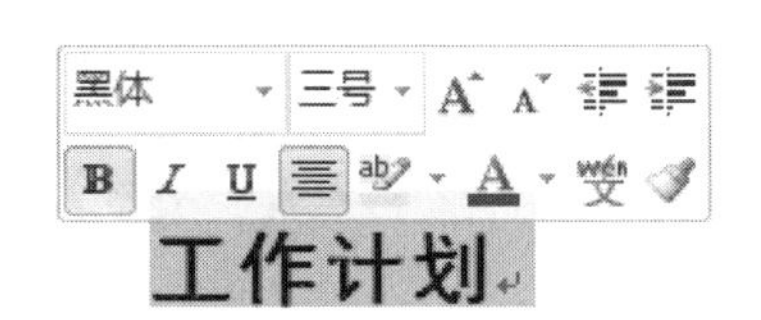

图 3-7 “浮动”工具栏

步骤 5：段落标题设置

按住【Ctrl】键，选择段落标题内容，选择效果如图 3-9 所示，将段落标题设置为四号字体并加粗。

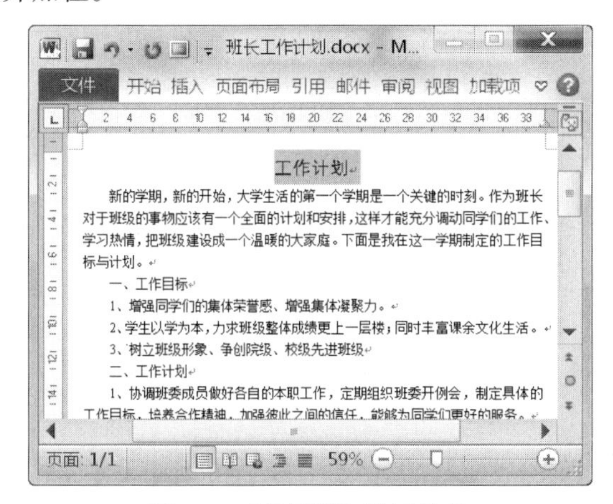

图 3-8 “章标题”设置效果

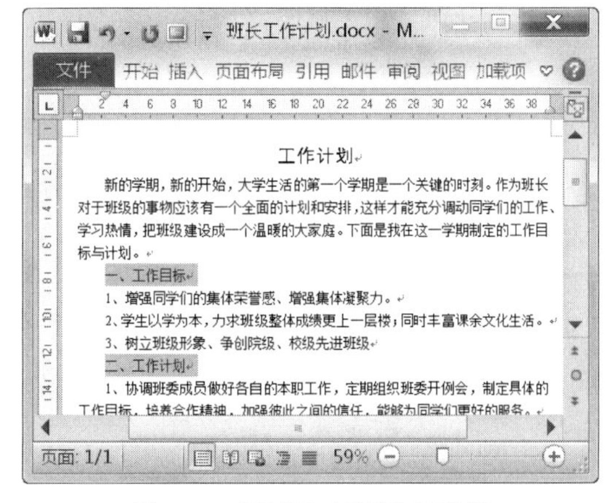

图 3-9 “段落”标题选择效果

步骤 6：落款设置

按住鼠标左键拖动选择文档中的最后两行文字内容，单击“开始”选项卡→“段落”组→“文本右对齐”命令。单击空白位置，取消文本的选择。工作计划格式设置结束。

扩展任务　会议通知的制作

任务介绍：会议书面通知的撰写格式一般由标题、正文、署名和日期等几部分组成，标题由发通知单位、会议总类和文件名组成，正文须写明会议名称、开会时间、地点、议题、要求等，署名和日期包括发通知的单位和发出日期。本任务中的会议通知制作效果与要求如图 3-10 所示。该任务扩展的目的是通过会议通知的书写与格式化设置使学生巩固并加深掌握 Word 文档中字符与段落格式化等相关知识点。

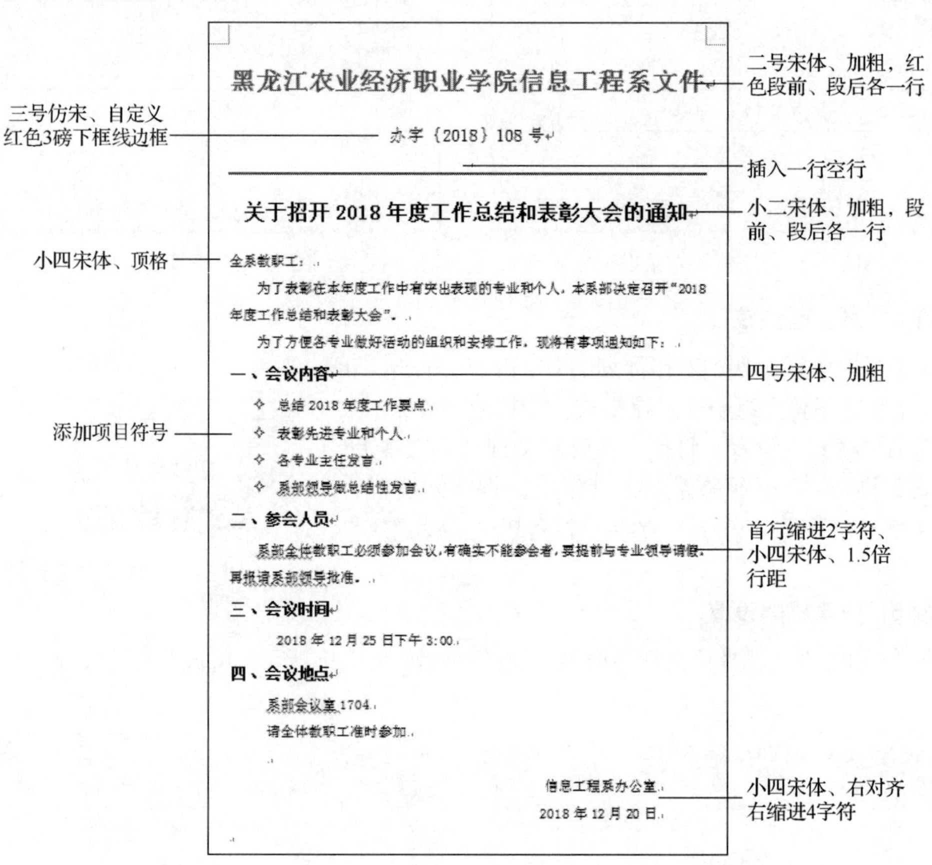

黑龙江农业经济职业学院信息工程系文件

办字〔2018〕108 号

关于招开 2018 年度工作总结和表彰大会的通知

全系教职工：

为了表彰在本年度工作中有突出表现的专业和个人，本系部决定召开“2018 年度工作总结和表彰大会”。

为了方便各专业做好活动的组织和安排工作，现将有事项通知如下：

一、会议内容

- 总结 2018 年度工作要点
- 表彰先进专业和个人
- 各专业主任发言
- 系部领导做总结性发言

二、参会人员

系部全体教职工必须参加会议，有确实不能参会者，要提前与专业领导请假，再报请系部领导批准。

三、会议时间

2018 年 12 月 25 日下午 3:00

四、会议地点

系部会议室 1704

请全体教职工准时参加

信息工程系办公室

2018 年 12 月 20 日

图 3-10　会议通知制作效果与要求

知识链接

1. Word 2010 的操作界面

启动 Word 2010，操作界面如图 3-11 所示。

（1）“文件”菜单

“文件”菜单中包含了与文件或系统相关的操作，如“打开”“保存”“打印”等相关命令。

（2）快速访问工具栏

快速访问工具栏用来定义用户频繁使用的命令，如“保存”、“撤销键入”、“重复键入”等命令。单击快速访问工具栏右侧的“自定义快速访问工具栏”按钮，在弹出的列表中，用户可以利用该列表将频繁使用的工具按钮添加到快速访问工具栏中。

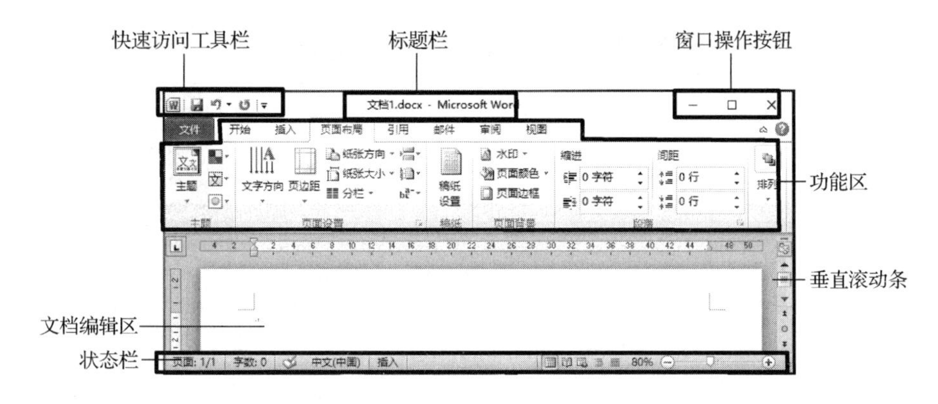

图 3-11　Word 2010 操作界面

（3）功能区

“功能区”由选项卡、组、命令组成，与其他软件中的菜单或工具栏功能类似。功能区按照具体功能将其中的命令进行了更详细的分类，并划分到不同组中，如图 3-12 所示。“开始”选项卡中包含“剪贴板”组、“字体”组、“段落”组、“样式”组等。每个组包含相似的命令。

图 3-12　功能区

① 选项卡区域。包括“开始”“插入”等不同类别的选项卡，用户可以根据需要通过单击来切换不同的选项卡。在选项卡位置上双击，可以显示或隐藏功能区。

② 组。每个选项卡都包含若干组，组将相关按钮显示在一起。

③ 命令。即按钮，如“加粗”**B**、“倾斜”*I* 等按钮。

（4）窗口操作按钮

包括“最小化”按钮、“还原”（最大化）按钮、“关闭”按钮。

（5）垂直滚动条

更改正在编辑的文档在垂直方向的显示区域。

（6）文档编辑区

显示正在编辑的文档。

（7）水平滚动条

更改正在编辑的文档在水平方向的显示区域。

（8）状态栏

显示当前的工作状态，单击状态栏上的按钮可以快速定位到指定的页、查看字数、设置语言、改变视图方式及显示页面显示比例等。

①“页面”按钮。单击状态栏上的“页面”按钮，弹出如图 3-13 所示的“查找和替换”对话框，选择“定位”选项卡，可以快速定位到指定的页码等位置。

②“字数”按钮。单击“字数”按钮，弹出如图 3-14 所示的“字数统计”对话框。

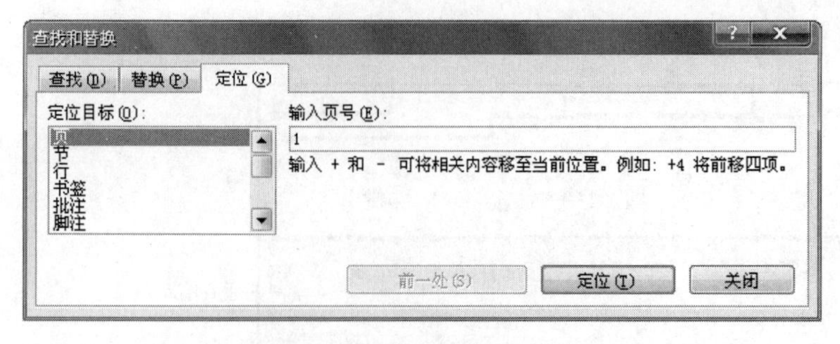

图 3-13 “查找和替换”对话框

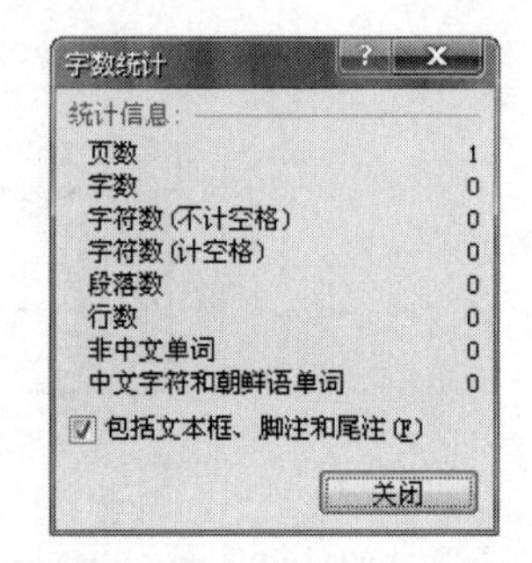

图 3-14 “字数统计”对话框

③ “视图区” 按钮：从左到右依次为“页面”视图、“阅读版式”视图、“Web 版式”视图、“大纲”视图和“草稿”视图。

页面视图：页面视图是最常用的视图，可以显示 Word 2010 文档的打印效果外观，主要包括页眉、页脚、图形对象、分栏设置等元素，是最接近打印效果的一种视图。

阅读版式视图：阅读版式视图以图书的分屏样式显示 Word 2010 文档，没有页的概念，不显示页眉、页脚等内容，功能区等窗口元素被隐藏起来，用户可以单击“工具”按钮选择各种阅读工具。

Web 版式视图：Web 版式视图以网页的形式显示 Word 2010 文档，将 Word 文档显示为不带分页的长页面。Web 版式视图适用于发送电子邮件和创建网页。

大纲视图：大纲视图主要用于显示文档的层级结构，并可以简约地折叠和展开各种层级的文档。大纲视图普遍用于 Word 2010 长文档的高速浏览和配置。

草稿视图：草稿视图取消了页面边距、分栏、页眉页脚和图片等元素，仅显示标题和正文，简化了页面布局，可以快速地输入和编辑文本。

④ “显示比例”按钮区：可以改变当前编辑文档的显示比例。

2. 字体组

字符的格式化效果决定了字符在屏幕上的显示状态或打印时的效果，是 Word 排版中最基本的排版内容之一，它包括字符的字体、字号、字形、字体颜色、字符间距、字符边框、字符底纹等样式设置。字符的格式化可以通过“字体”组实现。“字体”组常用命令按钮的功能如图 3-15 所示。

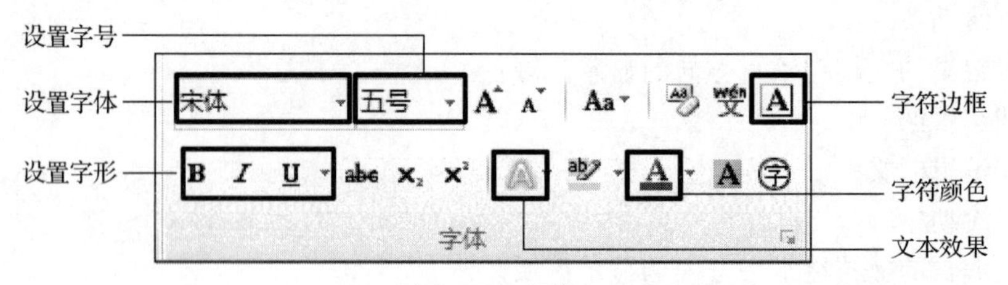

图 3-15 字体组

3. 段落格式化

在编辑 Word 文档时，每按一次【Enter】键，就表示这一个段落的结束，下一个段落的开始，在段落的结尾处会显示一个段落标记符 ↵ 表示当前段落的结束。设置段落格式包括段落的对齐方式、段落间距、行距、段落缩进等。

（1）段落对齐方式

段落对齐是指段落内容在文档的左右边界之间的横向排列方式，图 3–16 所示的“段落”组中的 5 个按钮从左到右分别是左对齐、居中对齐、右对齐、两端对齐、分散对齐。5 种不同对齐方式的效果如图 3–17 所示。

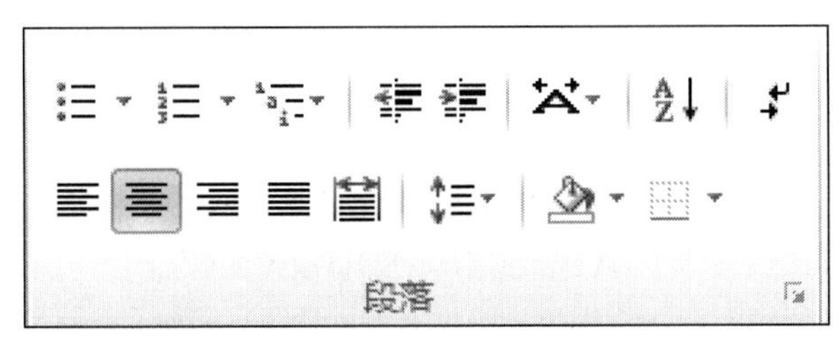

图 3–16　“段落”组

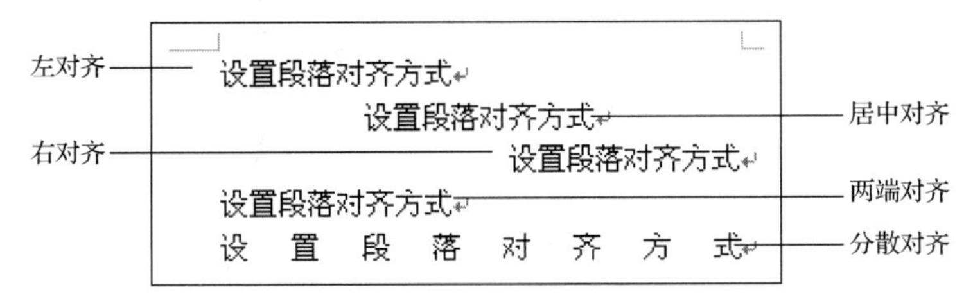

图 3–17　不同的对齐方式效果

① 左对齐：使所选段落在页面中靠左端对齐。

② 居中对齐：使所选段落在页面中居中对齐。

③ 右对齐：使所学段落在页面靠右边对齐。

④ 两端对齐：纯中文的文档，使用两端对齐和左对齐效果在外观上没有太大的差别，如果文档中包含有英文单词，使用两端对齐方式会使文档的右边缘看起来更整齐一些。

⑤ 分散对齐：通过调整字符间距，使所选段落的各行等宽。

（2）段落缩进

段落缩进是指段落与页面左右边距之间的一段距离。包括左缩进、右缩进、首行缩进及悬挂缩进四种缩进类型。各种缩进效果如图 3–18 所示。

① 左缩进：控制段落中的所有行的左边界向右移动的距离。

② 右缩进：控制段落中的所有行的右边界向左移动的距离。

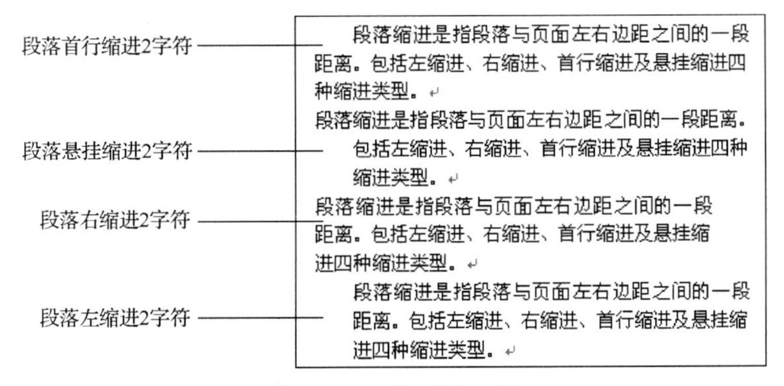

图 3–18　不同缩进效果

③ 首行缩进：控制段落的首行向右移动的距离，其他行保持原来位置不变。

④ 悬挂缩进：控制段落除首行之外的其他所有行向右移动的距离，首行保持原来位置不变。

(3）段落间距和行距

段落间距是指段落与段落之间的距离。调整段落间距，在段落与段落之间留出适当的空白，可以使文档的结构更清晰。其中段前是指当前段落距上方段落的距离；段后是指当前段落距下方段落的距离。例如，将文档中第二段的段前设置为 0.5 行、段后设置为 1.5 行的调整效果如图 3–19 所示。

行距是指段落中行与行之间的距离。例如将文档中第一段的行距设置为单倍行距，第二段设置为 1.5 倍行距，第三段设置为 2.5 倍行距的效果如图 3–20 所示。

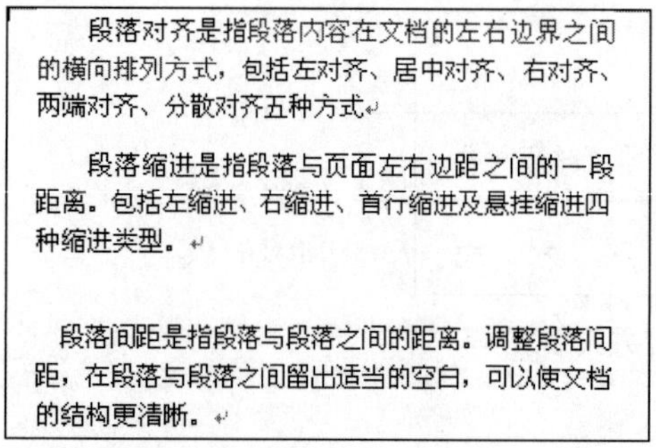

段落对齐是指段落内容在文档的左右边界之间的横向排列方式，包括左对齐、居中对齐、右对齐、两端对齐、分散对齐五种方式。↵

段落缩进是指段落与页面左右边距之间的一段距离。包括左缩进、右缩进、首行缩进及悬挂缩进四种缩进类型。↵

段落间距是指段落与段落之间的距离。调整段落间距，在段落与段落之间留出适当的空白，可以使文档的结构更清晰。↵

图 3–19 段前段后设置效果

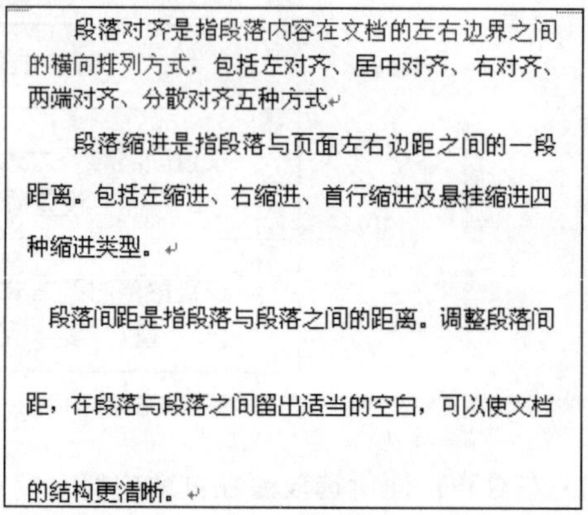

段落对齐是指段落内容在文档的左右边界之间的横向排列方式，包括左对齐、居中对齐、右对齐、两端对齐、分散对齐五种方式。↵

段落缩进是指段落与页面左右边距之间的一段距离。包括左缩进、右缩进、首行缩进及悬挂缩进四种缩进类型。↵

段落间距是指段落与段落之间的距离。调整段落间距，在段落与段落之间留出适当的空白，可以使文档的结构更清晰。↵

图 3–20 行距不同的段落效果

4. 边框和底纹

在 Word 文档中，可以给文档的字符、段落、页面添加边框与底纹以达到突出或美化文档的目的。

1）“边框”选项卡

设置字符和段落边框可以为所选字符四周和段落四周或某一条边或几条边添加边框，使相关字符或段落的内容更加醒目，“边框和底纹”对话框中的“边框”选项卡如图 3–21 所示。

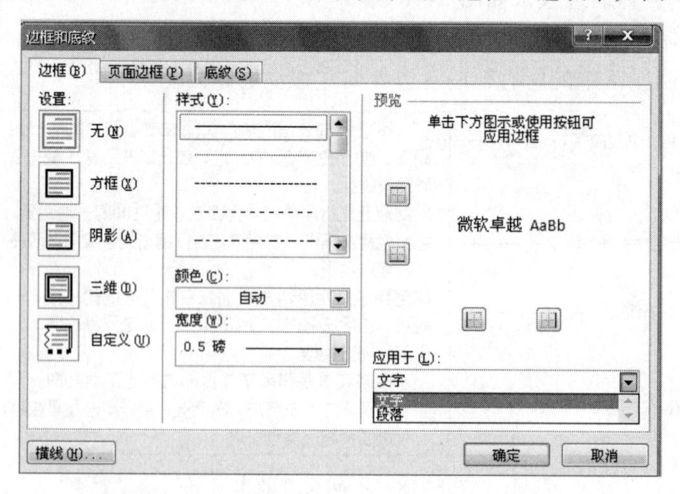

图 3–21 “边框和底纹”对话框的“边框”选项卡

（1）“设置”区域

在“设置”区域可以更改边框的类型，边框类型有“无”“方框”“阴影”“三维”“自定义”5个选项。其中如果选择“无”可以取消原来存在的字符或段落边框；选择“方框”“阴影”“三维”可以为字符或段落四周添加所选择的边框；选择“自定义”可以有选择地为段落“一边”或“多边”添加边框。

（2）“样式”列表框与“预览”区域

在“样式”列表框可以设置边框的线型，在“颜色”下拉列表框中设置边框的颜色，在“宽度”下拉列表框中可以设置边框线的宽度，在“预览”区域预览边框设置效果。在“应用于”下拉列表框中选择“文字”选项时，是为所选字符添加边框；选择“段落”时，是为当前所选段落添加边框。

（3）字符和段落边框效果

“字符边框”效果如图 3-22 所示。段落边框效果如图 3-23 所示，自定义段落边框效果如图 3-24 所示。

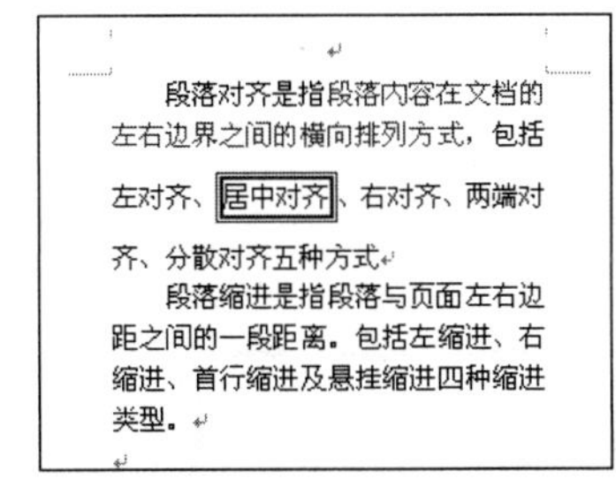

段落对齐是指段落内容在文档的左右边界之间的横向排列方式，包括左对齐、居中对齐、右对齐、两端对齐、分散对齐五种方式。
段落缩进是指段落与页面左右边距之间的一段距离。包括左缩进、右缩进、首行缩进及悬挂缩进四种缩进类型。

图 3-22　“字符边框”效果

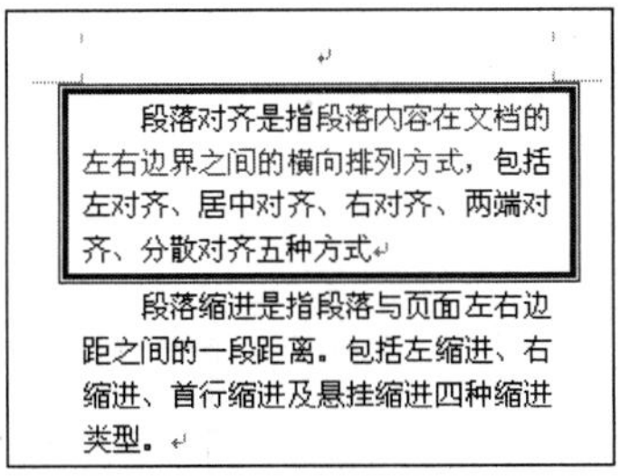

段落对齐是指段落内容在文档的左右边界之间的横向排列方式，包括左对齐、居中对齐、右对齐、两端对齐、分散对齐五种方式。
段落缩进是指段落与页面左右边距之间的一段距离。包括左缩进、右缩进、首行缩进及悬挂缩进四种缩进类型。

图 3-23　“段落边框”效果

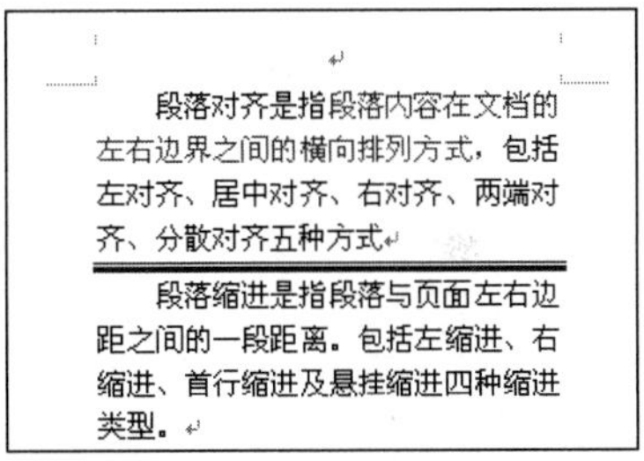

段落对齐是指段落内容在文档的左右边界之间的横向排列方式，包括左对齐、居中对齐、右对齐、两端对齐、分散对齐五种方式。
段落缩进是指段落与页面左右边距之间的一段距离。包括左缩进、右缩进、首行缩进及悬挂缩进四种缩进类型。

图 3-24　自定义“段落边框”效果

2）“页面边框”选项卡

页面边框是设置在页面周围的一条线、一组线或装饰性图形，页面边框在标题页、传单或宣传册上比较常见。“边框和底纹”对话框中的“页面边框”选项卡如图 3-25 所示。

边框和底纹
边框(B)
页面边框(P)
底纹(S)
设置：
无(N)
方框(X)
阴影(A)
三维(D)
自定义(U)
样式(Y)：
颜色(C)：
自动
宽度(W)：
0.5 磅
艺术型(R)：
(无)
预览
单击下方图示或使用按钮可应用边框
应用于(L)：
整篇文档
本节
本节 - 仅首页
本节 - 除首页外所有页
横线(H)...
确定
取消

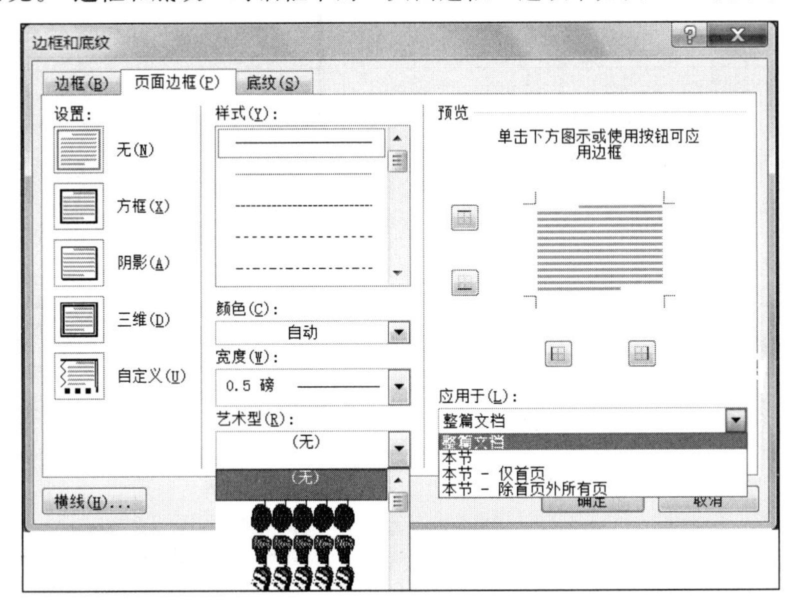

图 3-25　“边框和底纹”对话框中的“页面边框”选项卡

① “页面边框”选项卡与“边框”选项卡使用方法基本相同，区别是增加了“艺术型”列表框，“应用于”下拉列表框中选项的作用范围不一致。

② 通过“选项”按钮可以打开如图 3–26 所示的“边框和底纹选项”对话框，调整对话框中的“边距”数据，可以调整边框线与正文的距离，以取得更好的视觉效果。

③ 在“设置”区中选择“方框”，在“样式”区设置边框的线型为“细–粗”型，在“颜色”区设置边框的颜色为黑色，在“宽度”区设置为 2.25 磅，设置效果如图 3–27 所示。将“设置”区的“方框”选项改为“自定义”，设置效果如图 3–28 所示。在“艺术型”下拉列表框中选择“松树”型，宽度设置为 20 磅，设置效果如图 3–29 所示。

3）“底纹”选项卡

“字符底纹”或“段落底纹”是指为所选文字或段落设置背景颜色或背景图案。“边框和底纹”对话框中的“底纹”选项卡如图 3–30 所示。“填充”下拉列表框用来设置底纹颜色，“图案”区域的“样式”下拉列表框用来设置“底纹样式”，“图案”区域的“颜色”下拉列表框用来设置样式的颜色，在“应用于”下拉列表框中选择应用于“文字”还是“段落”。底纹设置效果如图 3–31 所示。

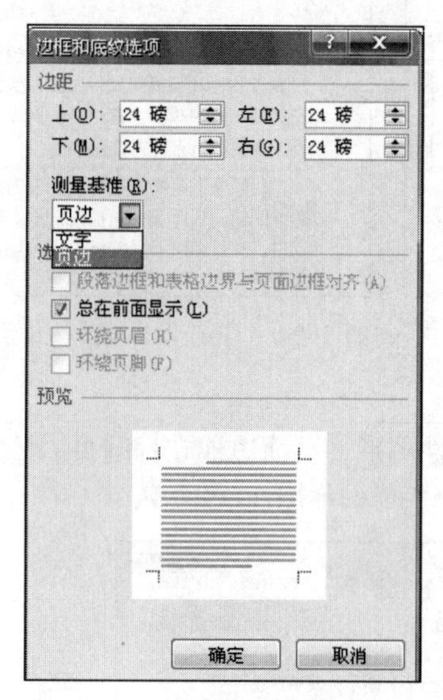

图 3–26 “边框和底纹选项”对话框

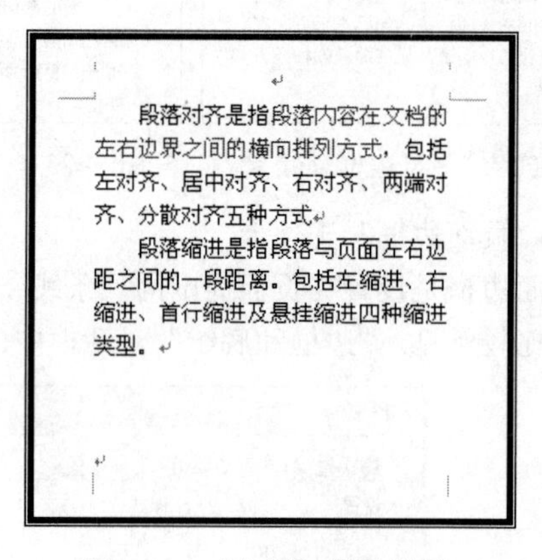

图 3–27 “方框”设置效果

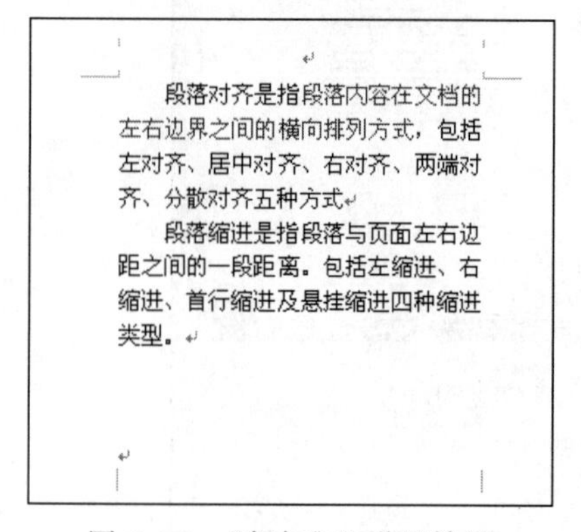

图 3–28 “自定义”设置效果

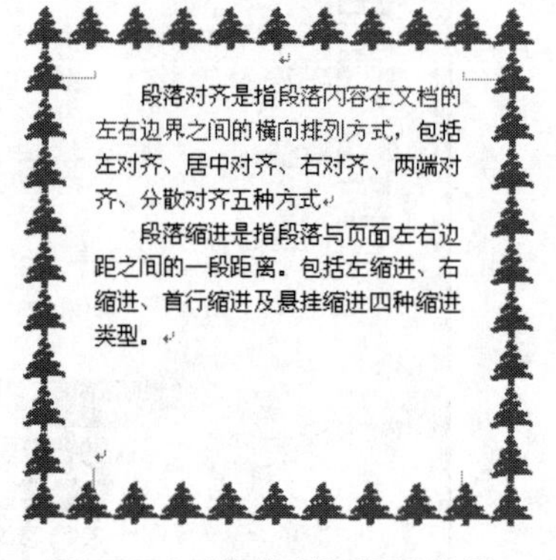

图 3–29 “艺术型”设置效果

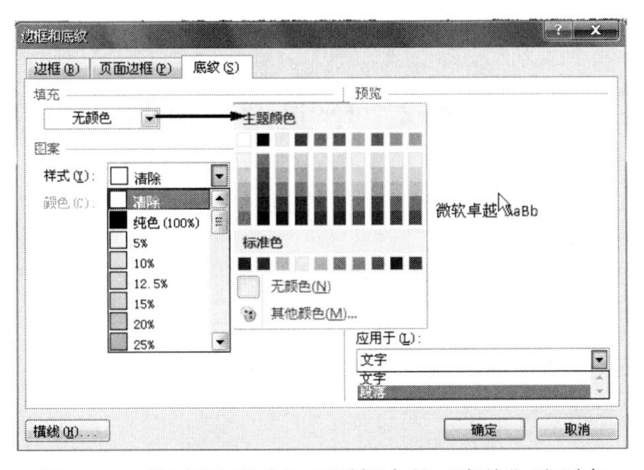

图 3-30　“边框和底纹”对话框中的“底纹”选项卡

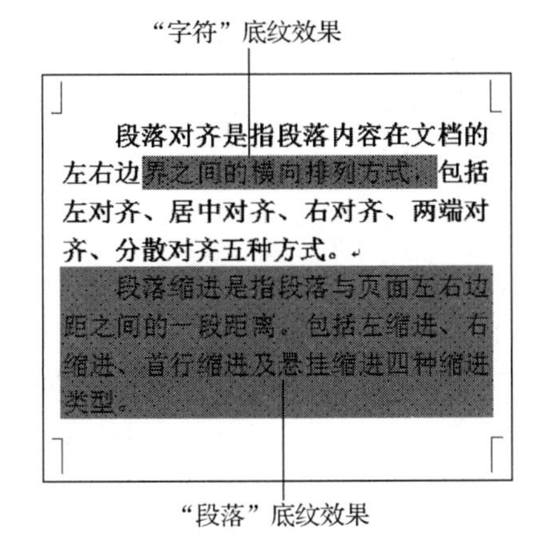

图 3-31　“底纹”设置效果

5. 设置项目符号

项目符号主要用于区分 Word 2010 文档中不同类别的文本内容，使用圆点、星号、图片等符号表示项目符号，并以段落为单位进行标识。添加项目符号可以让项目内容更清晰。用户可以通过如图 3-32 所示的“项目符号”下拉列表选择需要的项目符号，“定义新项目符号”对话框如图 3-33 所示，单击相应按钮，可以定义需要的项目符号。

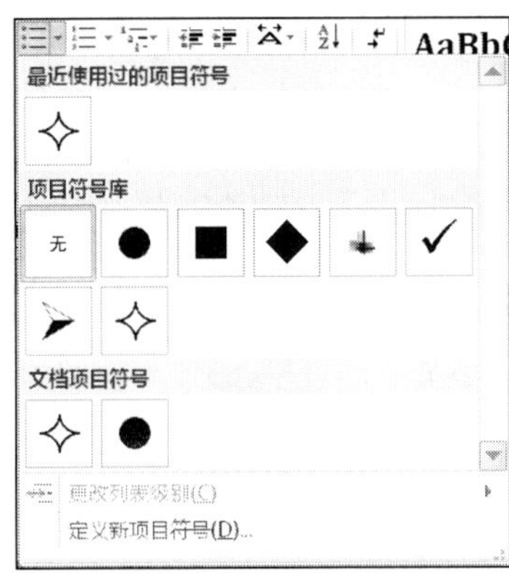

图 3-32　“项目符号”下拉列表

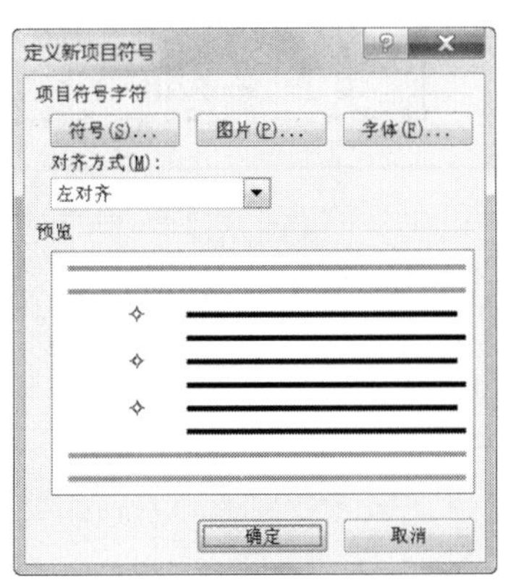

图 3-33　“定义新项目符号”对话框

任务2　毕业论文排版

任务介绍

小明在校的学习生活快要结束了，在离校之前他要参加毕业答辩，可他的论文却一直不符合答辩要求，于是他赶紧回去对自己的论文按照要求修改并重新进行排版。该任务设计的目的是通过实现论文排版的过程使学生巩固加深字符格式化、段落格式化的设置；了解节的概念，掌握页面格式化等内容的设置方法。

任务分析

毕业论文一般由封面、摘要、目录、正文、结论、参考文献及致谢等部分组成，在毕业论文的排版中，首先设置页面格式，制作封面，接着对摘要、正文、参考文献等内容进行字符、段落、页面格式化，然后设置页眉、页脚、页码，最后生成目录。论文的排版效果与要求如图3-34～图3-36所示。

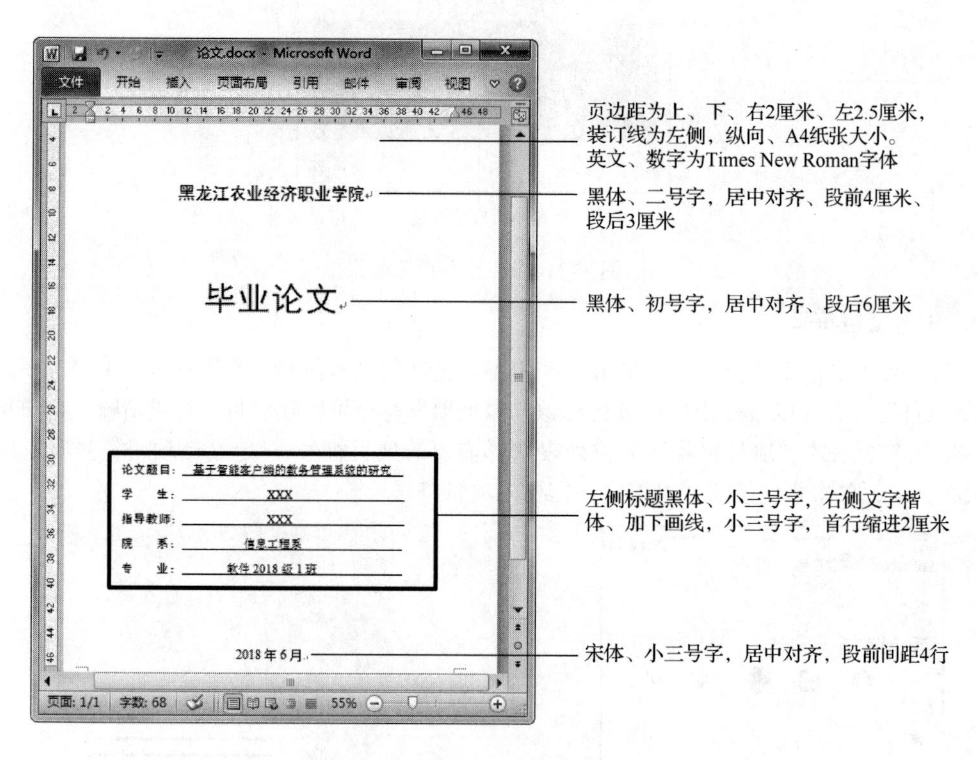

图3-34　论文封面设置要求与效果

页眉字体设置为小五号宋体居中；页眉内容以双横线与正文间隔

黑龙江农业经济职业学院毕业论文

一级标题：三号黑体居中对齐，段前18磅、段后12磅

第 1 章　绪论

二级标题：小三号黑体左对齐，段前、段后间距都为6磅

1.1 课题背景

1.1.1 课题来源

课题来源是以黑龙江农业经济职业学院的教务管理信息系统开发项目为基础，通过分析、研究教务管理系统的现状，并想深入了解实现智能客户端的相关技术。我提出了这个课题作为我的论文题目。

三级标题：四号黑体左对齐，段前、段后间距为6磅

1.1.2 选题背景

正文：1.25倍行距。中文小四宋体，英文、数字为Times New Roman字体

我院在校人数近 1 万人，是高职院校中规模较大的一所院校，具有高职专科、技师、中专等多个层次。拥有价值几千万元的各种仪器设备，教辅、教学管理、各种行政部门多达几十个。在管理上多数依然采用传统管理模式。传统管理模式功能单一、数据不能共享、信息传输不畅、数据查询不方便、工作效率低、重复劳动多，不能涵盖高校管理部门的诸多方面，可用性不强，大量的实际问题得不到解决。随着学校规模的扩大，人员的增加、各种工作的复杂程

页码：摘要页与目录页用“罗马数字”编码，从正文起始位置以“阿拉伯数字”开始编码，小五号、Times New Roman、字体居中对齐

- 1 -

图 3-35　论文正文内容排版要求与部分排版效果

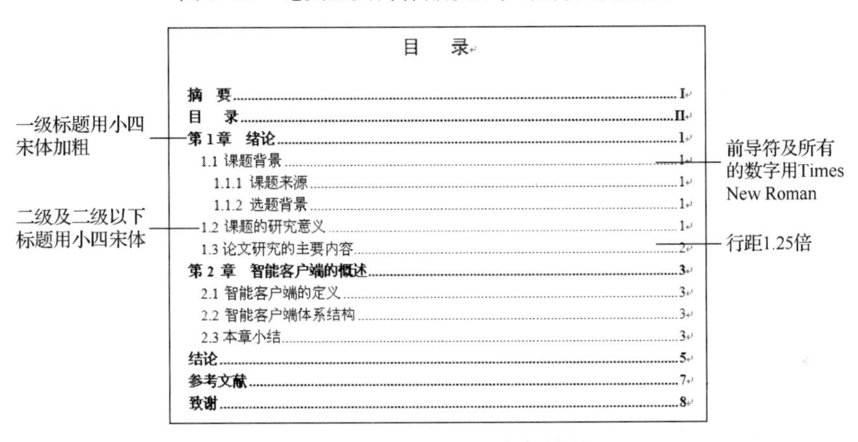
目　录

图 3-36　目录设置要求与效果

任务分解

本项目任务可以分解为 4 个子任务：

子任务 1：设计毕业论文封面。

子任务 2：论文正文内容插入及字符、段落、页面排版。

子任务 3：生成目录并排版。

子任务 4：论文的输出打印。

任务实施

子任务 1　设计毕业论文封面

步骤 1：新建 Word 文档并保存

单击“开始”→“所有程序”→“Microsoft Office”→“Microsoft Word 2010”命令，启动 Word

2010，新建一个空白的 Word 文档，单击“文件”→“保存”按钮，以“论文”的名称保存文档。

步骤 2：设置页面格式

单击“页面布局”选项卡→“页面设置”组→对话框启动器按钮，弹出如图 3-37 所示的“页面设置”对话框，在“页边距”选项卡中，将上、下、右侧页边距都设置为 2 厘米，左侧页边距设置为 2.5 厘米。纸张方向设置为“纵向”，装订线位置为“左”。切换到如图 3-38 所示的“纸张”选项卡，设置纸张大小为“A4”。

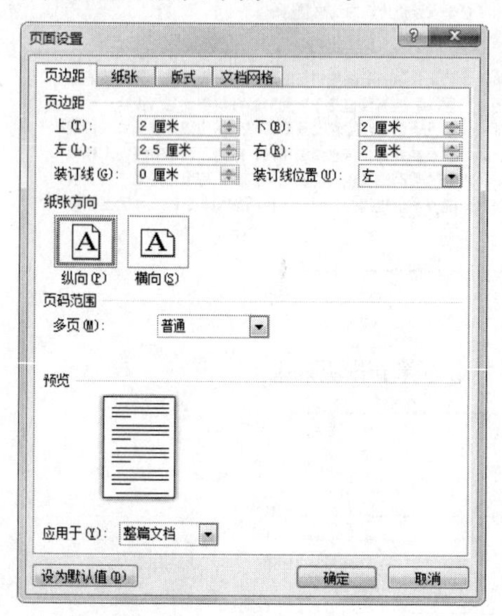

图 3-37 “页面设置”对话框的“页边距”选项卡

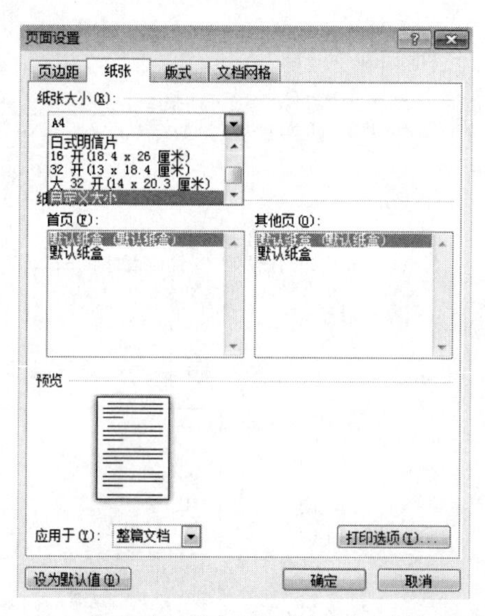

图 3-38 “页面设置”对话框的“纸张”选项卡

步骤 3：输入封面内容

在文档中按顺序输入如图 3-39 所示的论文封面内容。

步骤 4：设置“黑龙江农业经济职业学院”文字内容的字符与段落格式

选中“黑龙江农业经济职业学院”文字，单击“开始”选项卡→“字体”组→“字体”下拉按钮，在打开的如图 3-40 所示的“字体”下拉列表框中将学院名称字体设置为“黑体”。单击“开始”选项卡→“字体”组→“字号”下拉按钮，在打开的如图 3-41 所示的下拉列表框中选择“二号”。

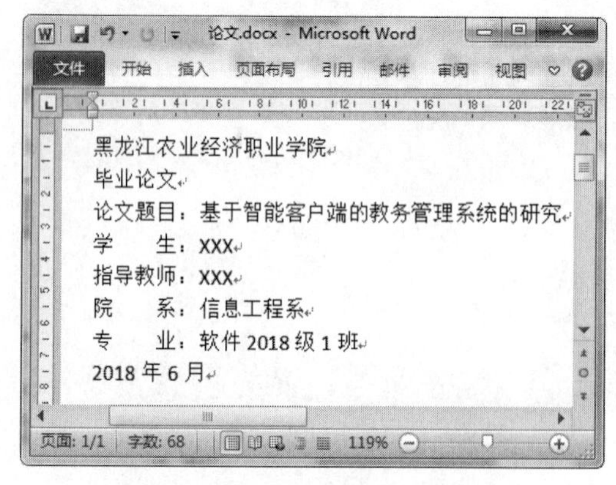

图 3-39 录入“封面内容”窗口

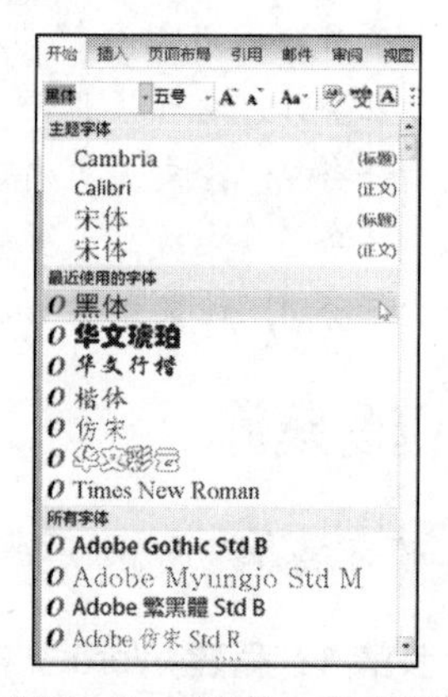

图 3-40 “字体”列表框

单击"开始"选项卡→"段落"组→对话框启动器按钮，弹出如图 3-42 所示的"段落"对话框，在"缩进和间距"选项卡中选择"对齐方式"列表中的"居中"对齐；在"间距"组中设置"段前"间距为 4 厘米，"段后"间距为 3 厘米。设置后的字体效果如图 3-43 所示。

图 3-41　"字号"列表框

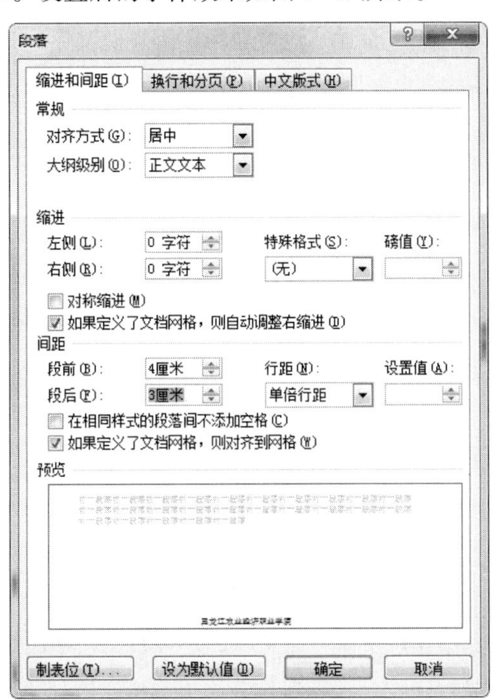

图 3-42　"段落"对话框

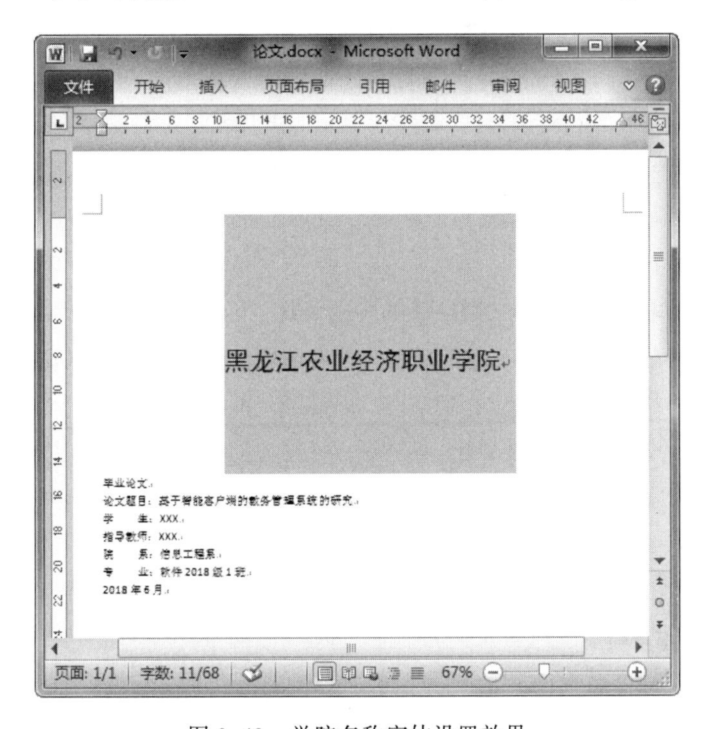

图 3-43　学院名称字体设置效果

步骤 5：设置“毕业论文”文字内容的字符与段落格式

选中“毕业论文”文字内容，设置字体为“黑体”，字号为“初号”，对齐方式为居中，段后间距为 6 厘米。设置效果如图 3-44 所示。

步骤 6：设置“论文题目”等左侧文字区域的字符格式

按住【Alt】键，选择如图 3-45 所示的垂直区域。设置“字体”为“黑体”。

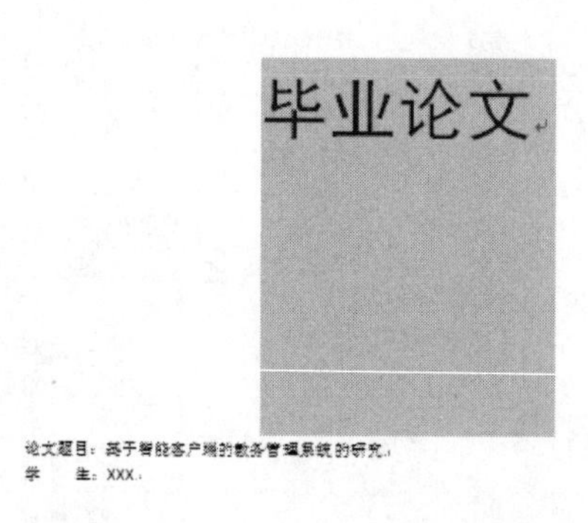

图 3-44 “毕业论文”格式调整设置效果

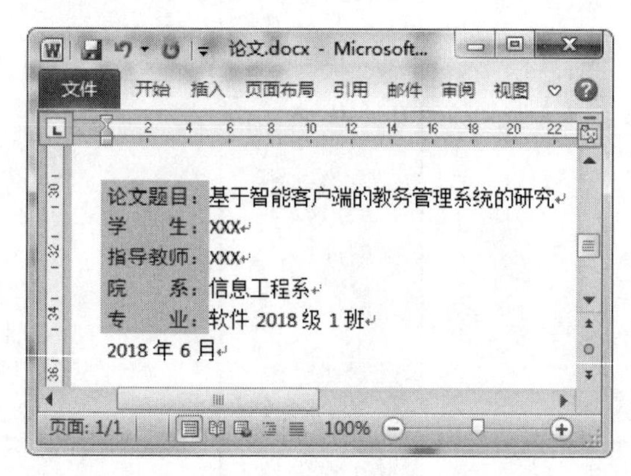

图 3-45 左侧垂直文本选择与设置效果

步骤 7：设置“论文题目”等右侧文字区域的字符格式

光标定位，在相应位置添加空格，添加空格效果如图 3-46 所示。按住【Alt】键，选择右侧的垂直区域。设置“字体”为“楷体”，并添加下画线，设置效果如图 3-47 所示。

图 3-46 添加空格效果

图 3-47 右侧垂直文本选择与设置效果

步骤 8：设置“论文题目”等文字区域的段落格式

选择“论文题目”等段落内容，拖动标尺上的左缩进按钮，如图 3-48 所示，将所选择段落设置为左缩进 4 字符，并将字号设置为“小三”，设置效果如图 3-49 所示。

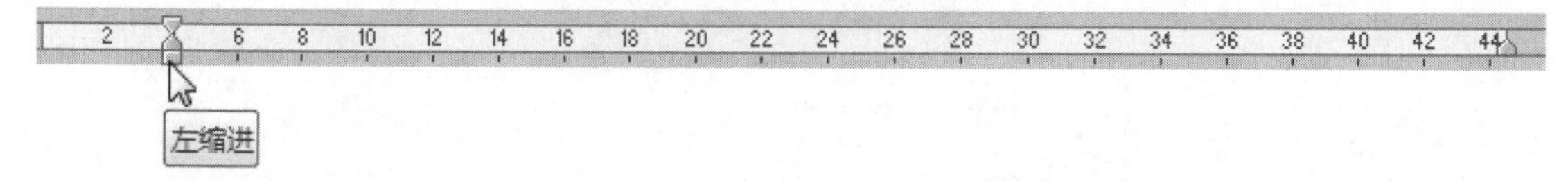

图 3-48 标尺上的左缩进标识位置

步骤 9：日期格式设置

选择“2018 年 6 月”日期文字，设置字体为“宋体”，字号为“小三”，对齐方式为“居中”对齐，段前间距为“4 行”，设置效果如图 3-50 所示。

图 3-49 左缩进设置效果

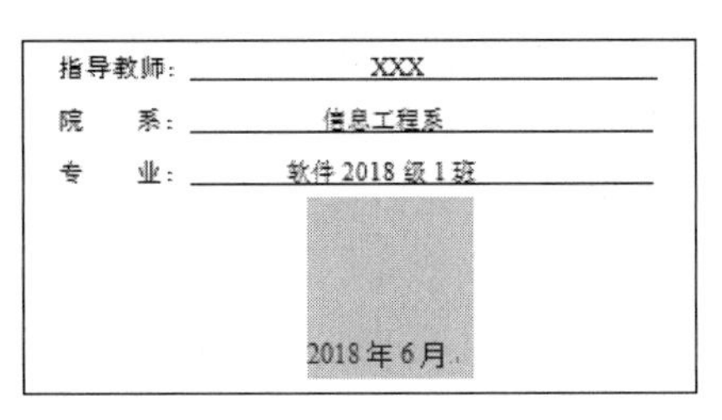

图 3-50 日期格式设置效果

步骤 10：设置全文的数字与英文字体样式

按【Ctrl+A】组合键，选择论文封面的所有文字内容，设置字体为“Times New Roman”，改变数字与英文的字体样式。论文封面排版完成，排版效果如图 3-34 所示。

步骤 11：保存并关闭文档

按【Ctrl+S】组合键，保存文档；按【Alt+F4】组合键，关闭文档。

子任务 2 论文正文内容的插入及字符、段落、页面排版

步骤 1：打开文档并插入分节符分隔封面页与论文素材内容页

打开“子任务 1”中关闭的“论文”文档，将插入点定位在文档结尾处。单击“页面布局”选项卡→“页面设置”组→“分隔符”下拉按钮，在如图 3-51 所示的下拉列表框中选择“分节符”组中的“下一页”命令，将插入点定位在新的一页。插入“分节符”效果如图 3-52 所示。

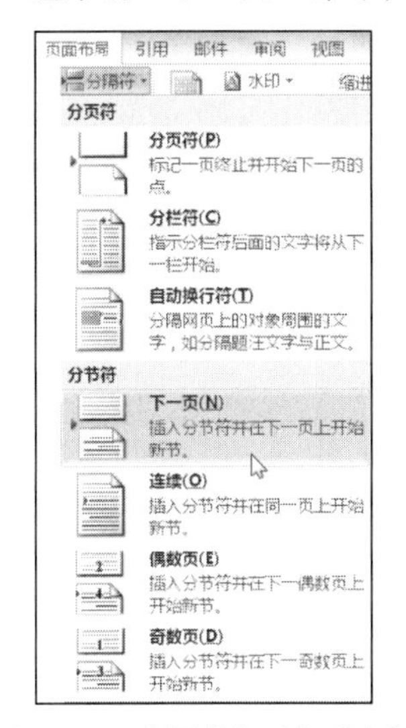

图 3-51 “分隔符”下拉列表框

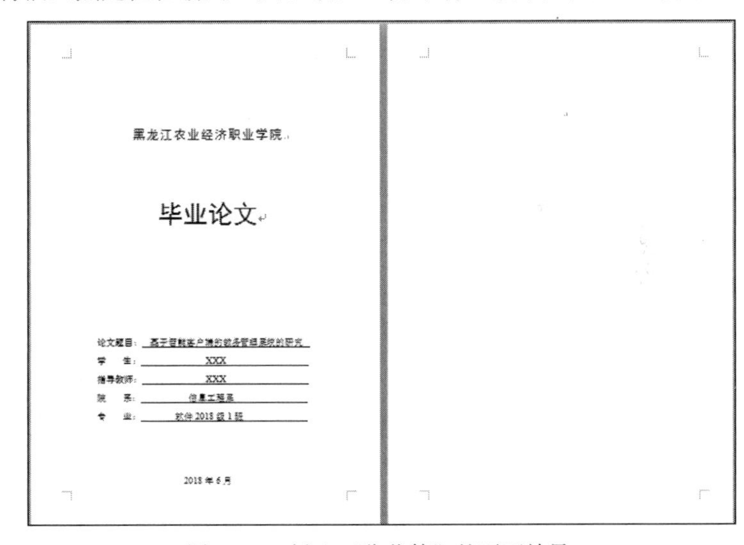

图 3-52 插入“分节符”的页面效果

操作技巧：（1）“显示/隐藏编辑标记”。单击“开始”选项卡→“段落”组→“显示/隐藏编辑标记”按钮，显示如图 3-53 所示的隐藏的分隔符。选中或光标定位在要删除的分隔符上，按【Delete】键即可删除当前分隔符。

（2）在草稿视图下删除分隔符。单击状态栏下的“草稿”视图，切换到“草稿视图”，文档状态如图 3-54 所示，光标定位在要删除的分隔符上，按【Delete】键即可删除当前分隔符。

步骤 2：清除格式并插入论文正文内容素材

单击“开始”选项卡→“字体”组→“清除格式”按钮，清除格式，使“插入点”光标定位在页面顶端。单击如图 3-55 所示的“插入”选项卡→“文本”组→“对象”下拉按钮→“文件中的文字”命令，弹出“插入文件”对话框，找到“论文排版素材”文件，单击“插入”按钮，将“论文排版素材”文件中的文字插入到“论文”文件中，插入效果如图 3-56 所示。

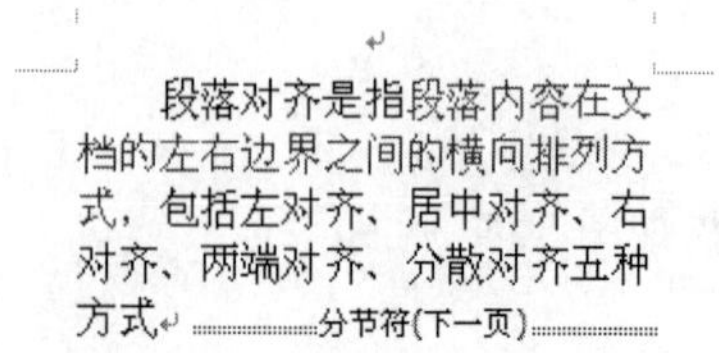

段落对齐是指段落内容在文档的左右边界之间的横向排列方式，包括左对齐、居中对齐、右对齐、两端对齐、分散对齐五种方式。
分节符(下一页)

图 3-53　显示“分隔符”文档状态

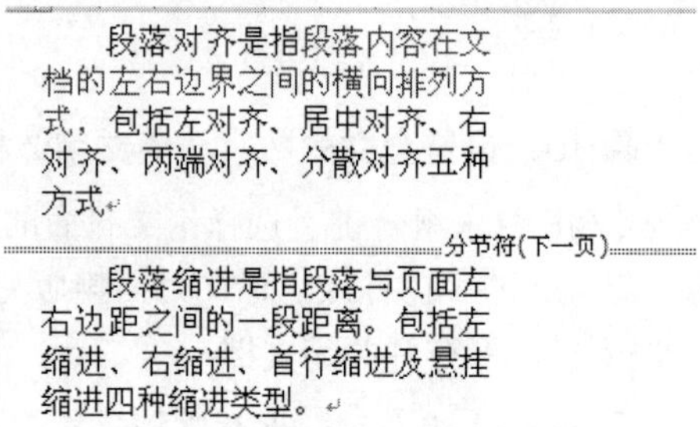

段落对齐是指段落内容在文档的左右边界之间的横向排列方式，包括左对齐、居中对齐、右对齐、两端对齐、分散对齐五种方式。
分节符(下一页)
段落缩进是指段落与页面左右边距之间的一段距离。包括左缩进、右缩进、首行缩进及悬挂缩进四种缩进类型。

图 3-54 “草稿视图”文档状态

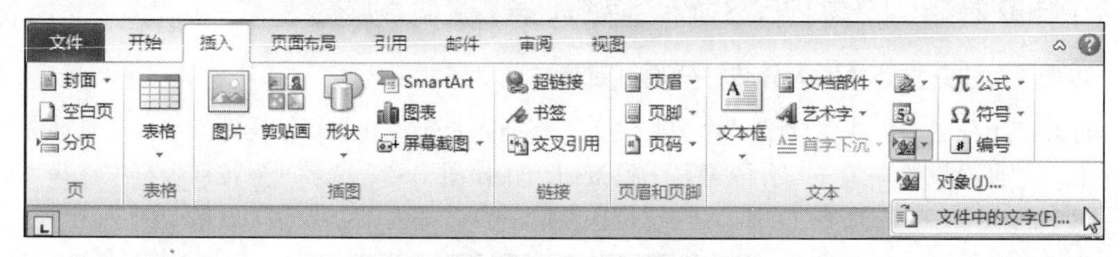

文件
开始
插入
页面布局
引用
邮件
审阅
视图
封面
空白页
分页
表格
图片
剪贴画
形状
SmartArt
图表
屏幕截图
超链接
书签
交叉引用
页眉
页脚
页码
文本框
文档部件
艺术字
首字下沉
公式
符号
编号
页
插图
链接
页眉和页脚
文本
对象(J)...
文件中的文字(F)...

图 3-55　“插入文件中的文字”过程

黑龙江农业经济职业学院
毕业论文

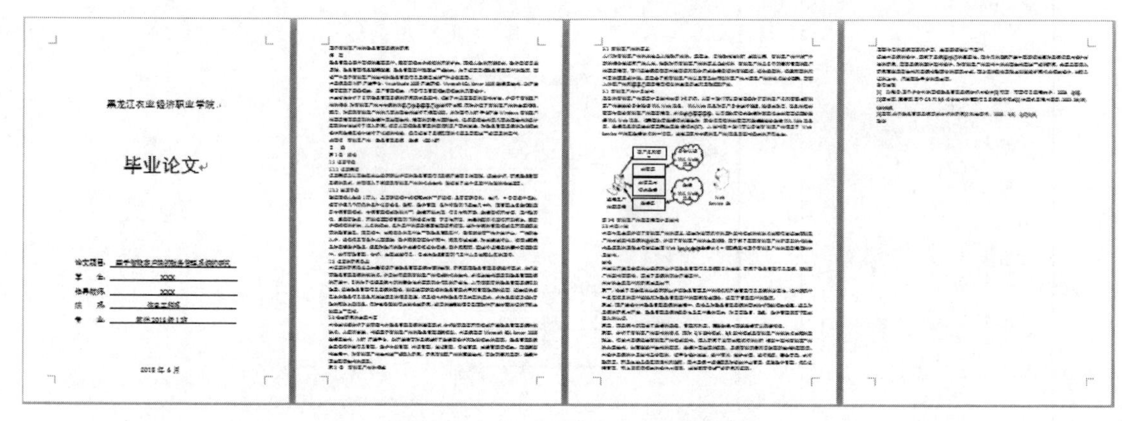

图 3-56　插入“素材文字“效果

步骤 3：插入分页符分隔摘要页与目录页

将光标定在如图 3-57 所示的“目录”文字所在行的开始位置，单击“页面布局”选项卡→“页面设置”组→“分隔符”下拉按钮，在图 3-58 所示的下拉列表框中选择“分页符”组中的“分页符”选项，插入“分页符”，将“目录”页放在新的一页。

步骤 4：插入分节符分隔目录页与第一章

将光标定位在如图 3-59 所示“第一章　绪论”文字所在行的开始位置，单击“页面布局”选项卡→“页面设置”组→“分隔符”下拉按钮，在图 3-60 所示的“分隔符”下拉列表框中选择“分节符”组中的“下一页”选项，将“第 1 章　绪论”页放在新的一页的同时插入新的“节”。

摘　要

教务管理是每个高校的重要工作。随着高校办学规模的不断扩大，在校人数的不断增加，教学资源日益紧张，教务管理任务越来越重，教务管理工作难度进一步加大。为了提高高校教务管理工作的效率，建设一个基于智能客户端结构的教务管理信息系统已成为一种必然趋势。

本系统采用.NET 开发平台、Visual Studio 2005 开发环境、Microsoft SQL Server 2005 数据库技术、C#开发语言实现了登录模块、用户管理模块、师资信息管理模块等模块的界面设计。

本文首先分析了目前教务管理系统的研究现状及架构，提出了本课题采用的架构方法。介绍了智能客户端的概念，对智能客户端与传统的胖客户端及瘦客户端进行了比较，同时介绍了智能客户端的主要特征。随后，对实现智能客户端的几项关键技术进行了概要说明。并对基于.NET 平台开发 Windows 智能客户端应用程序要用到的数据冲突处理技术、程序的部署与更新技术、偶尔连接技术等几项关键技术的具体实现的方法进行了深入研究。接着从高校教务管理的实际和用户需求出发，对教务管理系统的功能模块设计和数据库设计进行了详细的论述，最后提出了系统存在的问题及需要进一步完善的工作。

关键词　智能客户端；教务管理系统；数据；ADO.NET

→目　录

第 1 章　绪论

1.1 课题背景

1.1.1 课题来源

课题来源是以黑龙江农业经济职业学院的教务管理信息系统开发项目为基础，通过分析、研究教务管理系统的现状，并想深入了解实现智能客户端的相关技术。我提出了这个课题作为我的论文题目。

图 3-57　“插入点定位”位置

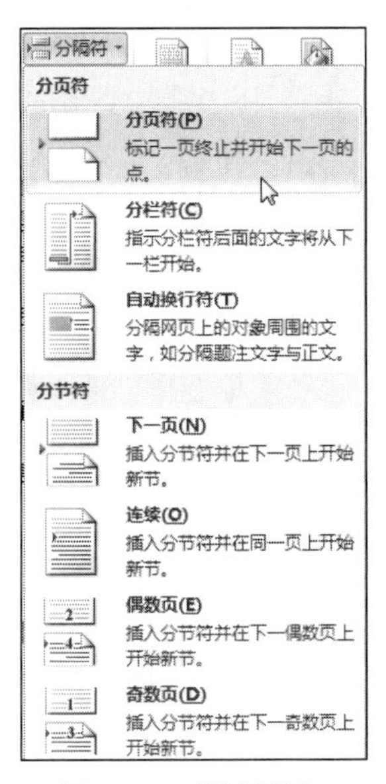

图 3-58　“分隔符”下拉列表框

操作技巧：按【Ctrl+Enter】组合键可以插入“分页符”组中的“分页符”，按【Shift+Enter】组合键可以插入“分页符”中的“自动换行符”。

目　录

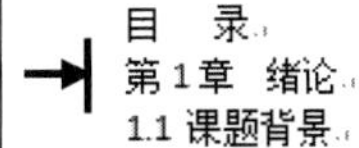

第 1 章　绪论

1.1 课题背景

1.1.1 课题来源

课题来源是以黑龙江农业经济职业学院的教务管理信息系统开发项目为基础，通过分析

系统的现状，并想深入了解实现智能客户端的相关技术。我提出了这个课题作为我的论

1.1.2 选题背景

我院在校人数近 1万人，是高职院校中规模较大的一所院校，具有高职专科、技师、中

拥有价值几千万元的各种仪器设备，教辅、教学管理、各种行政部门多达几十个。在管理

用传统管理模式。传统管理模式功能单一、数据不能共享、信息传输不畅、数据查询不方

低、重复劳动多，不能涵盖高校管理部门的诸多方面，可用性不强，大量的实际问题得

图 3-59　插入点定位“第一章　绪论”位置

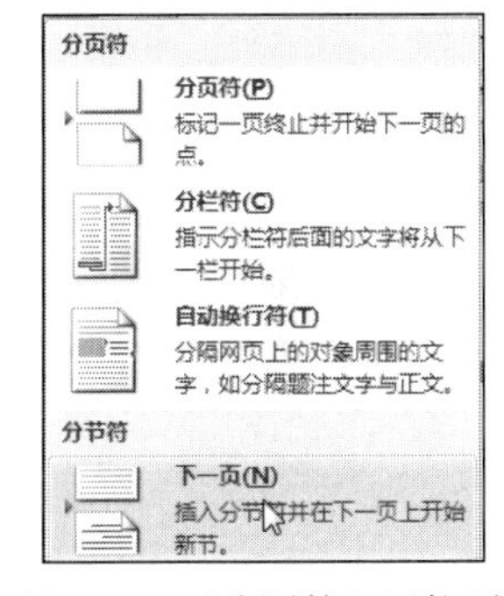

图 3-60　“分隔符”下拉列表框

步骤 5：插入分页符分隔不同的章

采用步骤 3，在每一章的“章标题”开始的起始位置都插入一个“分页符”，使每一章都重新起页。

步骤 6：选择除封面页之外的所有论文正文内容

插入点定位在“摘要”页前方，按住【Shift】键，单击论文正文结束的位置，选择除“封面内容”之外的所有“论文正文”内容。

步骤 7：设置正文内容的字符格式

通过“开始”选项卡→“字体”组中的相关选项将所选正文字符的中文字体格式设置为“宋

体”，英字体设置为“Times New Roman”，字号设置为“小四”。

步骤 8：设置正文内容的段落格式

单击“开始”选项卡→“段落”组→对话框启动器按钮，打开如图 3-61 所示的“段落”对话框。在“行距”下拉列表框中选择“多倍行距”，在“设置值”微调框中设置为 1.25。在“缩进”组中“特殊格式”列表框中选择“首行缩进”，在“磅值”微调框中设置 2 字符。

步骤 9：设置“第 1 章 绪论”标题的字体与段落格式

拖动鼠标选择“第 1 章 绪论”一级标题文字内容，将字体设置为“黑体”，字号设置为“三号”。单击“开始”选项卡→“段落”组→对话框启动器按钮，弹出如图 3-62 所示的“段落”对话框，在“常规”区域中的“大纲级别”下拉列表框中选择“1 级”，设置“特殊格式”组中的“首行缩进”的磅值为 0 字符，取消该标题的首行缩进值，将“常规”区域中的“对齐方式”设置为“居中”对齐。将“间距”区域中的“段前”间距设置为 18 磅，“段后”间距都设置为 12 磅。

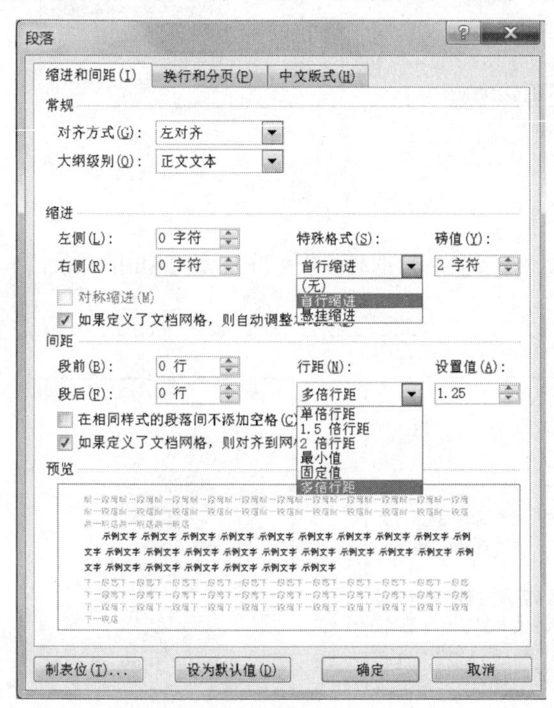

图 3-61 “段落”对话框

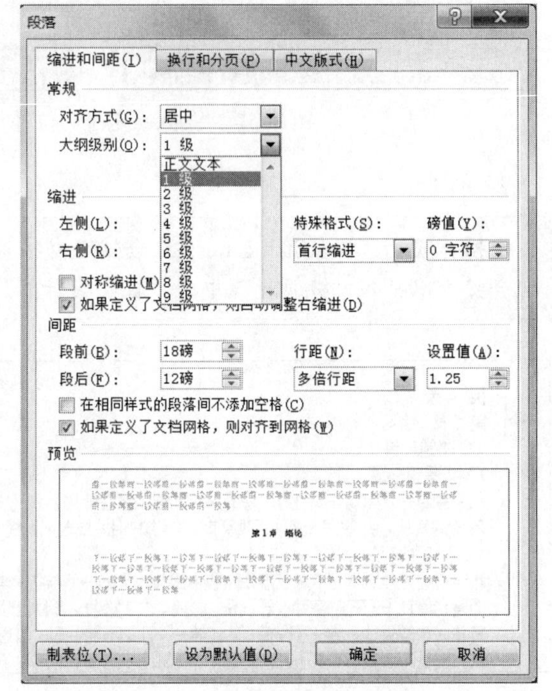

图 3-62 大纲级别设置

步骤 10：利用格式刷设置其他章标题的字体与段落格式

双击“开始”选项卡→“剪切板”组→“格式刷”按钮，用“格式刷”选择其他同一级标题的文字内容，例如“摘要”“目录”“第 2 章”等章标题内容，达到设置相同格式的目的。设置完成后，再次单击“格式刷”按钮，取消“格式刷”的选择。

步骤 11：设置节标题的字体与段落格式

重新步骤 9 和步骤 10 将二级标题内容大纲级别设置为“2 级”，“段前”和“段后”间距设置为“6 磅”，取消“首行缩进”磅值，“对齐方式”为“左对齐”，“字体”设置为“黑体”，“字号”设置为“小三”，然后利用“格式刷”将所有二级标题设置为同一个格式。

步骤 12：设置条标题的字体与段落格式

重新步骤 9 和步骤 10 将三级标题内容大纲级别设置为“3 级”，“段前”和“段后”间距设置为“6 磅”，取消“首行缩进”磅值，“对齐方式”为“左对齐”，“字体”设置为“黑体”，“字号”设置为“四号”。然后利用“格式刷”将所有三级标题设置为同一个格式。

步骤 13：设置摘要页和目录页的页码格式

插入点定位在“摘要”页，单击“插入”选项卡→“页眉和页脚”组→“页码”选项，打开如图 3-63 所示的“页码”下拉菜单，在“页码”下拉菜单选择“设置页码格式”命令，弹出如图 3-64 所示的“页码格式”对话框，在“编号格式”下拉列表框中选择“罗马数字”格式“I，II，III，…”，在“页码编号”区域中选择“起始页码”复选框，并输入罗马数字“I”。

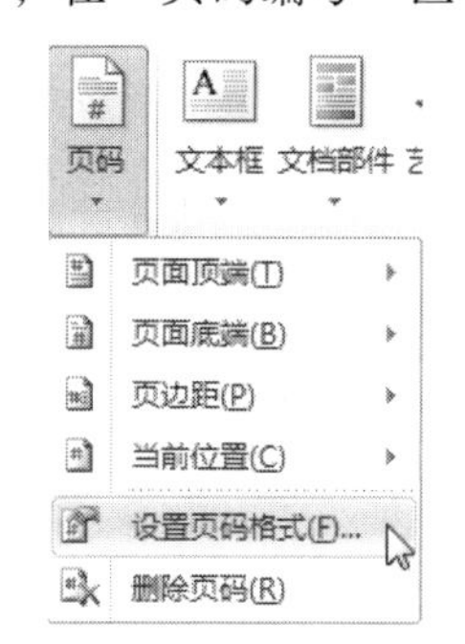

图 3-63　“页码”下拉列表框

图 3-64　“页码格式”对话框

步骤 14：为摘要页和目录页插入页码

单击“插入“选项卡”→“页眉和页脚”组→“页码列”下拉按钮→“页面底端”选项，在如图 3-65 所示的子菜单中选择“普通数字 2”。

图 3-65　插入页码的过程

步骤 15：删除“论文封面”页的页码

将光标定位在如图 3-66 所示的“页脚”编辑区，单击如图 3-67 所示的“页眉和页脚工具|设计”选项卡→“导航”级→“链接到前一条页眉”按钮，取消“论文封面”页与“摘要”页之间的节的链接，选择 “论文封面”页的页码，按【Delete】键，删除“论文封面”页的页码。

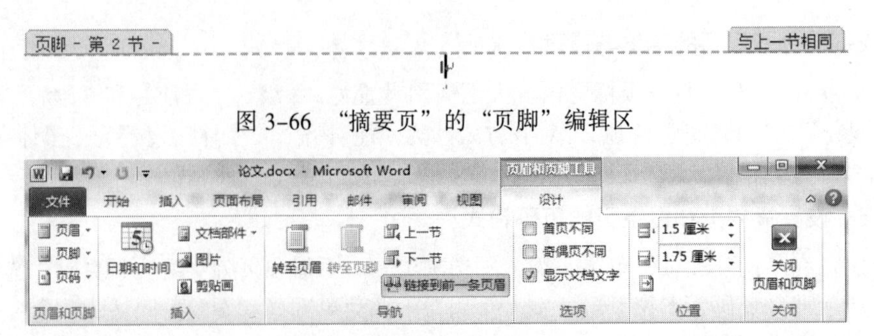

图 3-66 “摘要页”的“页脚”编辑区

图 3-67 “页眉和页脚工具设计”选项卡

步骤 16：修改“论文正文”页的页码

将插入点定位到“论文正文”起始页“页脚区”，单击“插入”选项卡→“页眉和页脚”组→“页码”下拉按钮→“设置页码格式”选项，在弹出的“页面格式”对话框中，设置“编号格式”为“阿拉伯数字”格式“1，2，3，…”，勾选“页码编号”区域中的“起始页码”复选框，并输入阿拉伯数字“1”，“论文正文”起始页的“页脚”编辑区效果如图 3-68 所示。

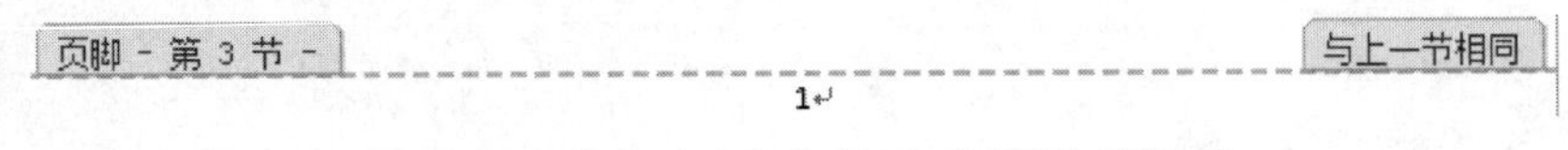

图 3-68 “论文正文”起始页“页脚”编辑区

步骤 17：为“论文正文”内容区域插入页眉

将光标定位在如图 3-69 所示的“论文正文”内容的起始页的页眉区，单击“页眉和页脚工具|设计”选项卡→“导航”级→“链接到前一条页眉”按钮，取消“论文正文”页与“目录”页之间的节的链接，在页眉编辑区输入“黑龙江农业经济职业学院信息工程系毕业论文”页眉内容。单击“页面布局”选项卡→“页面背景”组→“页面边框”按钮，弹出“边框和底纹”对话框，选择“边框”选项卡。设置参数如图 3-70 所示。页眉设置效果如图 3-71 所示。

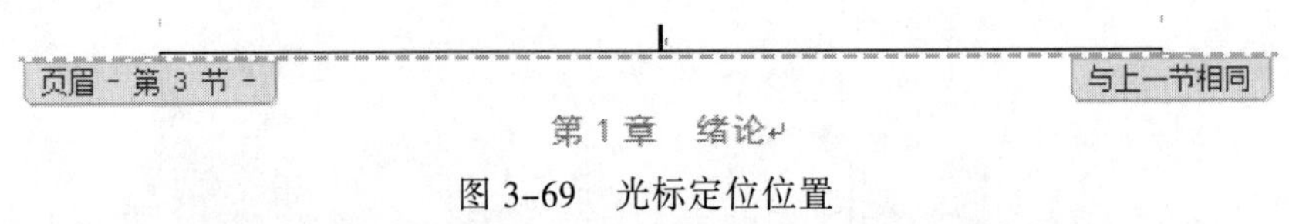

图 3-69 光标定位位置

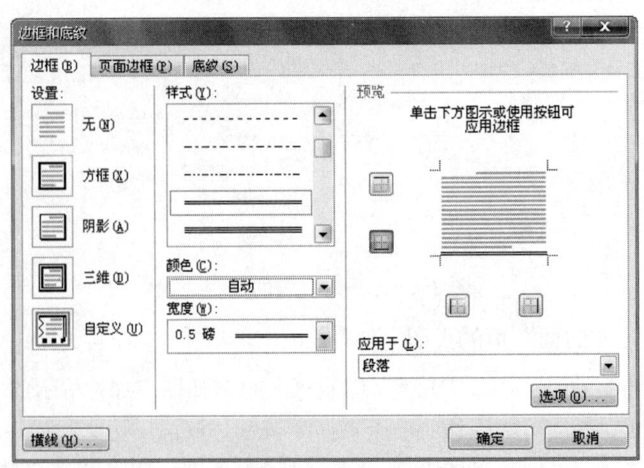

图 3-70 “边框和底纹”对话框的“边框”选项卡

图 3-71　页眉设置效果

步骤 18：关闭“页眉|页脚”编辑状态

单击“书页眉和页脚工具|设计”选项卡 →“关闭”组→“关闭页眉和页脚”按钮，关闭“页眉|页脚”编辑状态。

子任务 3　生成目录并排版

步骤 1：目录生成

打开“子任务 2”中关闭的文档，在“子任务 2”中已经为标题设置好了 1 ~ 3 级大纲，光标定位在目录页，单击“引用”选项卡→“目录”组→“目录”按钮，打开如图 3-72 所示的“目录”下拉列表框，选择“插入目录”选项，弹出如图 3-73 所示的“目录”对话框，单击“确定”按钮，插入目录效果如图 3-74 所示。

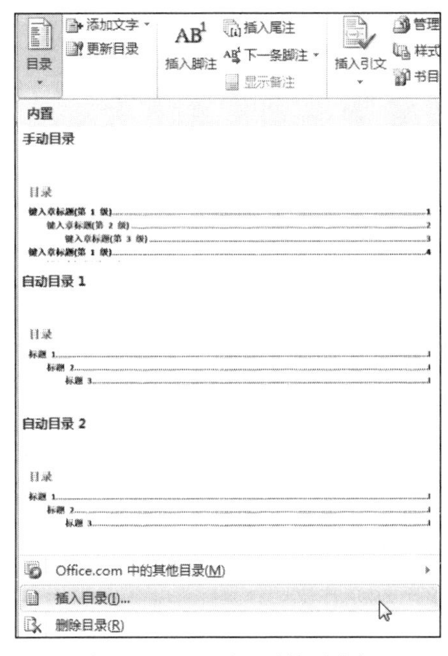

图 3-72　“目录”下拉列表框

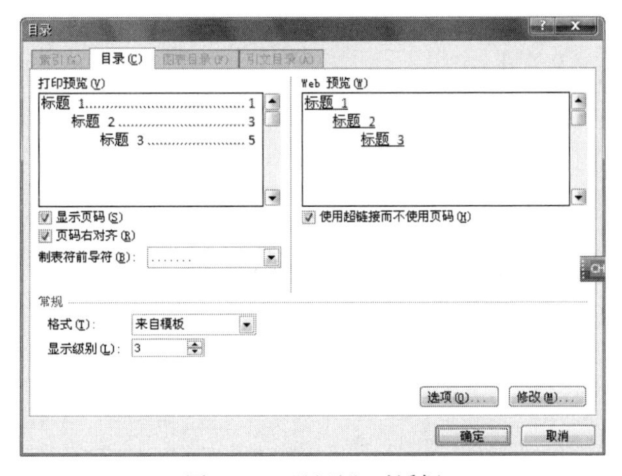

图 3-73　“目录”对话框

步骤 2：目录生成后排版目录格式

鼠标拖动选择“目录”中的“摘要”文字，设置字体为“宋体“，字号为“小四”，字形“加粗”。双击“开始”选项卡→“剪贴板”组→“格式刷”命令，用“格式刷”选择其他同级标题，达到设置相同的格式的目的。设置完成后，再次单击“格式刷”命令，取消“格式刷”的选择。同理设置其他标题格式字体为“宋体”，字号为“小四”。

步骤 3：目录生成过程中直接修改格式

单击“目录”对话框中的“修改”按钮（见图 3-73），打开如图 3-75 所示的“样式”对话框，选择样式列表中的“目录 1”，然后单击“样式”对话框中的“修改”按钮，打开如图 3-76 所示的“修改样式”对话框，单击“格式”按钮，按目录排版要求设置“目录 1”的格式。单击“确定”按钮，返回“样式”对话框。同理设置“目录 2”和“目录 3”的格式。单击“确定”按钮，目录最终设置如图 3-77 所示。

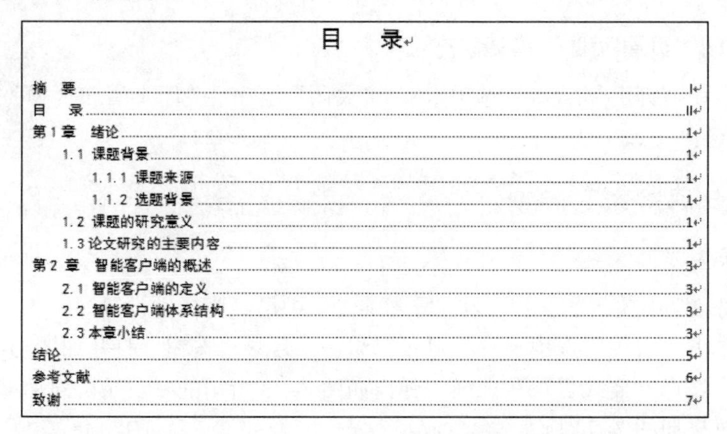

图 3-74 “目录”生成效果

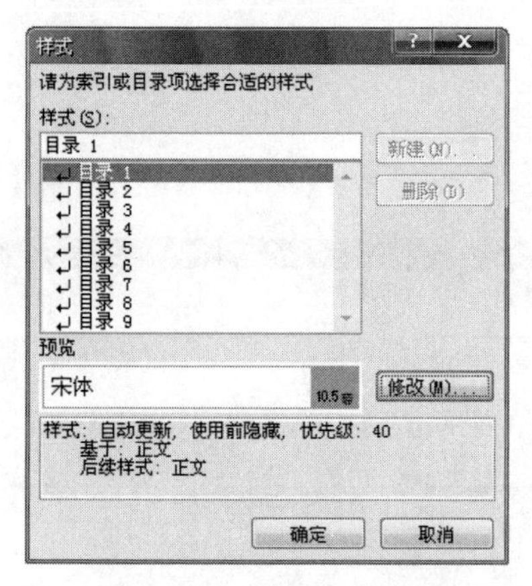

图 3-75 “样式”对话框

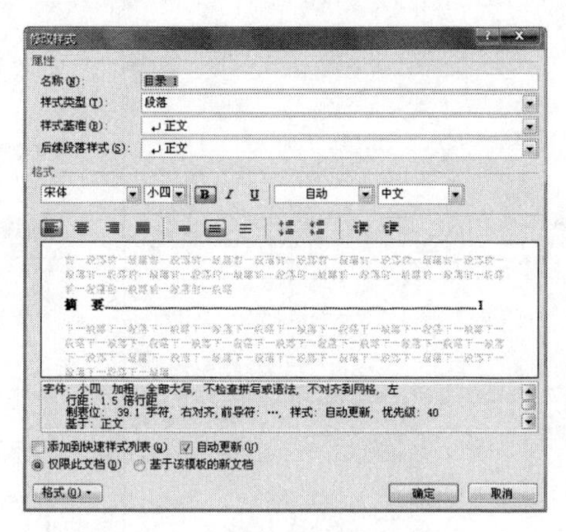

图 3-76 “修改样式”对话框

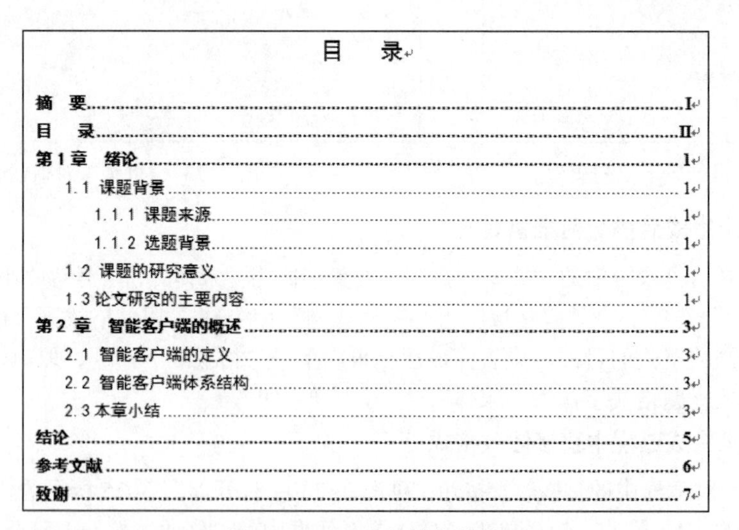

图 3-77 “目录”排版效果

子任务 4　论文的输出打印

步骤 1：逆序打印奇数页

连接打印机，并放好 A4 纸张，打开准备打印的“毕业论文”文档，单击“文件”→“选项”命令，弹出图 3-78 所示的“Word 选项”对话框，选择“高级”选项卡，拖动垂直滚动条到“打印”设置区域，选中“逆序打印页面”复选框，单击“确定”按钮。单击“文件”→“打印”命令，打开“打印”窗口，在“设置”下拉列表框中勾选“仅打印奇数页”选项，设置好后，单击“打印”按钮，完成“奇数页”的打印。

操作技巧：通过使用后台打印功能，可以实现在打印文档的同时继续编辑该 Word 2010 文档，否则只能在完成打印任务后才能进行编辑。

图 3-78　“Word 选项”对话框

步骤 2：正序打印偶数页

拿出打印好中的“论文封面”页，将其余已经打印好的奇数页的纸张按输出顺序放入纸盒中，取消“Word 选项”对话框中的“逆序打印页面”复选框的选中状态，选择“打印”窗口“设置”下拉列表框中的“仅打印偶数页”选项，单击“打印”按钮，完成打印。

操作技巧：当要打印的文档内容纸张设置超出实际打印纸张大小，又不想重新排版时，可以采取按纸张大小缩放打印的方法来解决。单击“打印”对话框中“每版打印一页”下拉列表框中的“缩放至纸张大小”选项，根据需要选择纸张大小。

扩展任务　大学生创新创业计划书的排版

任务介绍：学院近年来开设了大学生创新创业相关课程，学生上交计划书的排版却差强人意，为了使学生能够上交一份优秀的计划书，在任务扩展中增加了“大学生创新创业计划书的排版”

任务。一份完整的计划书一般由封面、目录、正文等部分组成，计划书正文包括项目企业摘要、业务描述、产品与服务、市场营销、管理团队、财务预测等内容，计划书的封面与目录页排版效果如图 3-79 所示，排版要求参考“毕业论文”的排版要求。

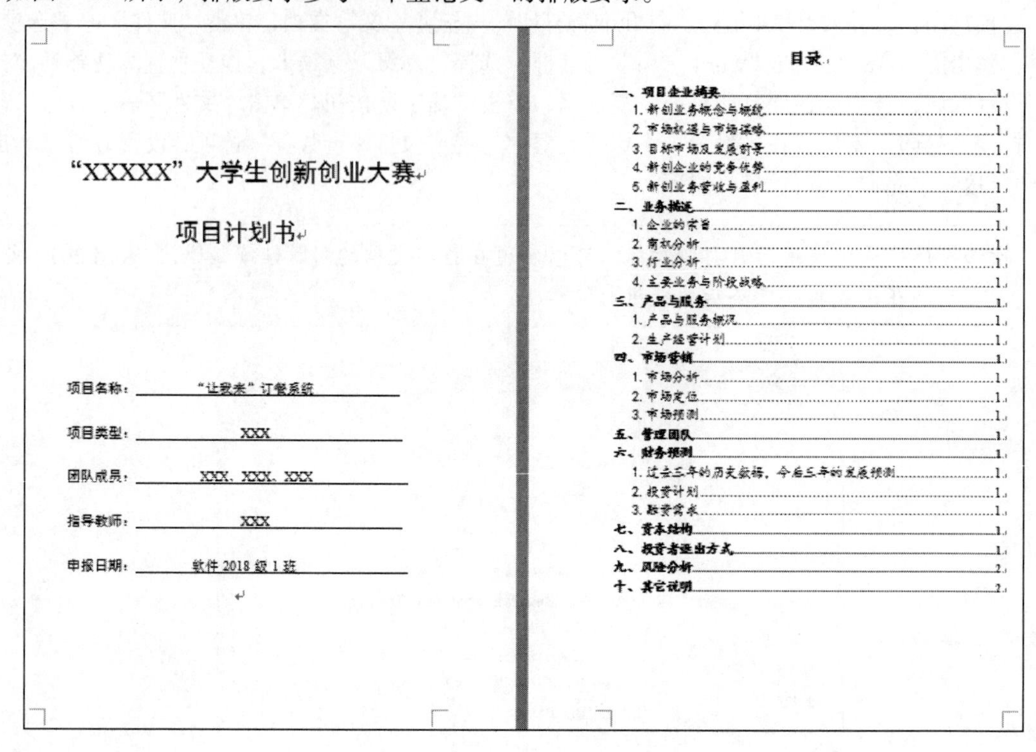

“XXXXX”大学生创新创业大赛

项目计划书

项目名称：“让我来”订餐系统

项目类型：XXX

团队成员：XXX、XXX、XXX

指导教师：XXX

申报日期：软件 2018 级 1 班

目录

一、项目企业摘要 1
1. 新创业务概念与概貌 1
2. 市场机遇与市场谋略 1
3. 目标市场及发展前景 1
4. 新创企业的竞争优势 1
5. 新创业务营收与盈利 1
二、业务描述 1
1. 企业的宗旨 1
2. 商机分析 1
3. 行业分析 1
4. 主要业务与阶段战略 1
三、产品与服务 1
1. 产品与服务概况 1
2. 生产经营计划 1
四、市场营销 1
1. 市场分析 1
2. 市场定位 1
3. 市场预测 1
五、管理团队 1
六、财务预测 1
1. 过去三年的历史数据，今后三年的发展预测 1
2. 投资计划 1
3. 融资需求 1
七、资本结构 1
八、投资者退出方式 1
九、风险分析 2
十、其它说明 2

图 3-79 计划书的封面与目录页排版效果

知识链接

1. 页面格式

一些日常办公文档需要打印，为了适合打印要求，就要格式化页面，如文档打印的纸张大小、纸张方向、页边距等。页面格式化可以通过“页面布局”选项卡中的“页面设置”组实现。“页面设置”组相应命令按钮如图 3-80 所示。

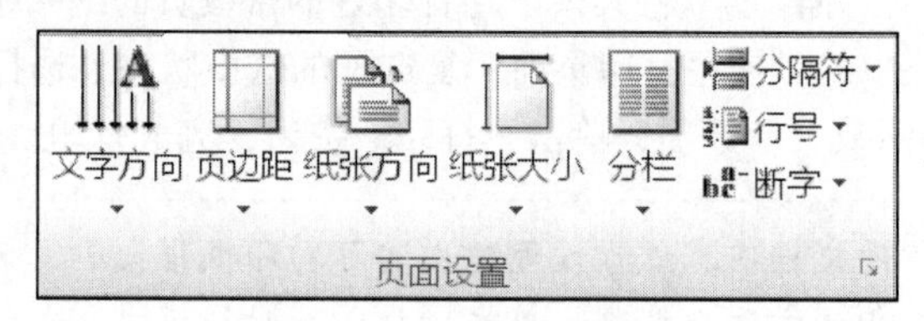

图 3-80 “页面设置”组

（1）纸张大小

“纸张大小”是指用于打印文档的纸张尺寸，在进行其他的页面设置之前，首先需要确定将来要打印输出所用的纸张大小。

（2）页边距和纸张方向

“页边距”是指边缘文字到页面边线的距离。某些项目经常放置在页边距区域中，如页眉、页脚、页码等。“纸张方向”一般分为横向和纵向两种，一般要求是纵向的，特殊时需要横向纸张。

（3）版式和文档网格

在“页面设置”对话框中还包含“版式”和“文档网格”选项卡，“页面设置”对话框的“版式”选项卡，可以改变“节”的起始位置、页眉和页脚的表现形式及页面的对齐方式等。“页面设置”对话框的“文档网络”选项卡可以设置文字排列方式、网格等。

2. 分隔符

分隔符包括分页符和分节符两大类。

1）分页符类

在“分页符”组中包括分页符、分栏符、自动换行符 3 个选项。

（1）分页符

“分页符”是标记一页结束并开始下一页的点。当文本或表格等内容填满当前页时，Word 将自动转到下一页，并在两页之间插入一个“自动分页符”，即 Word 文档的自动分页功能。如果文本等内容没有填满当前页，但其他内容想在新的一页开始时，可通过插入“分页符”的方式来实现。插入的“分页符”也可称为“手动分页符”或“人工分页符”或“硬分页符”。

（2）分栏符

“分栏符”指示“分栏符”后面的文字将从下一栏开始。当页面为一栏插入分栏符时，分栏符后的文字从下一页开始，如果在多栏的页面中插入分栏符时，插入分栏符后面的文字从下一栏开始。

（3）换行符

“换行符”是 Word 中的一种换行符号，是以一个直的向下的箭头↓表示。被换行符分隔的文字仍属于同一个段落。当将网页内容复制到 Word 文档时经常出现换行符。

2）分节符类

所谓“节”，就是 Word 用来划分文档的一种方式。“分节符”可以将 Word 文档分成几节，然后为每一节分别设置不同的页面格式，如页面设置、页眉和页脚样式、页码及分栏状态等。分节符的类型分为下一页、连续、偶数页、奇数页 4 种。

① 下一页：在插入此分节符的地方，Word 会强制分页，新的节从下一页开始。如果想要在不同的页面上分别应用不同的页面设置，可以使用此分节符。

② 连续：插入“连续”分节符时，文档不被强制分页，并在同一页开始新的节。在同一页面上创建不同的分栏样式时，经常使用此分节符。

③ 偶数页：在插入“偶数页”分节符之后，新的一节会从其后的第一个偶数页面开始（以页码编号为准）。

④ 奇数页：在插入“奇数页”分节符之后，新的一节会从其后的第一个奇数页面开始（以页码编号为准）。

3）节与节之间的链接的取消

当页面中插入多个节时，如果不同的节要设置不同的页面格式，可以单击“页眉和页脚工具|设计”选项卡→“导航”组→“链接到前一条页眉”按钮，取消节与节之间的链接。如设置不同的页眉，“节链接”取消前的效果如图 3-81 所示，“节链接”取消后的效果如图 3-82 所示。

4）分页符与分节符的区别

① 当文本等内容没有填满当前页，但其他内容想在新的一页开始时，可通过插入“分页符”的方式来实现。

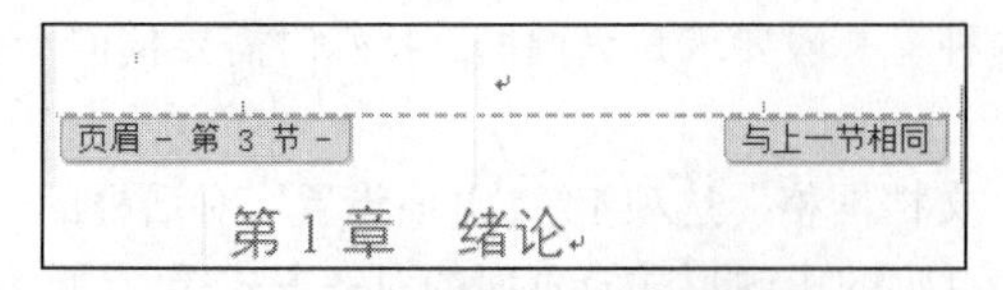

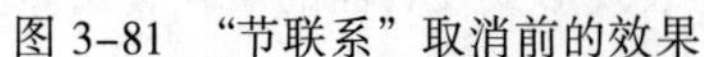
图 3-81 “节联系”取消前的效果

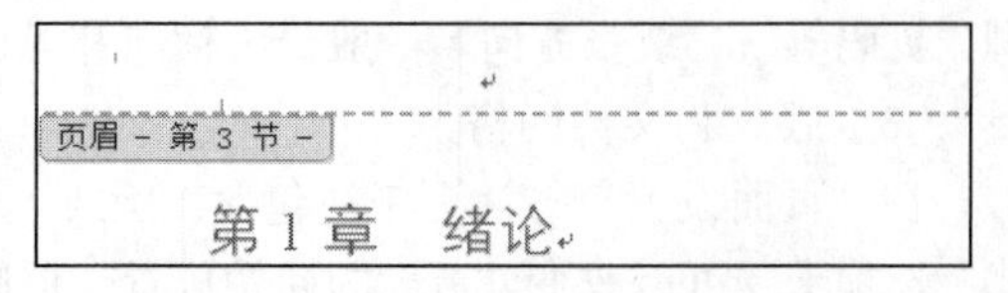

图 3-82 “节联系”取消后的效果

② 当文档中的部分文本有些格式或参数与其他文本不同时，应将这部分文本创建为一个新的节，通过插入“分节符”的方式来实现不同格式的设置。

3. 大纲级别

“大纲级别”用于为文档中的段落指定等级结构（1 级 ~ 9 级）的段落格式，指定大纲级别不会改变原来段落的格式设置，还可以在大纲视图中处理文档。

4. 工具选项卡

在 Word 2010 中，除了“开始”“插入”等主选项卡之外，当执行了某个命令或选择了某个对象时，相关的“工具选项卡”就会浮现在功能区中供用户使用。例如，图 3-83 所示的 “页眉和页脚工具|设计”选项卡，显示了与“页眉和页脚”处理相关的组和命令。

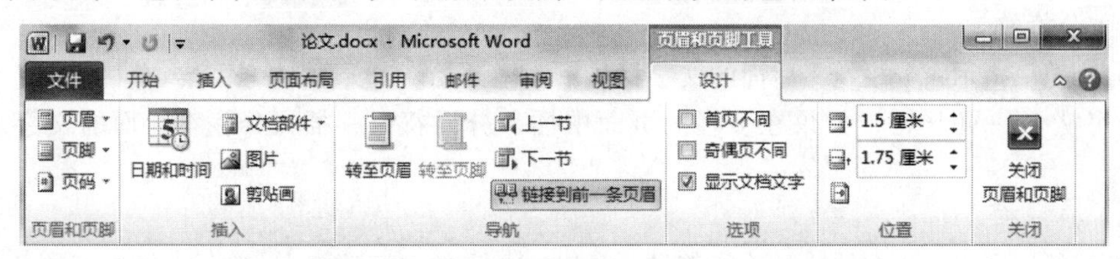

图 3-83 “页眉和页脚工具|设计”选项卡

5. 页眉、页脚和页码

页眉和页脚通常用来显示文档的附加信息，常用来插入时间、日期、页码、单位名称等。页眉在页面的顶部，页脚在页面的底部。

6. 页码

无论是论文还是书籍或者是其他类型的长篇文档都是由多页组成的，为了便于阅读和查看，可以在页面上标记页码信息。一般情况下“页码”显示在页面底端。

7. 目录

Word 目录分为文档目录、图目录、表格目录等多种类型。文档目录就是文档中各级标题以及标题对应页码组成的列表，通常放在文章正文之前，用户可以通过文档目录了解整个文档的整体结构。

（1）手动目录

手动目录是指可以手动更改目录标题及对应页码，最后生成相关目录。

（2）根据大纲级别自动生成目录

如果已经将文档中的标题文字转换成了相应的大纲级别，可以根据大纲级别自动生成目录。

（3）利用自定义样式生成目录

检查文档中的标题，确保它们已经以标题样式被格式化，可以根据自定义样式自动生成目录。

8. “打印”命令

打印功能可以将文档输出到纸张上，打印预览文档窗口如图 3-84 所示。

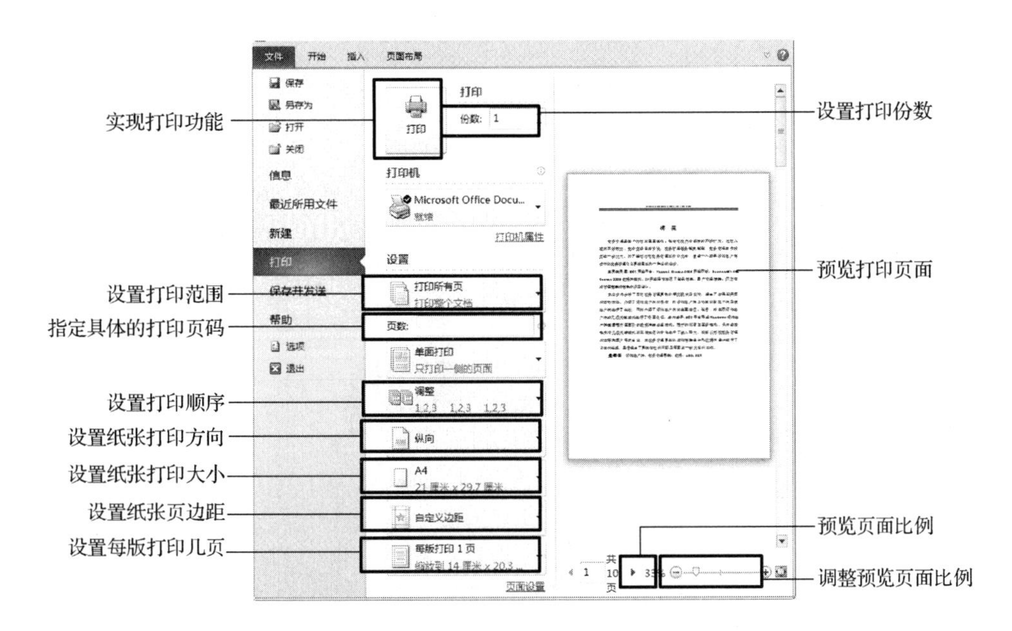

图 3-84　打印预览文档窗口

任务 3　个人简历制作

任务介绍

小明圆满完成答辩任务之后，就立即准备进入求职大军的行列，可小明发现自己手中还没有求职所需的个人简历，于是小明赶紧回到家中，开始制作个人简历。

任务分析

个人简历一般由封面、自荐信、个人简历履历表、附件等部分组成。在个人简历制作过程中，封面设计要简洁、美观，要具有强烈的视觉冲击效果，能给人留下深刻印象；自荐信主要由文字构成，可以在页面上适当加些修饰，起到美化效果；个人简历履历表可以通过表格设计来实现。附件部分可以作为个人履历表的说明，如各种证书的复印件等。

本任务包含三页 Word 文档内容，在制作时可以首先输入并排版自荐信内容，然后制作个人简历封面，最后制作个人简历履历表。本任务的每页制作效果及制作要求如图 3-85 ~ 图 3-87 所示。

任务分解

本任务可以分解为 3 个子任务：

子任务 1：自荐信制作。

子任务 2：简历封面制作。

子任务 3：个人简历表制作。

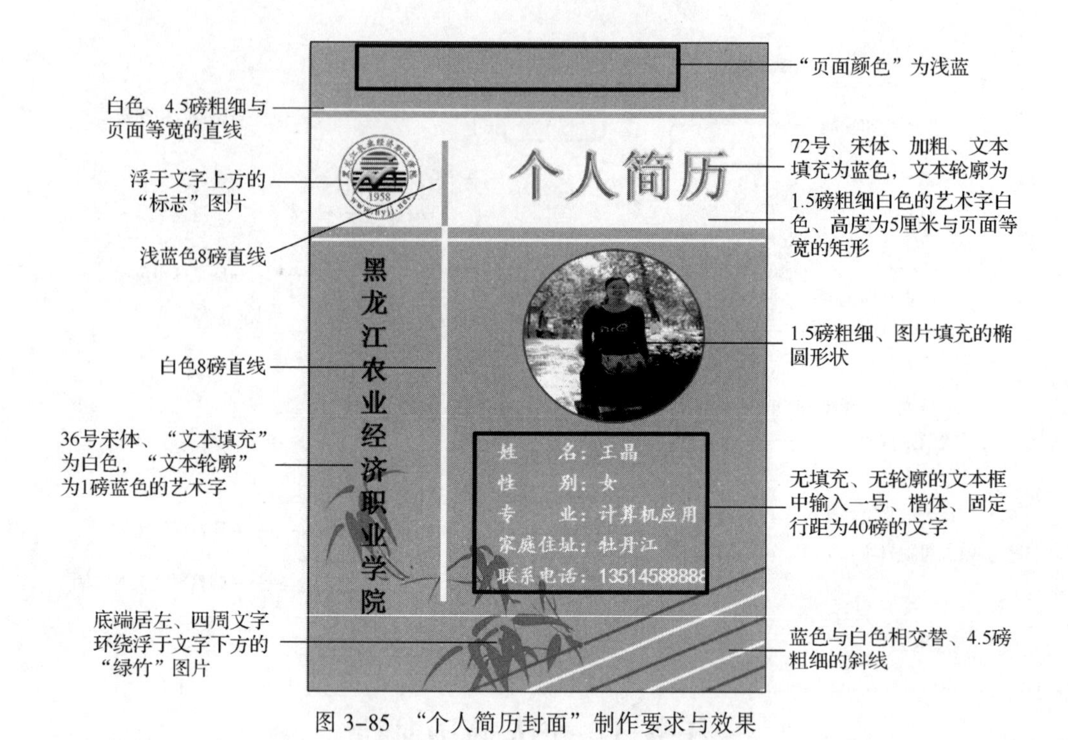

图 3-85 “个人简历封面”制作要求与效果

“页眉区”插入浅蓝色、无轮廓、高2厘米与页面等宽的矩形形状和深蓝色、无轮廓、朝鲜鼓文本效果的艺术字

背景设置“图片水印”

“页脚区”插入浅蓝色、无轮廓、大小适中的两个三角形形状

标题一号宋体加粗

“称呼和问候语”四号宋体加粗

正文四号宋体，首行缩进2字符，1.5倍行距

“签名和日期”四号宋体右对齐

您的选择与信任，我的能力与努力，成就我们共同美好的明天

自荐信

尊敬的各位领导：

您好！

当您翻开这一页的时候，您已经为我打开了通往机遇与成功的第一扇大门。非常感谢您在百忙之中抽空阅读我的个人求职应聘信，并且庆幸自己能参加贵单位的这次应聘。

我叫 xxx，我是一名即将毕业于黑龙江农业经济职业学院的学生，所学专业是计算机软件技术专业。在校期间，我学到了扎实的专业知识并取得了良好的成绩，严谨的学风和端正的学习态度塑造了我朴实、稳重、团结、进取和创新的特点。我所学的专业知识与贵公司的岗位要求基本吻合，若有幸加盟，我会以饱满的热情和坚韧的性格勤奋工作，与同事精诚合作，为贵单位的发展尽自己的绵薄之力！

“长风破浪会有时，直挂云帆济沧海”，希望贵公司能给我一个发展的平台，我会好好珍惜它，并全力以赴，为实现自己的人生价值而奋斗，为贵公司的发展贡献力量。

此致

敬礼！

自荐人：XXX

2013 年 7 月

图 3-86 “自荐信”页面制作要求与效果

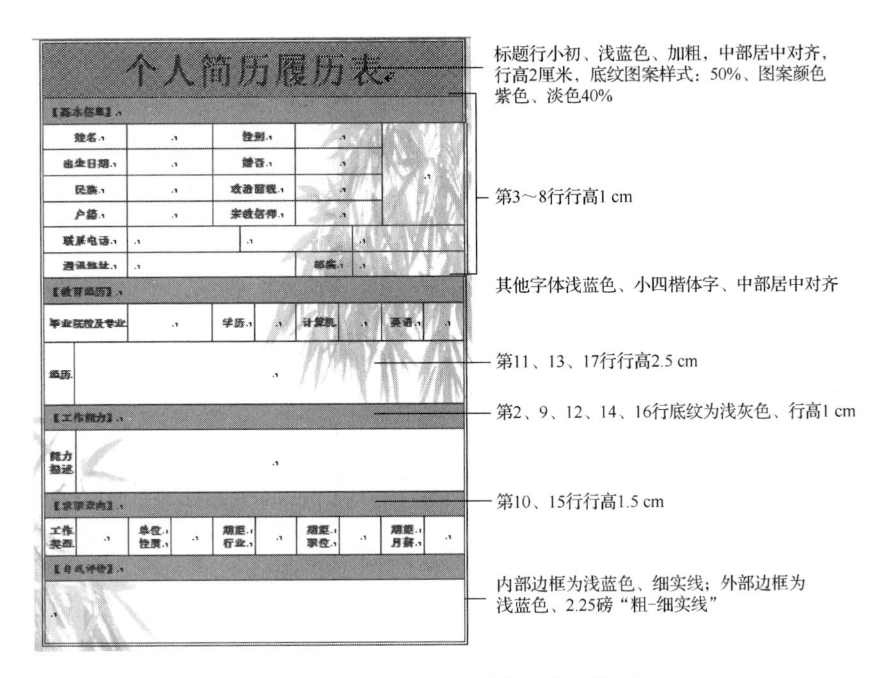

图 3-87　个人简历表制作要求与效果

子任务 1　自荐信制作

步骤 1：个人简历页面设置

新建一个 Word 文档，并将其另存为“个人简历”。单击“页面布局”选项卡→“页面设置”组→“页边距”下拉按钮→“自宝义边距”按钮，弹出图 3-88 所示的“页面设置”对话框的“页边距”选项卡，将上下边距都设置为 2.5 cm、左右边距都设置为 2 cm，其他值默认。选择“版式”选项卡，如图 3-89 所示，在“页眉和页脚”组中选择“首页不同”复选框。

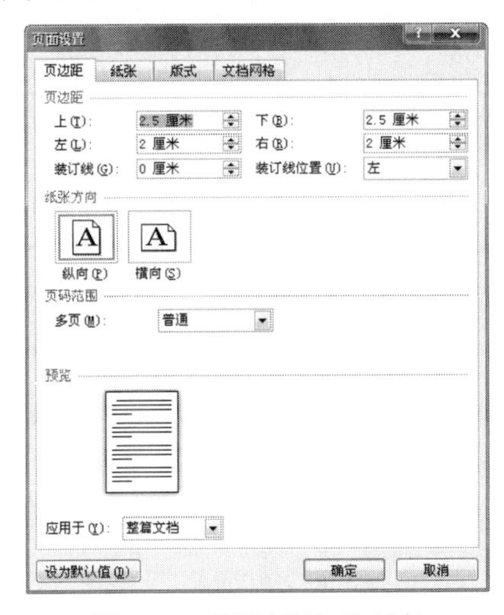

图 3-88　“页边距”选项卡

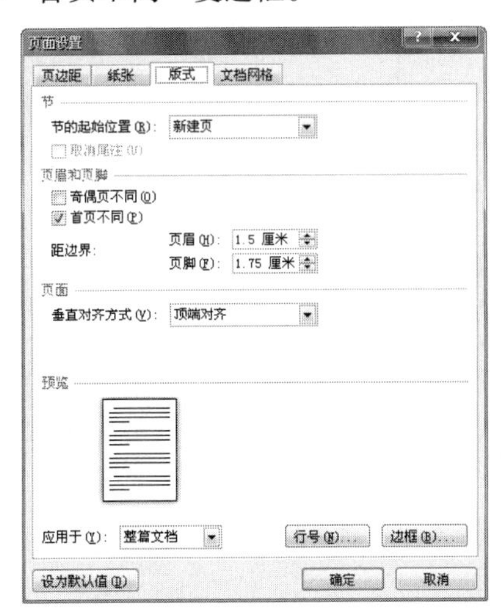

图 3-89　“版式”选项卡

步骤 2：插入分页符

按【Ctrl+Enter】组合键两次，插入两页空白页，插入效果如图 3-90 所示。

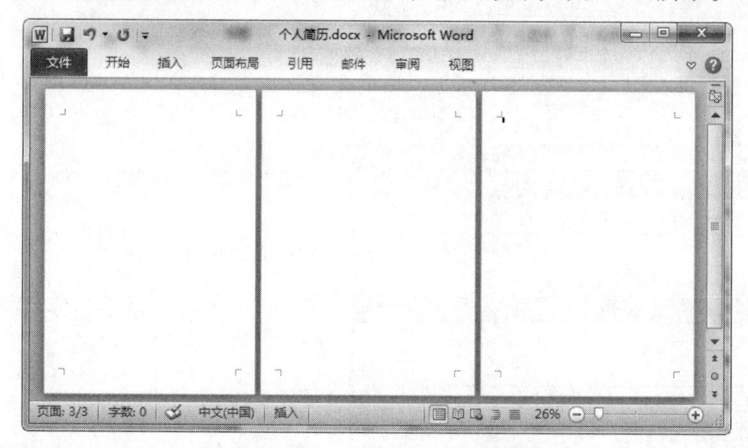

图 3-90　插入“分页符”页面效果

步骤 3：设置页面的图片水印

单击“页面布局”选项卡→“页面背景”组→“水印”按钮，打开如图 3-91 所示的“水印”下拉列表，单击“自定义水印”按钮，弹出图 3-92 所示的“水印”对话框，选择“图片水印”单选按钮，单击“选择图片”按钮，弹出图 3-93 所示的“插入图片”对话框，插入“水印.jpg”图片。“水印”设置页面效果如图 3-94 所示。

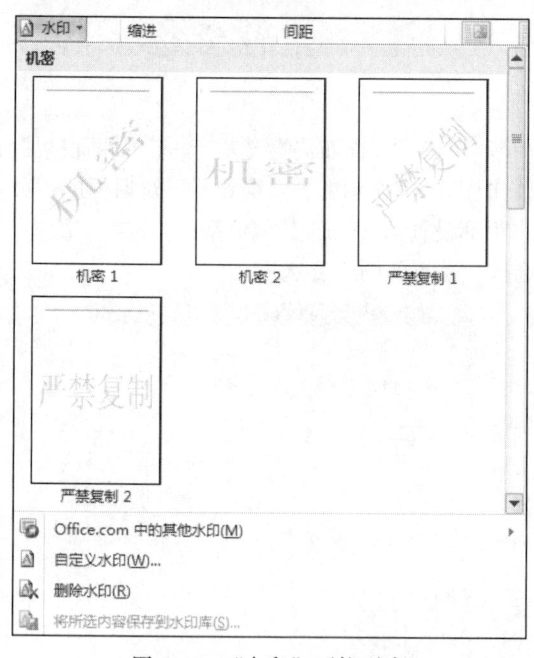

图 3-91　“水印”下拉列表

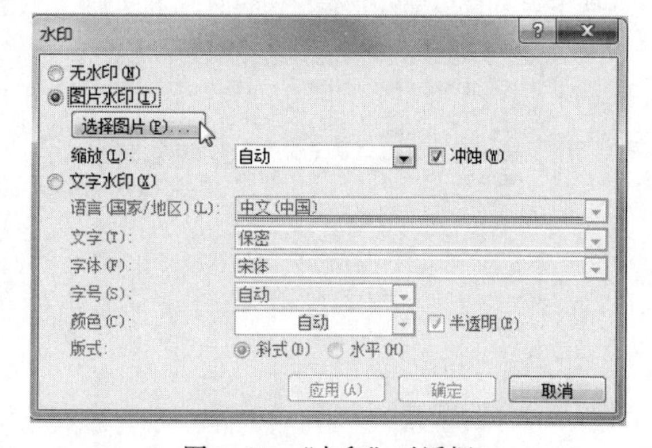

图 3-92　“水印”对话框

步骤 4：去除页眉区的下框线

光标定位在“第二页”的起始位置，单击“插入”选项卡→“页眉和页脚”组→“页眉”命令，打开的“页眉”下拉菜单选择“编辑页眉”命令，插入点定位在第二页的页眉位置，单击“页面布局”选项卡→“页面背景”组→“页面边框”命令，弹出“边框和底纹”对话框，选择“边框”选项卡。设置参数如图 3-95 所示。去除页眉边框线的效果如图 3-96 所示。

图 3-93 “插入图片”对话框

图 3-94 “图片水印”设置效果

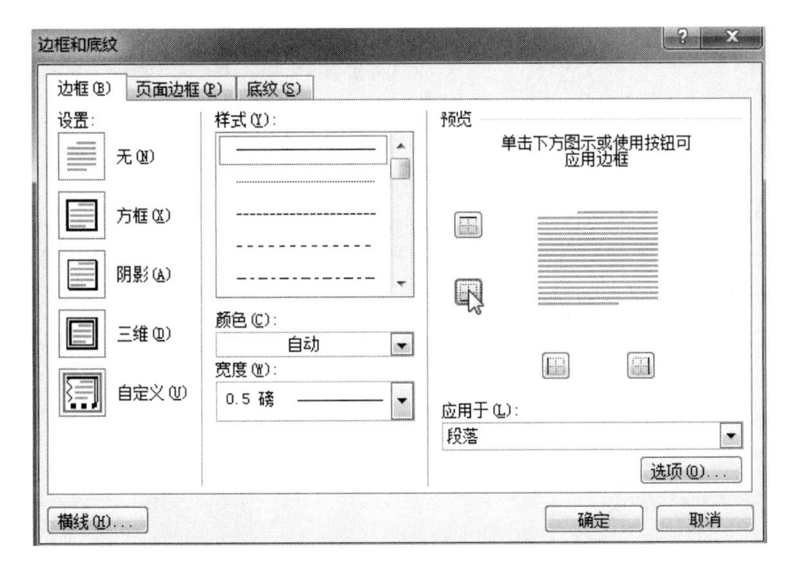

图 3-95 “边框和底纹”对话框参数设置

步骤 5：在页眉区插入艺术字

单击“插入”选项卡→“文本”组→“艺术字”下拉按钮，打开如图 3-97 所示的“艺术字”下拉列表，选择其中的任意一种艺术字效果。文档中将自动插入图 3-98 所示的含有默认文字“请在此放置您的文字”和所选样式的艺术字。在此位置输入用户需要的“艺术字文字内容”，如“您的选择与信任，我的能力与努力，成就我们共同的美好的明天”，字号大小设置为“小二”，执行与步骤 4 相同的过程，去除艺术字下方的边框线，输入的“艺术字”效果如图 3-99 所示。

步骤 6：设置艺术字图形格式

选择“艺术字”外框，单击“绘图工具|格式”工具卡→“大小”组，将外框宽度设置为 21 cm，高度设置为 2.5 cm。单击“绘图工具|格式”选项卡→“形状样式”组→“形状填充”命令，在打开的如图 3-100 所示的“形状填充”下拉列表中，选择“标准色”中的“浅蓝”色。

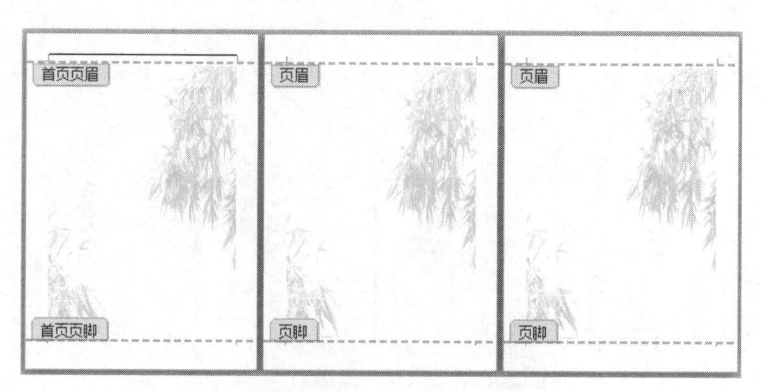

图 3-96　去除页眉边框线的效果

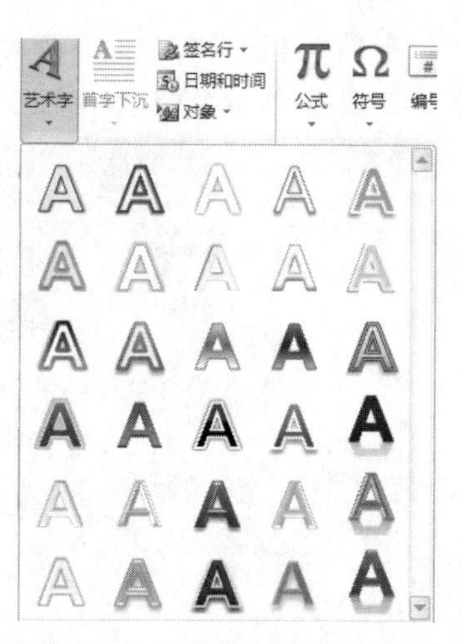

图 3-97　“艺术字”下拉列表

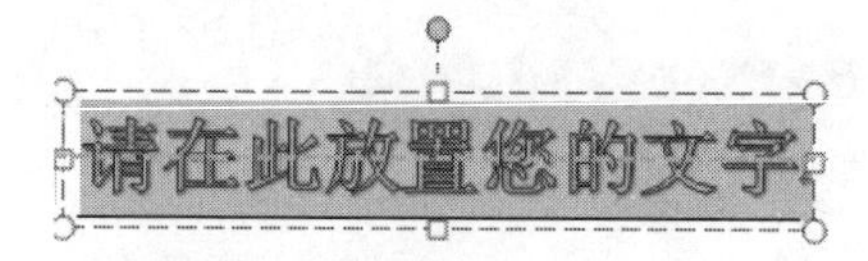

图 3-98　“输入艺术字”区域

图 3-99　输入“艺术字”效果

步骤 7：设置艺术字文本格式

单击“绘图工具|格式”选项卡→“艺术字样式”组→“文本填充”下拉按钮，打开图 3-101 所示的“文本填充”下拉列表，选择“标准色”中的“深蓝”色。单击“绘图工具|格式”选项卡→“艺术字样式”组→“文本轮廓”下拉按钮，打开图 3-102 所示的“文本轮廓”下拉列表，选择“无轮廓”选项。单击“绘图工具|格式”选项卡→“艺术字样式”组→“文本效果”下拉按钮，打开图 3-103 所示的“文字效果”下拉列表，选择“转换”→“朝鲜鼓”选项。利用方向键移动“艺术字”外框，使其完全覆盖页眉区，页眉设置效果如图 3-104 所示。

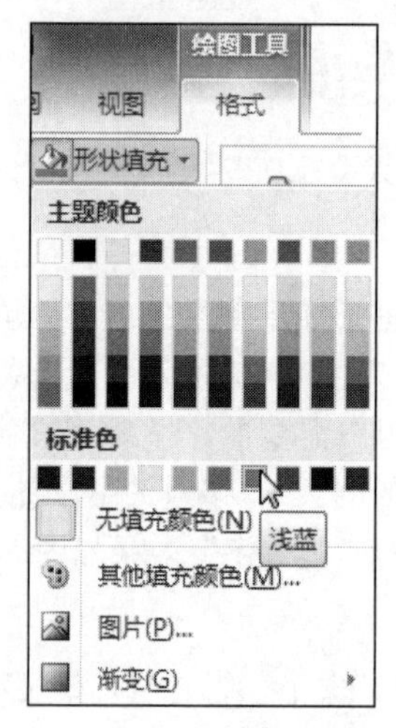

图 3-100　“形状填充”下拉菜单

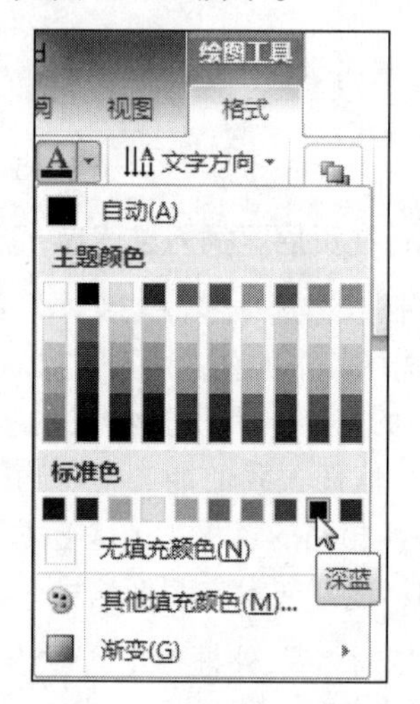

图 3-101　“文本填充”下拉菜单

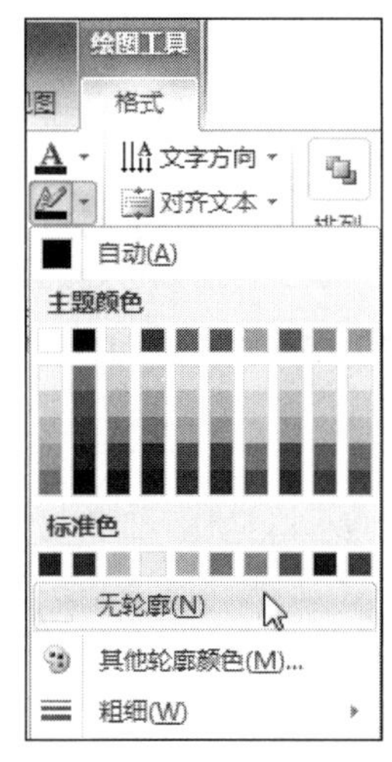

图 3-102　“文本轮廓”下拉菜单

图 3-103　设置艺术字“文本效果”

图 3-104　页眉设置效果

步骤 8：在页脚区插入三角形形状

切换到“页眉和页脚工具|设计”选项卡，单击“页眉和页脚工具|设计”选项卡→“导航”组→“转至页脚”按钮，插入点定位在页脚位置。单击“插入”选项卡→“插图”组→“形状”下拉按钮，打开图 3-105 所示的“形状”下拉列表，选择“基本形状”组中的“直角三角形”按钮◺，按住鼠标左键拖动，在页脚左下角位置绘制一个如图 3-106 所示的“直角三角形”形状。将绘制的三角形“形状填充”颜色设置为“浅蓝”色，“形状轮廓”设置为“无轮廓”。

步骤 9：复制三角形并修改其位置与形状

先按【Ctrl+C】组合键，再按【Ctrl+V】组合键生成三角形副本，拖动左侧中间控制点到右侧，翻转副本三角形形状并适当移动位置，页脚区设置效果如图 3-107 所示。

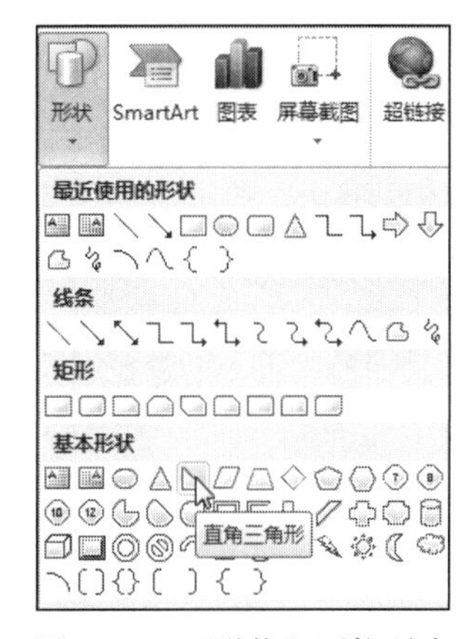

图 3-105　“形状”下拉列表

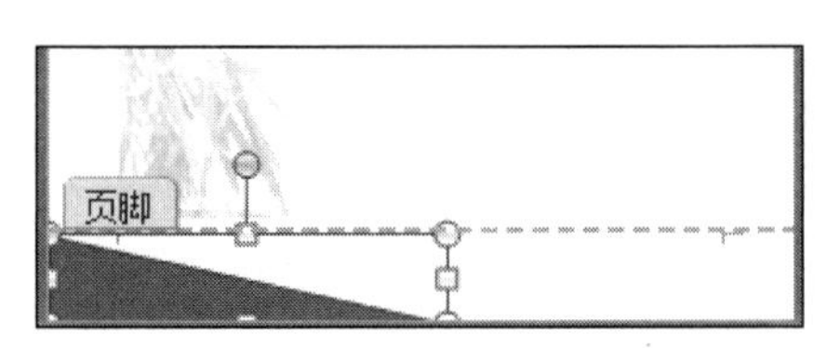

图 3-106　“三角形”形状绘制效果

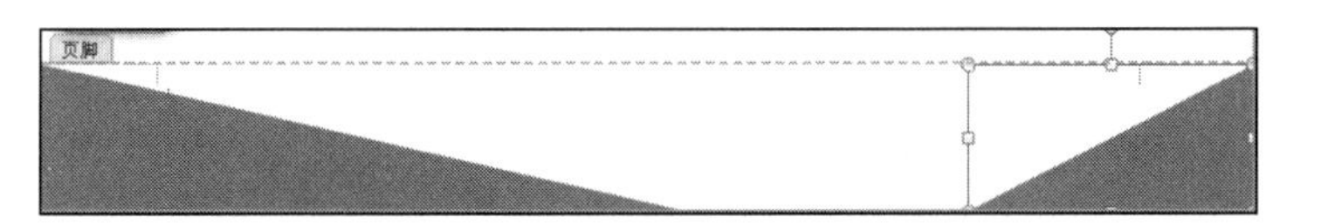

图 3-107　“页脚”设置效果

步骤 10：修改水印图片

选择“图片水印”，拖动图片周围的控缺点，改变图片的大小使之与页面一样大。选择首页的水印图片，按【Delete】键，删除首页水印图片。单击“书页眉和页脚工具|设计”选项卡 → “关闭”组→ “关闭页眉和页脚”按钮，关闭页眉页脚的编辑状态。页面设置效果如图 3-108 所示。

> **操作技巧**：“文字水印”或“图片水印”需要在页眉和页脚的编辑状态下，才可以选择并编辑水印。

图 3-108 页面设置效果

步骤 11：输入自荐信内容

插入点定位在第二页的起始位置，输入如图 3-109 所示的自荐信内容。

您的选择与信任，我的能力与努力，成就我们共同美好的明天

自荐信

尊敬的各位领导：

您好！

当您翻开这一页的时候，您已经为我打开了通往机遇与成功的第一扇大门。非常感谢您在百忙之中抽空阅读我的个人求职应聘信，并且庆幸自己能参加贵单位的这次应聘。

我叫 xxx，我是一名即将毕业于黑龙江农业经济职业学院的学生，所学专业是计算机软件技术专业。在校期间，我学到了扎实的专业知识并取得了良好的成绩，严谨的学风和端正的学习态度塑造了我朴实、稳重、团结、进取和创新的特点。我所学的专业知识与贵公司的岗位要求基本吻合，若有幸加盟，我会以饱满的热情和坚韧的性格勤奋工作，与同事精诚合作，为贵单位的发展尽自己的绵薄之力！

“长风破浪会有时，直挂云帆济沧海”，希望贵公司能给我一个发展的平台，我会好好珍惜它，并全力以赴，为实现自己的人生价值而奋斗，为贵公司的发展贡献力量。

此致

敬礼!

自荐人：XXX

2013 年 7 月

图 3-109 输入“自荐信”文字内容

步骤 12：自荐信全文内容的字符与段落格式设置

选择“自荐信”文档所有文字内容，设置所选文字“字号”为“四号”，“字体”为“宋体”，段落行距为“1.5 倍行距”。

步骤 13：“自荐信”标题文字内容的字符与段落格式设置

选择“自荐信”标题文字内容，设置字号为“一号”，字形“加粗”，段落对齐方式为“居中”显示，设置效果如图 3-110 所示。

步骤 14：“称呼”标题文字内容的字符与段落格式设置

设置正文内容第一行的称呼的字形为“加粗”；第二行的问候语为“加粗”，首行缩进两字符。设置效果如图 3-111 所示。

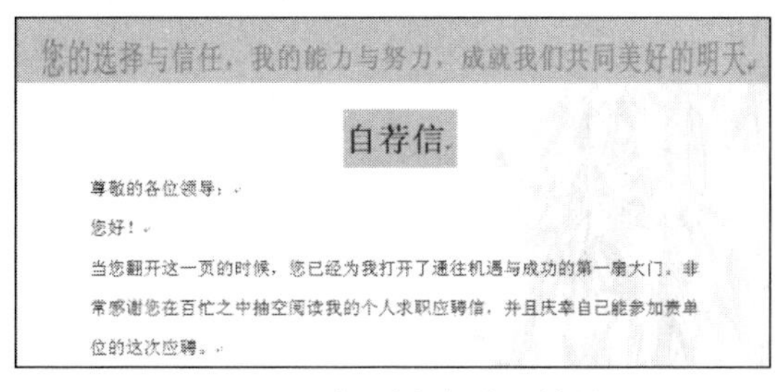

图 3-110 标题文字设置效果

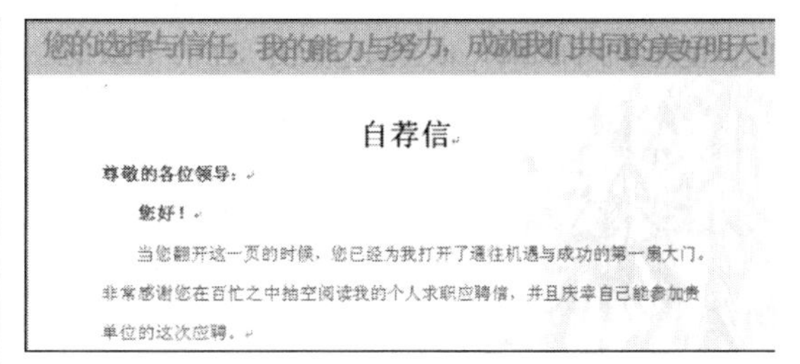

图 3-111 “称呼和问候语”格式设置效果

步骤 15：其他文字内容的字符与段落格式设置

将自荐信末尾的签名和日期设置为“右对齐”。选择正文第三行文字到“此致”文字内容，设置首行缩进 2 字符。“自荐信”页面设置效果如图 3-86 所示。

子任务 2 简历封面制作

步骤 1：设置首页背景色

将光标定位到“首页”起始位置，单击“页面布局”选项卡→“页面背景”组→“页面颜色”下拉按钮，打开图 3-112 所示的下拉列表框，选择“标准色”中的“浅蓝”色。设置效果如图 3-113 所示。

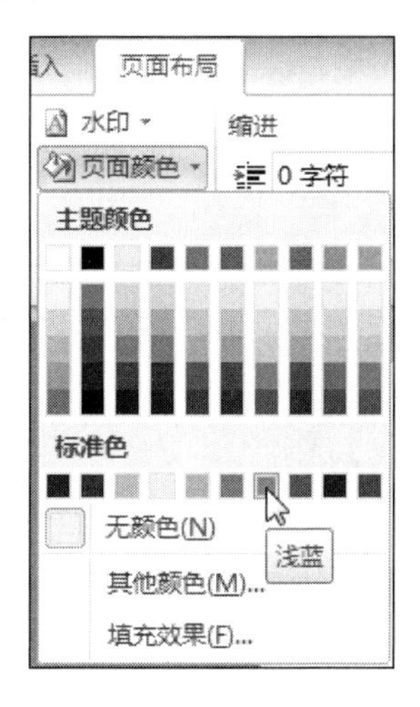

图 3-112 “页面颜色”下拉列表

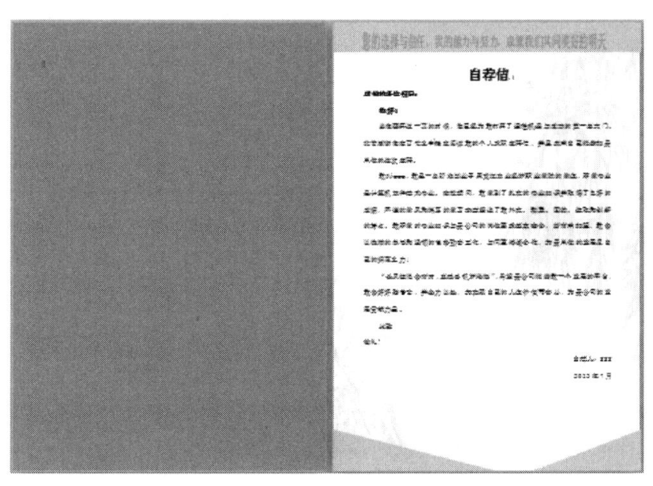

图 3-113 “页面颜色”设置效果

步骤 2：绘制并编辑白色矩形形状

单击“插入”选项卡→“插图”组→“形状”下拉按钮，打开图 3-114 所示的“形状”下拉列表框，选择“矩形”组中的“矩形”按钮，按住鼠标左键拖动，绘制一个矩形形状。选择“矩形”形状，单击“绘图工具|格式”选项卡→“形状样式”组→“形状填充”下拉按钮，在“形状填充”下拉列表中，选择“标准色”组中的“白色”。单击“绘图工具|格式”选项卡→“形状样式”组→“形状轮廓”下拉按钮，在打开“形状轮廓”下拉列表框中，选择“无轮廓”选项，去除矩形边框线。单击“绘图工具|格式”选项卡→“大小”组，将“形状高度”设置为 5 cm，“形状宽度”值设置为 21 cm。“矩形”形状绘制与编辑效果如图 3-115 所示。

步骤 3：绘制并编辑矩形上下方的白色直线

单击“插入”选项卡→“插图”组→“形状”下拉按钮，在“形状”下拉列表框中选择“线条”组中的“直线”命令，在“白色矩形形状”上方绘制一条与页面等宽的水平直线。在“形状轮廓”下拉列表框的“主题颜色”中选择“白色”。在“形状轮廓”下拉列表框中选择“粗细”选项，在打开的“粗细”列表中选择“4.5 磅”，直线设置效果如图 3-116 所示。按住【Ctrl】键，复制并移动水平直线到白色矩形框下方，效果如图 3-117 所示。

步骤 4：绘制并编辑垂直方向的直线

单击“插入”选项卡→“插图”组→“形状”下拉按钮，在“形状”下拉列表框中，选择“线条”组中的“直线”按钮，绘制一条垂直直线。将垂直直线的颜色设置为浅蓝色，“粗细”设置为 8 磅，“粗细”设置过程如图 3-118 所示。直线绘制位置及效果如图 3-119 所示。复制垂直直线，拖动“副本”直线与“原来直线”相连接，改变“副本”直线颜色为“白色”，调整直线高度，调整效果如图 3-120 所示。

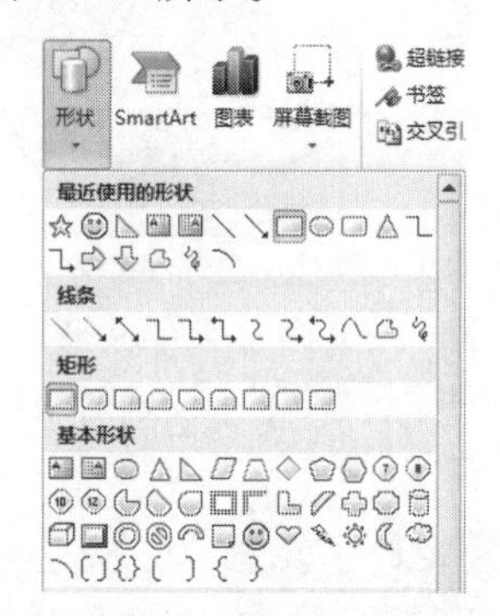

图 3-114 “形状”下拉列表框

图 3-115 “矩形”绘制与编辑效果

图 3-116 “直线”绘制与编辑效果

图 3-117 “移动复制”效果

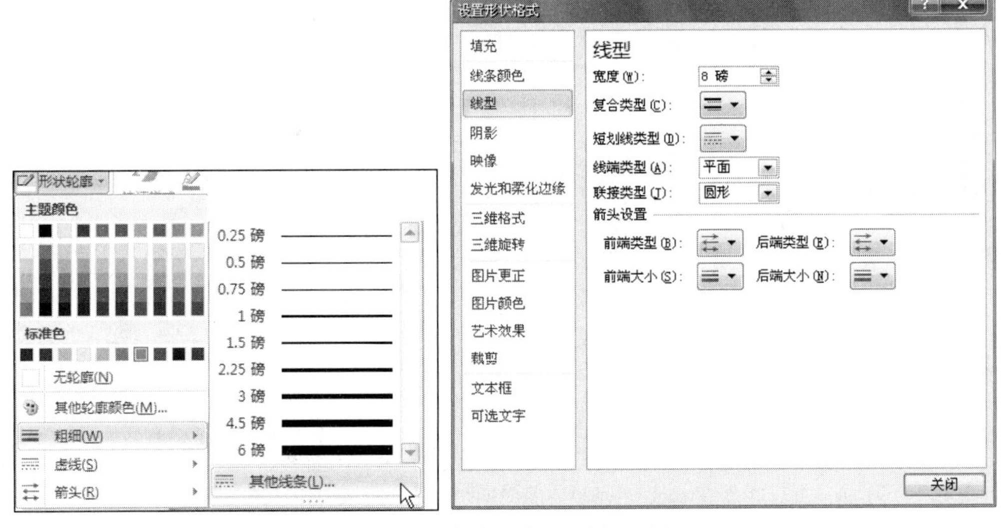

图 3-118　直线“线型”设置过程

步骤 5：绘制并编辑椭圆

单击“插入”选项卡→“插图”组→“形状”下拉按钮，在打开的“形状”下拉列表框中，选择“基本形状”组中的“椭圆”按钮⬭，绘制一个如图 3-121 所示的椭圆。选中椭圆，在“形状轮廓”下拉列表框的“主题颜色”组中选择“黑色”。在“形状轮廓”下拉列表框中选择“粗细”选项，将“粗细”值设置为 1.5 磅。

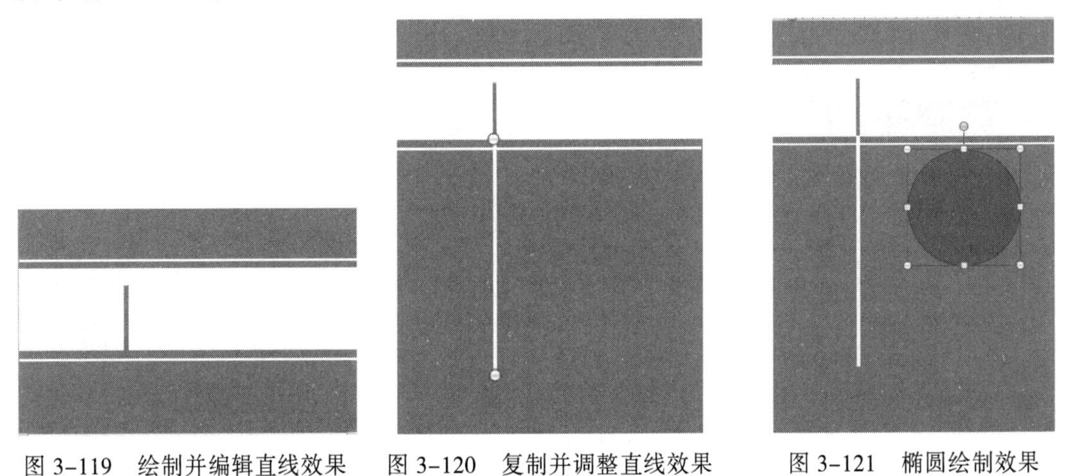

图 3-119　绘制并编辑直线效果　图 3-120　复制并调整直线效果　图 3-121　椭圆绘制效果

步骤 6：用图片填充椭圆

单击“绘图工具|格式”选项卡→“形状样式”组→“形状填充”下拉按钮，打开图 3-122 所示的“形状填充”下拉列表框，选择“图片”选项，弹出“插入图片”对话框，选择要插入的人物图片，单击“插入”按钮，填充效果如图 3-123 所示。

步骤 7：绘制页面右下角的斜线

单击“插入”选项卡→“插图”组→“形状”下拉按钮，在“形状”下拉列表框中选择“线条”组中的“直线”，绘制一条斜线，将斜线的“形状轮廓”颜色设置为蓝色，“粗细”设置为 4.5 磅，斜线绘制及编辑效果如图 3-124 所示。

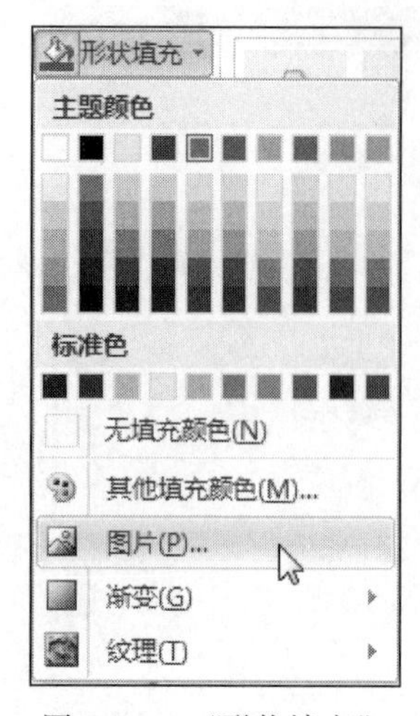

图 3-122 “形状填充”下拉列表框

图 3-123 图片填充椭圆形状效果

图 3-124 斜线绘制及编辑效果

步骤 8：斜线的复制与组合

按住【Ctrl】键向下拖动斜线，生成并移动斜线副本，将“斜线副本”的“形状轮廓”颜色设置为白色，设置效果如图 3-125 所示。按住【Ctrl】键，依次单击选择两条斜线，在选择的斜线上右击，弹出如图 3-126 所示的快捷菜单，选择“组合”子菜单中的“组合”命令，将两条斜线组合。按住【Ctrl】键，多次复制并移动直线，移动复制效果如图 3-127 所示。按住【Ctrl】键，选择所有斜线，单击“绘图工具|格式”选项卡→“排列”组→“组合”下拉按钮→“组合”按钮，将选择的多个对象组合成一个对象。

图 3-125 斜线副本编辑效果

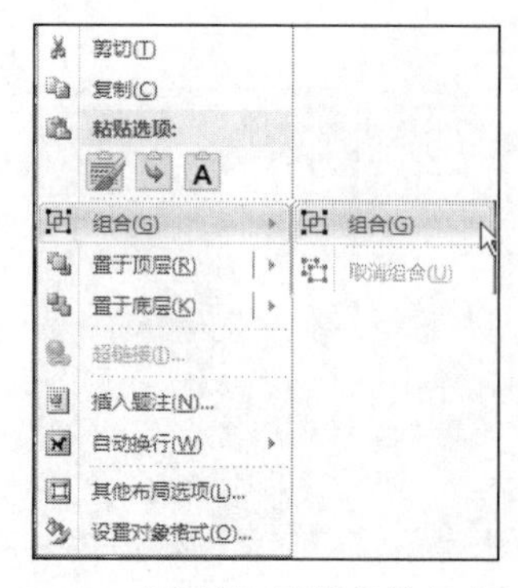

图 3-126 “右键”快捷菜单组合过程

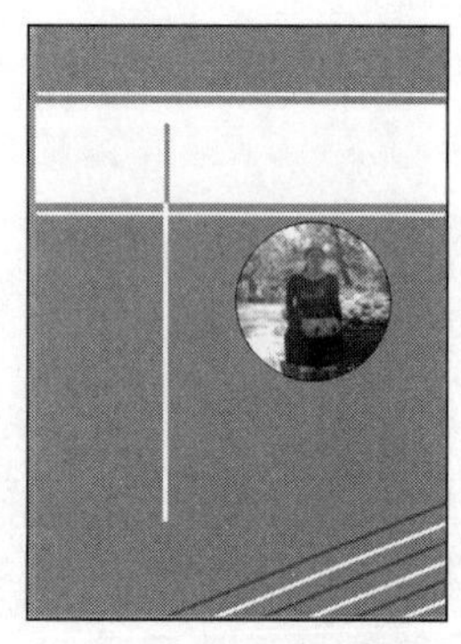
图 3-127 斜线制作效果

步骤 9：“个人简历”艺术字的插入与字号编辑

单击“插入”选项卡→“文本”组→“艺术字”下拉按钮，在“艺术字”下拉列表框中选择任意一种艺术字效果。在页面中出现“请在此处放置您的文字”字样位置处输入“个人简历”。插入的“艺术字”效果如图 3-128 所示。选择“个人简历”艺术字，在文字上方出现浮动工具栏，在浮动工具栏中将字号设置为 72。浮动工具栏设置效果如图 3-129 所示。

步骤 10：“个人简历”艺术字文本效果设置

单击“绘图工具|格式”选项卡→“艺术字样式”组→“文本填充”下拉按钮，打开图 3-130

所示的“文本填充”下拉列表框，选择“标准色”中的“蓝色”。单击“绘图工具|格式”选项卡→“艺术字样式”组→“文本轮廓”下拉按钮，打开图 3-131 所示的“文本轮廓”下拉列表框，选择“主题颜色”中的白色，“粗细”设置为 1.5 磅，如图 3-132 所示。单击“绘图工具|格式”选项卡→“艺术字样式”组→“文字效果”下拉按钮，打开图 3-133 所示的“文字效果”下拉列表框，选择“阴影”中的外部组中的“向右偏移”选项。选择并移动艺术字，“个人简历”艺术字的位置与效果如图 3-134 所示。

步骤 11：“学院名称”艺术字插入与编辑

同理，插入“黑龙江农业经济职业学院” 艺术字；“字号”大小为 36；“文本填充”颜色为白色，“文本轮廓”颜色为蓝色，“文本轮廓”粗细为 1 磅，段落行行距为固定值 42 磅。“学院名称”艺术字位置及调整效果如图 3-135 所示。

步骤 12：插入文本框

单击“插入”选项卡→“文本”组→“文本框”下拉按钮，打开图 3-136 所示的“文本框”下拉列表框，选择“绘制文本框”选项，绘制如图 3-137 所示的文本框。

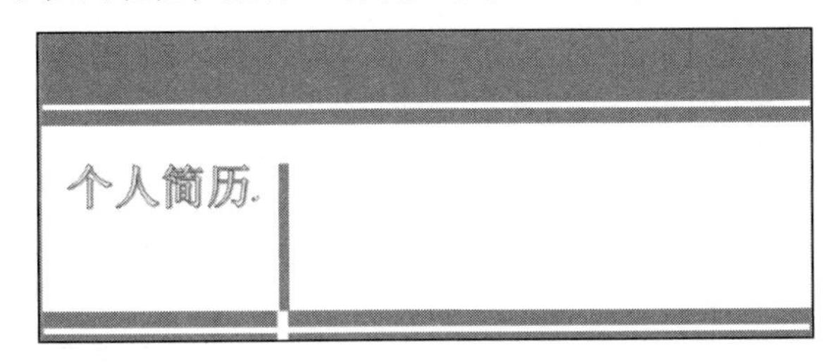

图 3-128　“艺术字”效果

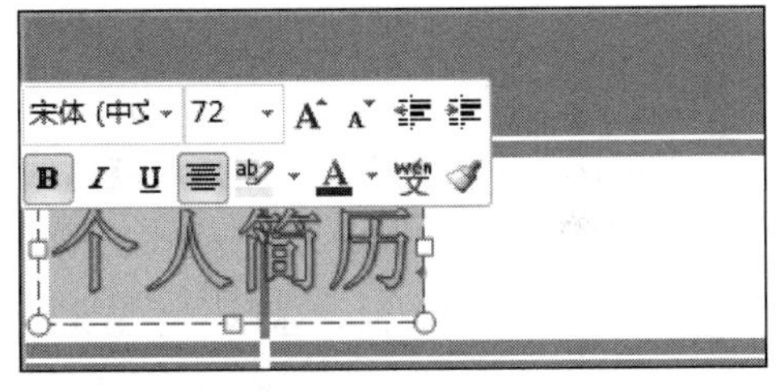

图 3-129　浮动工具栏设置效果

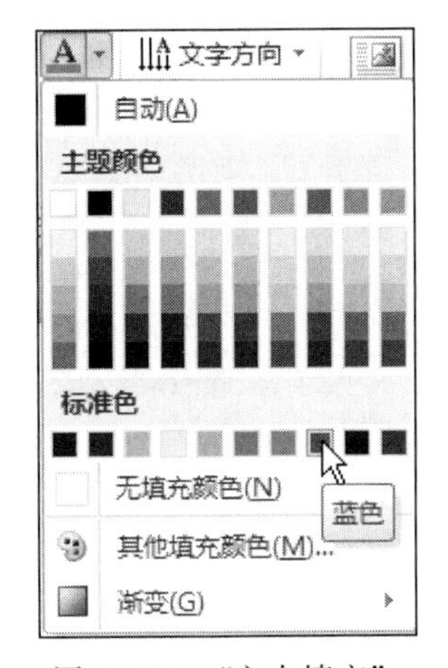

图 3-130　“文本填充”下拉列表框

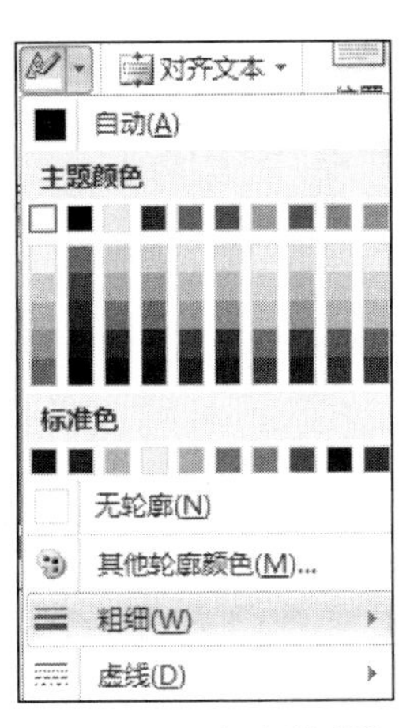

图 3-131　“文本轮廓”下拉列表框

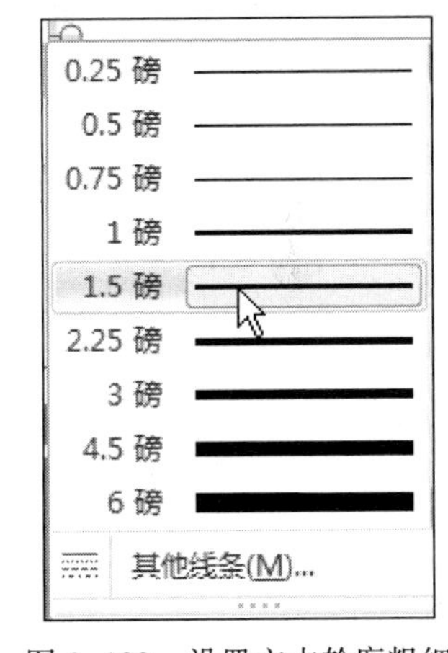

图 3-132　设置文本轮廓粗细

步骤 13：编辑文本框

选择文本框，在“形状填充”下拉列表框中选择“无填充颜色”。在 “形状轮廓”下拉列表框中选择“无轮廓”选项。在文本框中录入文字，选中“文字”，调整文字的“字体”为“楷体_GB2312”，字号为“一号”，字体颜色为“白色”，“行距”为“固定值：40 磅”，加粗。调整效果如图 3-138 所示。

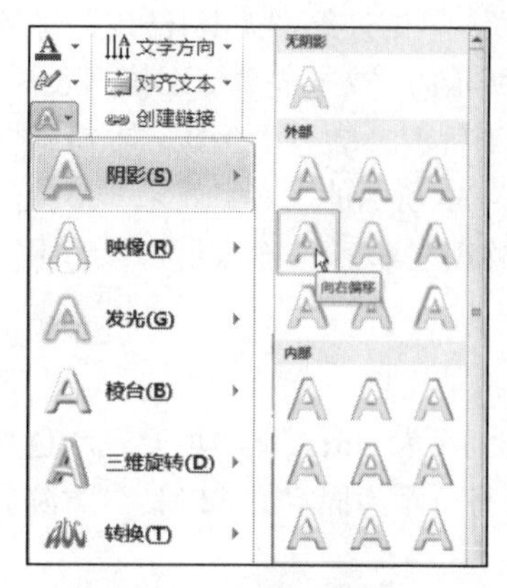

图 3-133 “文字效果”下拉列表框

图 3-134 “个人简历”艺术字设置效果

图 3-135 “学院名称”艺术字位置及效果

步骤 14：插入“标志”图片

单击“插入”选项卡→“插图”组→“图片”按钮，弹出“插入图片”对话框，选择要插入的“标志.jpg”图片，单击“插入”命令按钮。插入效果如图 3-139 所示。

步骤 15：设置“标志”图片环绕方式

单击“图片工具|格式”选项卡→“排列”组→“自动换行”下拉按钮，打开图 3-140 所示的“自动换行”下拉列表框，选择“浮于文字上方”选项。

图 3-136 “文本框”下拉列表框

图 3-137 “文本框”绘制效果

步骤 16：调整“标志”图片大小

选择“标志”图片，在图片周围出现控制手柄，将鼠标指针放在任意一个白色控制点上，鼠标指针变成“双向箭头”形状时拖动，改变图像的大小。将鼠标指针放在控制框内部，拖动鼠标左键移动图片到合适位置，设置效果如图 3-141 所示。

图 3-138 文字录入与调整效果

图 3-139 图片插入效果

图 3-140 “自动换行”下拉列表框

图 3-141 “标志图片”调整效果

步骤 17：插入“竹子”图片

单击“插入”选项卡→“插图”组→“图片”按钮，弹出“插入图片”对话框，选择“绿竹.jpg”图片，单击“插入”按钮，插入“绿竹”图片。

步骤 18：设置“竹子”图片的位置与自动换行

单击“图片工具|格式”选项卡→“排列”组→“位置”下拉按钮，打开如图 3-142 所示的“位置”下拉列表框，选择其中的“底端居左，四周文字环绕”选项。单击“图片工具|格式”选项卡→“排列”组→“自动换行”下拉按钮，在“自动换行”下拉列表框中选择基中的“浮于文字下方”选项。

步骤 19：旋转并调整“竹子”图片大小

选择“竹子”图片，在图片周围出现控制手柄，将鼠标指针放在任意一个白色控制点上，鼠标指针变成“双向箭头”形状时拖动，可以改变图像的大小。放在绿色控制点上，拖动鼠标可以旋转图片，改变图片的角度。“竹子”图片调整效果如图 3-143 所示。取消图片的选择，封面设计结束。

图 3-142 “位置”下拉列表框

图 3-143 竹子图片调整效果

子任务 3 个人简历表制作

步骤 1：插入一个 5 列 17 行的表格

将光标定位在第三页起始位置，单击“插入”选项卡→“表格”组→“表格”下拉按钮，打开图 3-144 所示的“表格”下拉列表框，选择“插入表格”选项，弹出图 3-145 所示的“插入表格”对话框，设置列数为“5”，行数为“17”，单击“确定”按钮，表格插入效果如图 3-146 所示。

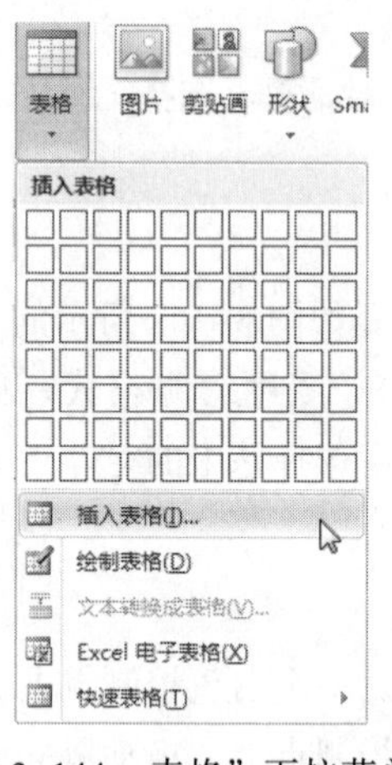

图 3-144 表格”下拉菜单

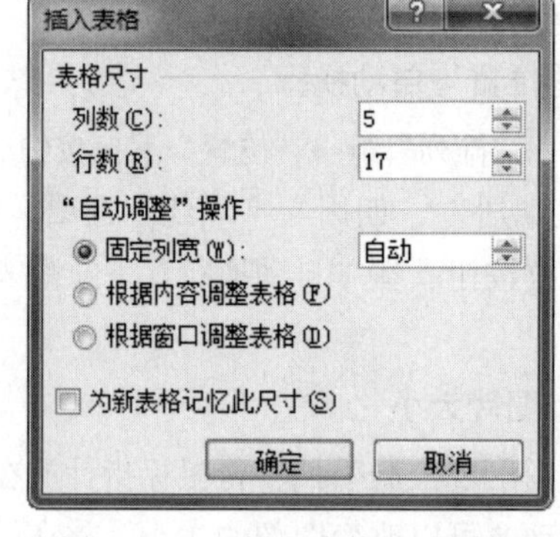

图 3-145 “插入表格”对话框

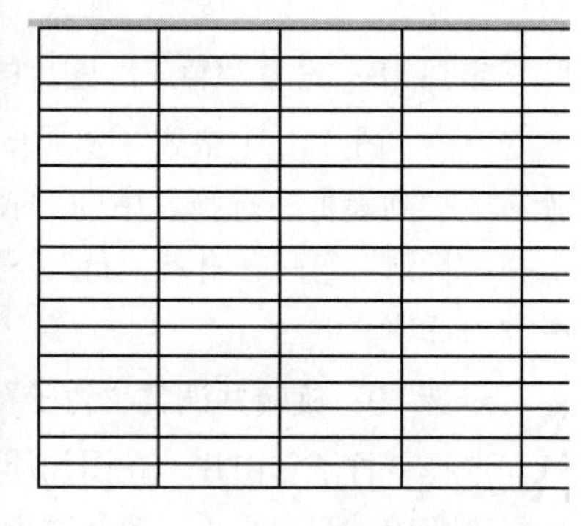
图 3-146 表格插入效果

步骤 2：选择并合并第 1 行

将鼠标指针移动到第 1 行的左边界，光标变为白色箭头形状时单击，即可选择每一行，如图 3-147 所示，单击“表格工具|布局”选项卡→“合并”组→“合并单元格”按钮，将第 1 行单元格合并成一个单元格，合并效果如图 3-148 所示。

操作技巧：将光标定位到要选定的行的任意一个单元格中，单击“表格工具|布局”选项卡→“表”组→“选择”下拉按钮，在如图 3-149 所示的下拉列表框中选择相应命令，也可完成行、列、表格的选择操作。

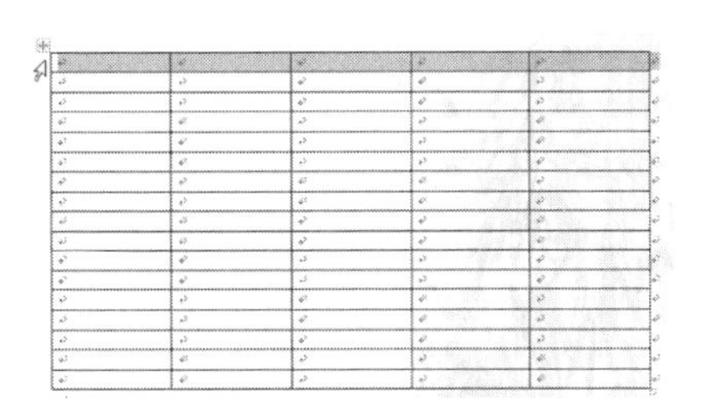

图 3-147　第 1 行选择效果

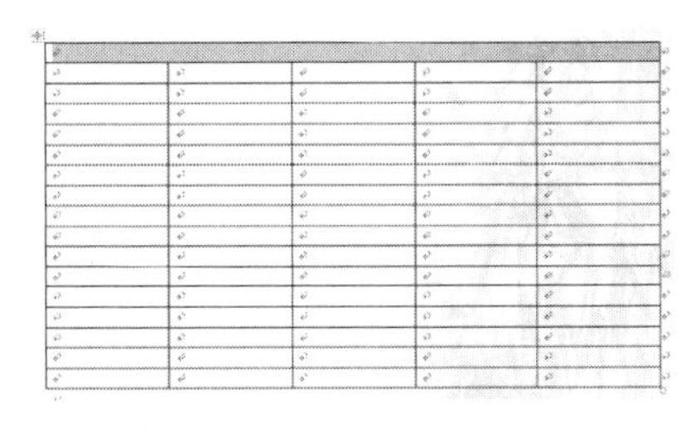

图 3-148　第一行合并效果

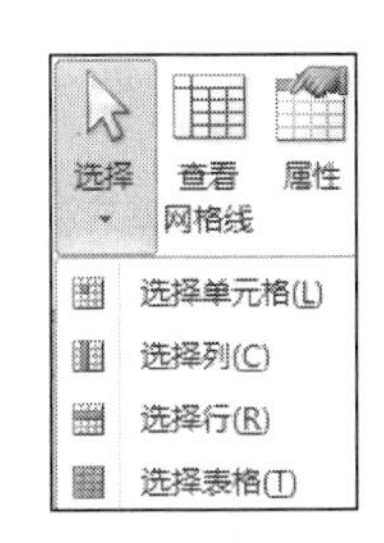

图 3-149　“选择”下拉列表框

步骤 3：合并第 2 行及第 3 行到第 6 行的第 5 列

同步骤 2，选择第 2 行并将第 2 行单元格合并成一个单元格，合并效果如图 3-150 所示。选择第 3 行到第 6 行之间的第 5 列单元格，并将其合并成一个单元格，合并效果如图 3-151 所示。

步骤 4：合并后再拆分第 7 行

选择第 7 行第 2 列到第 5 列之间的单元格，并将其合并成一个单元格，合并效果如图 3-152 所示，单击“表格工具|布局”选项卡→“合并”组→“拆分单元格”按钮，弹出如图 3-153 所示的“拆分单元格”对话框，将合并后的单元格重新拆分成 3 列，拆分效果如图 3-154 所示。

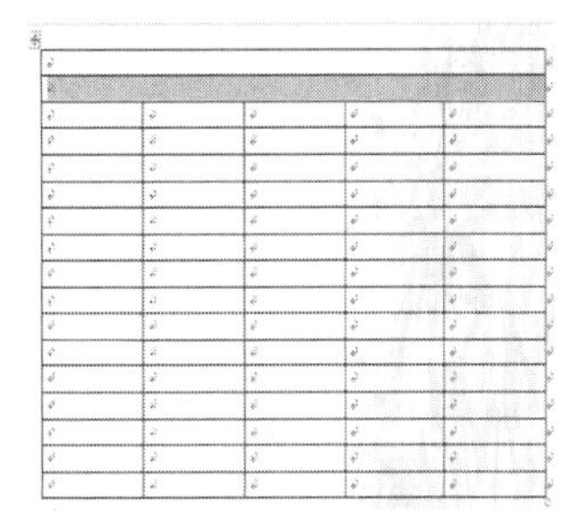

图 3-150　第 2 行选择并合并效果

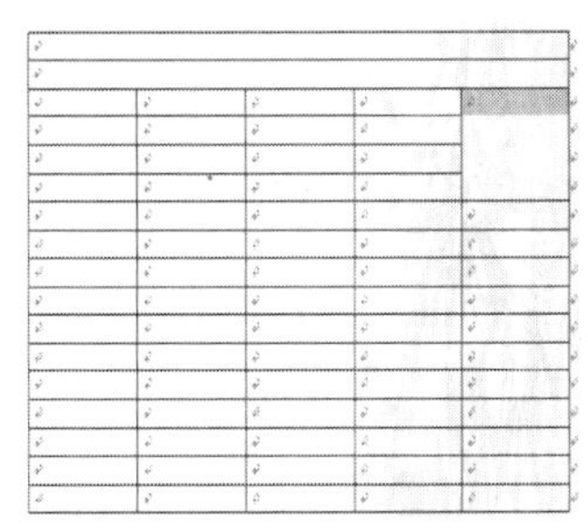

图 3-151　第 5 列合并效果

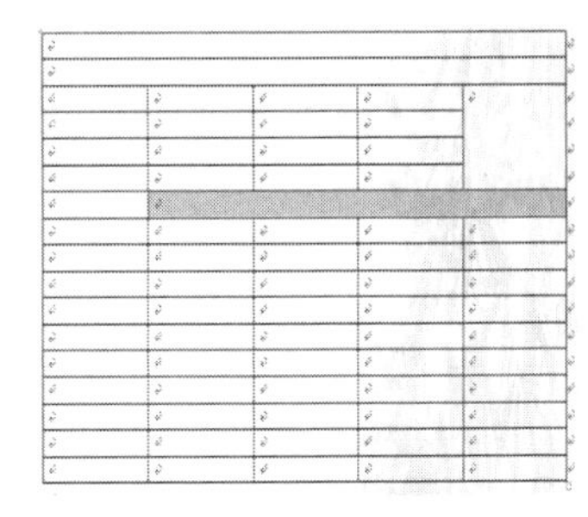

图 3-152　第 7 行合并效果

步骤 5：利用“绘图边框”组合并后再拆分第 8 行

单击“表格工具|设计”选项卡→“绘图边框”组→“擦除”按钮，在第 8 行中的第 2 列与第 3 列之间的边框线上单击，然后在第 4 列与第 5 列之间的边框线上单击，擦除边框线，擦除效果如图 3-155 所示。单击“表格工具|设计”选项卡→“绘图边框”组→“绘制表格”按钮，在第 8 行中的第 3 列沿着上行边框线位置拖动，绘制边框线，绘制效果如图 3-156 所示。

步骤 6：其他行的合并与拆分

同理，分别将第 9、12、14、16、17 行中的每一行的多列都合并成一个单元格。将第 10 行中的第 3 列到第 5 列先合并后再拆分成 6 列。分别将第 11、13 行的第 1 列，拆分成 2 列，再分别将第 11、13 行中的第 2 列到第 6 列合并成一个单元格，将第 15 行先合并成一个单元格再拆分成 10 列，最后的合并效果如图 3-157 所示。

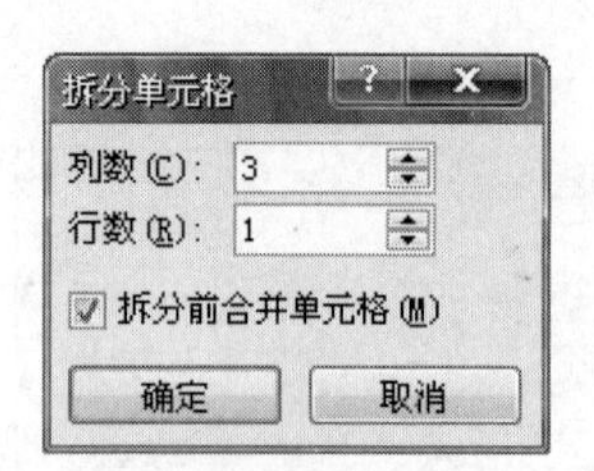

图 3-153 “拆分单元格”对话框

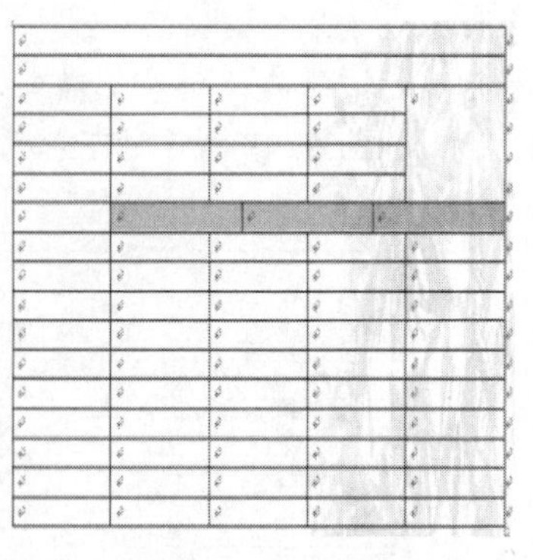

图 3-154 第 7 行“拆分”效果

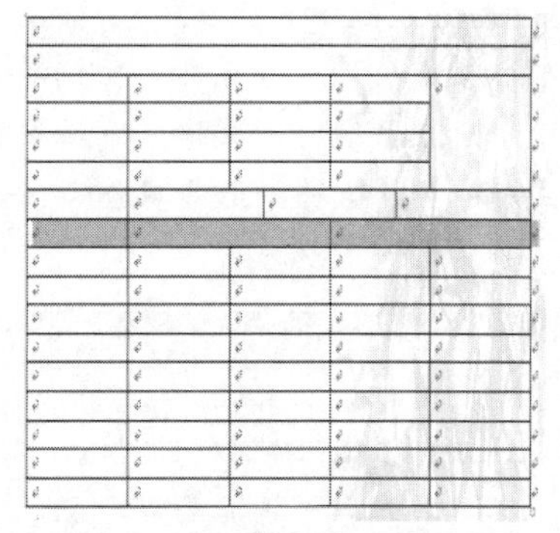

图 3-155 “橡皮擦”擦除第八行效果

步骤 7：设置第 1 行行高

选择第 1 行，单击“表格工具|布局”选项卡→“单元格大小”组→“高度”按钮，将行高值设置为 2 厘米，设置效果如图 3-158 所示。

操作技巧：利用鼠标左键在分隔线上拖动的方法，将鼠标指针移动到第 1 行与第 2 行之间的分隔线上，鼠标指针变为“双向箭头”形状时，按住鼠标左键拖动，可以改变行高。如果按住【Alt】键的同时拖动，可以精确地调整行高或列宽。

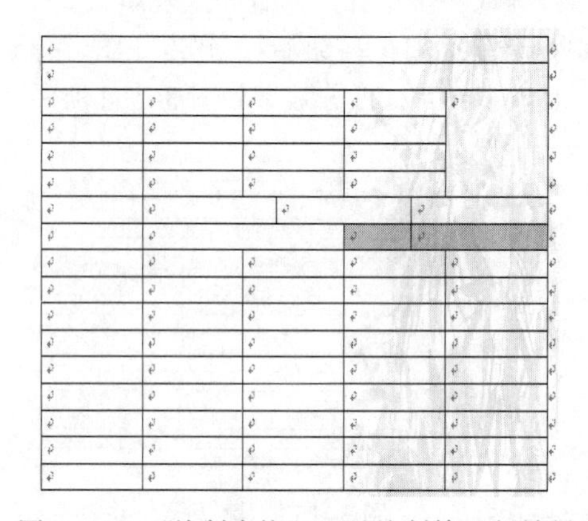

图 3-156 “绘制表格”工具绘制第 8 行效果

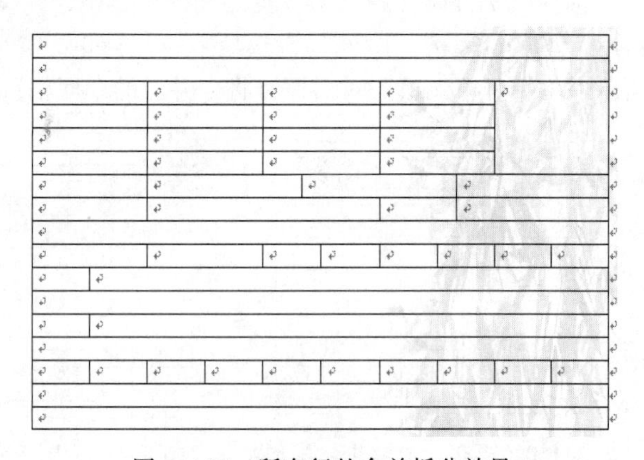

图 3-157 所有行的合并拆分效果

操作技巧：平均分布各行和各列，在“表格工具|布局”选项卡“单元格大小”组→“分布行”按钮，可以将所选表格的各行平均分布。单击“分布列”按钮，可以将所选表格的各列平均分布。

步骤 8：设置第 2 行到第 9 行的行高

选择第 2 行到第 9 行，单击“表格工具|布局”选项卡→“单元格大小”组→“高度”按钮，在弹出的对话框中将行高值设置为 1 cm，选择与设置效果如图 3-159 所示。

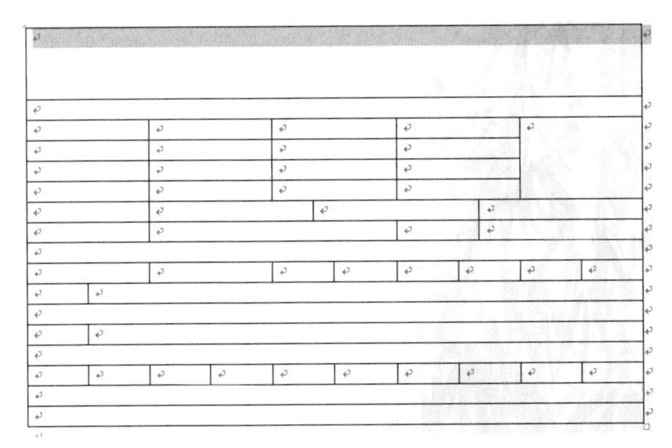

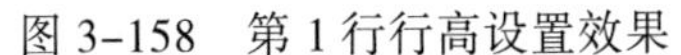
图 3-158　第 1 行行高设置效果

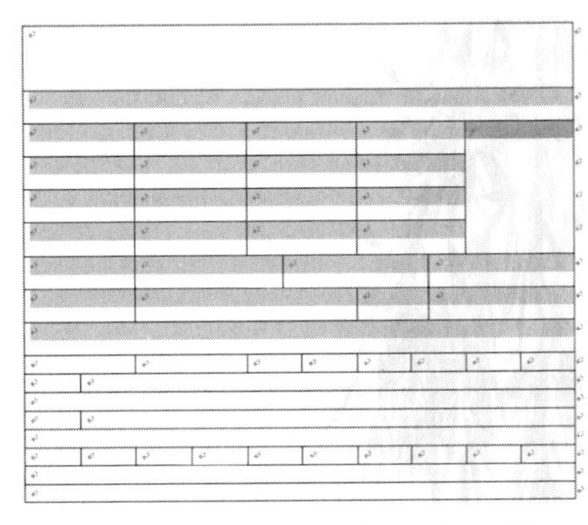

图 3-159　第 2 行到 9 行行高设置效果

步骤 9：设置其他行的行高

按住【Ctrl】键，同时选中第 10、15 行，单击“表格工具|布局”选项卡→“单元格大小”组→对话框启动器按钮，弹出图 3-160 所示的“表格属性”对话框，选择“行”选项卡，在“尺寸”区域中选择“指定高度”复选框，设置值为 1.5 cm，设置效果如图 3-161 所示。同理，选中第 11、13、17 行，设置行高为 2.5 cm，设置效果如图 3-162 所示，选中第 12、14、16 行，指定行高为 1 cm，设置效果如图 3-163 所示。

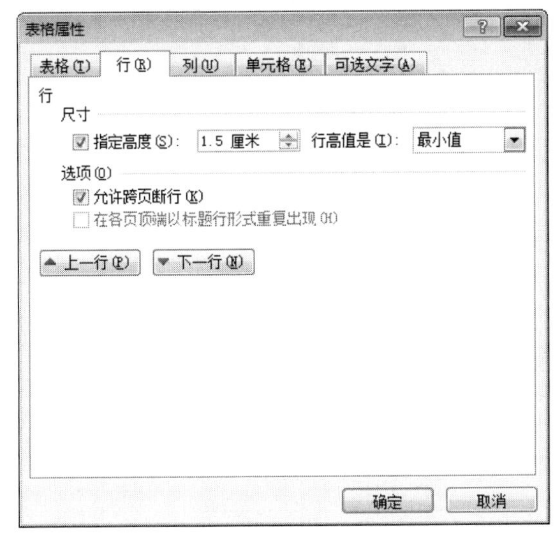

图 3-160　“表格属性”对话框

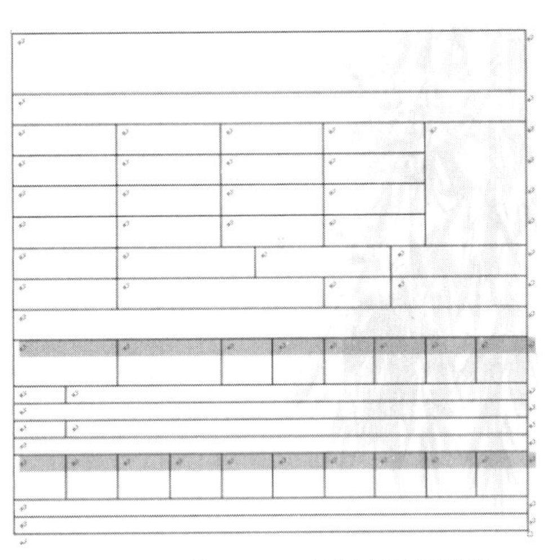

图 3-161　第 10、15 行行高设置效果

步骤 10：设置底纹

选择第 1 行，单击“表格工具|设计”选项卡→“表格样式”组→“边框”下拉按钮，在打开的如图 3-164 所示的“边框”下拉列表框中，选择“边框和底纹”选项，弹出“边框和底纹”对话框，切换到“底纹”选项卡，参数设置如图 3-165 所示，设置效果如图 3-166 所示。按住【Ctrl】键，选择第 2、9、12、14、16 行，单击“表格工具|设计”选项卡→“表格样式”组→“底纹”下拉按钮，在打开的“底纹”下拉列表框中选择“浅灰色”，设置效果如图 3-167 所示。

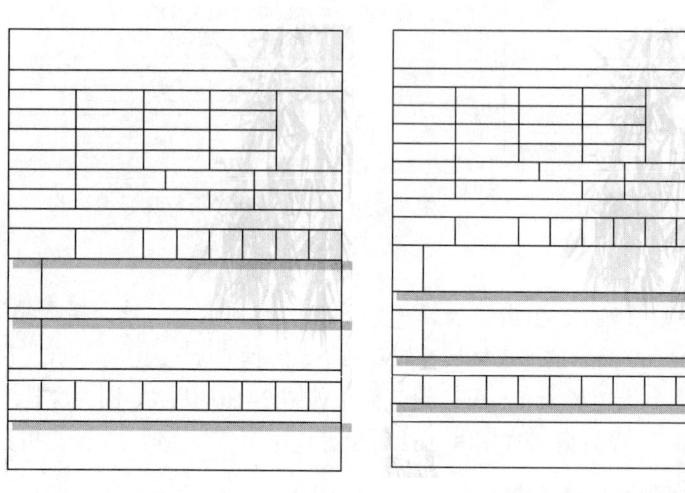

图 3-162 第 11、13、17 行高设置效果

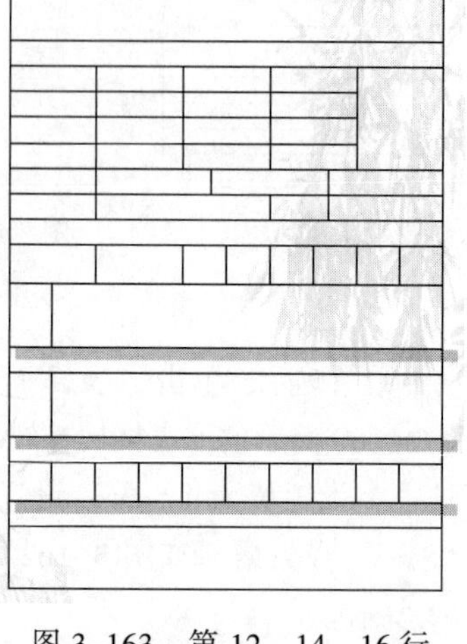

图 3-163 第 12、14、16 行高设置效果

图 3-164 “边框”下拉列表框

步骤 11：设置内边框

单击表格左上角的“选择表格”标记选择整个表格。单击“表格工具|设计”选项卡→“绘图边框”组→“笔颜色”下拉按钮，打开图 3-168 所示的“笔颜色”下拉列表框，选择“浅蓝”色；在如图 3-169 所示的“笔样式”下拉列表框中选择“细实线”。在如图 3-170 所示的“笔画粗细”下拉列表框中选择 1 磅。单击“表格工具|设计”选项卡→“表格样式”组→“边框”下拉按钮，在如图 3-171 所示的“边框”下拉列表框中选择“内部框线”。

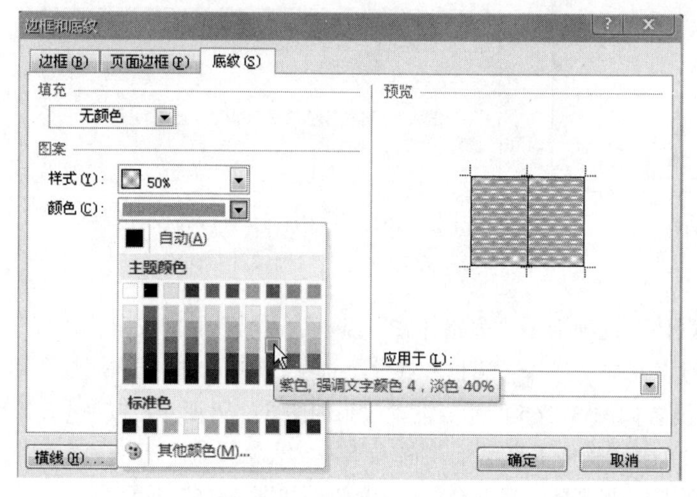

图 3-165 “底纹”选项卡

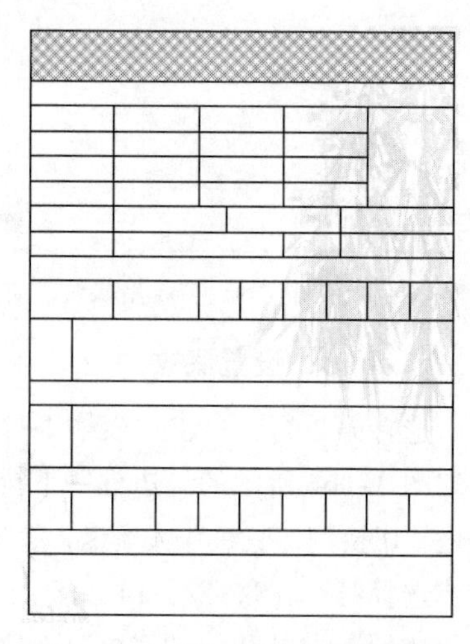

图 3-166 第 1 行底纹设置效果

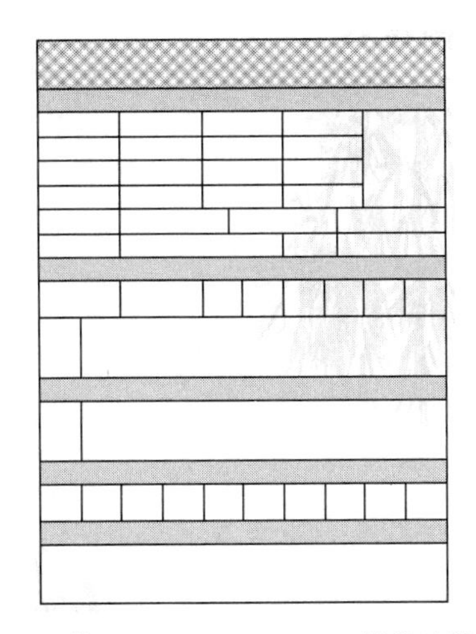
图 3-167　第 2、9、12、14、16 行底纹设置效果

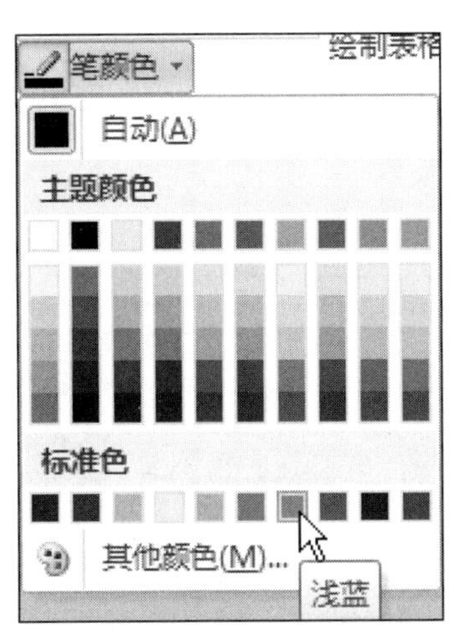

图 3-168　“笔颜色”下拉列表框

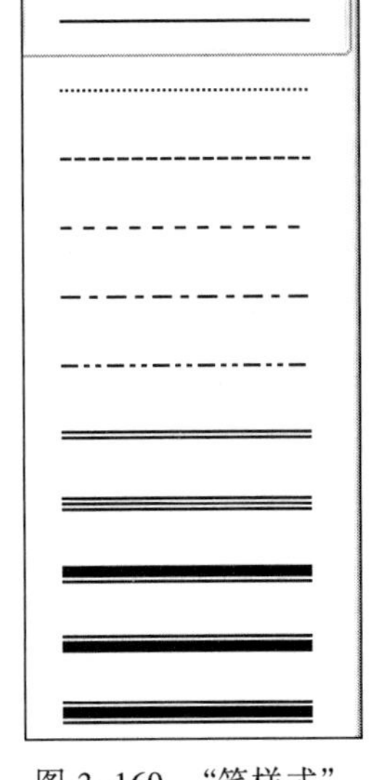
图 3-169　“笔样式”
下拉列表框

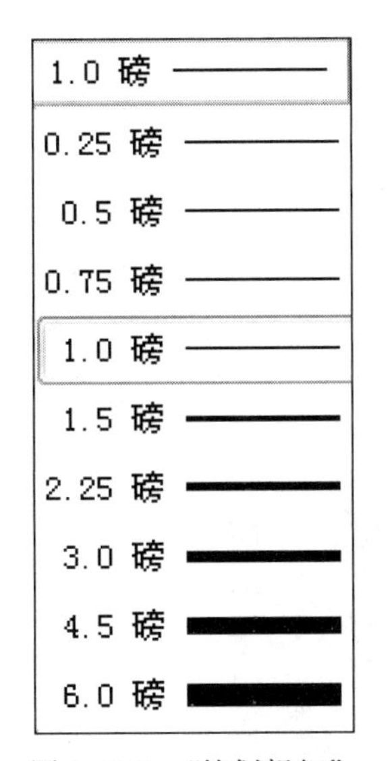

图 3-170　“笔划粗细”
下拉列表框

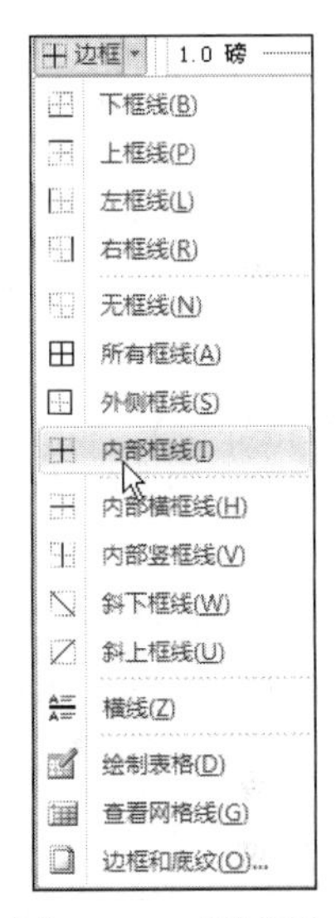

图 3-171　“边框”
下拉列表框

步骤 12：设置外边框

同理，在“笔画样式”下拉列表框中选择“粗-细实线”，在“笔画粗细”下拉列表框中选择 2.25 磅，在“边框”下拉列表框中选择“外部框线”。“边框”设置效果如图 3-172 所示。

步骤 13：表格文本内容对齐方式

录入文字，单击“表格工具|布局”选项卡→“对齐方式”组→“水平居中”命令，将表格中的文字在水平和垂直方向都居中显示。单击“开始”选项卡，将字体样式设置为“楷体_GB2312”，字号为“小四”，字体颜色为“浅蓝色”。选择第 1 行，将字体大小设置为小初，按住【Ctrl】键，选择第 2、9、12、14、16 行，设置文字右对齐，完善表格文字。最终效果如图 3-173 所示。

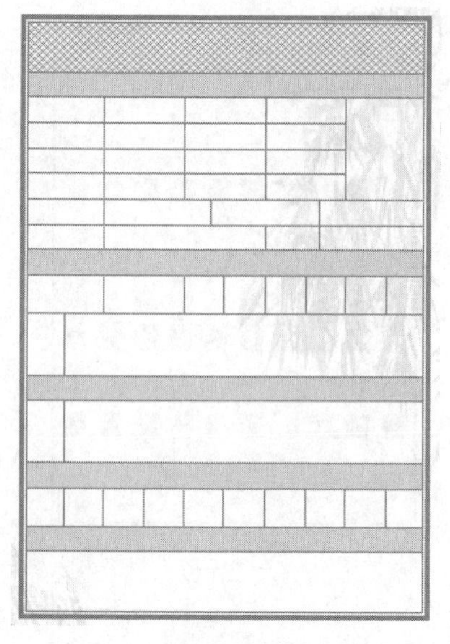

图 3–172 “边框”设置效果

个人简历履历表

【基本信息】 姓名 性别 出生日期 婚否 民族 政治面貌 户籍 宗教信仰 联系电话 通讯地址 邮编

【教育经历】 毕业院校及专业 学历 计算机 英语 经历

【工作能力】 能力描述

【求职意向】 工作类型 单位性质 期望行业 期望职位 期望月薪

【自我评价】

图 3–173 “个人简历表”制作效果

扩展任务 邀请函的制作

任务介绍：邀请函是邀请亲朋好友或知名人士、专家等参加某项活动时所发的约请性书信。在日常的各种社交活动中，这类书信使用广泛。邀请函的主体一般由标题、称谓、正文、落款组成，但要注意，简洁明了，看懂就行，不要太多文字。邀请函的封面及内页的排版效果如图 3–174 所示。

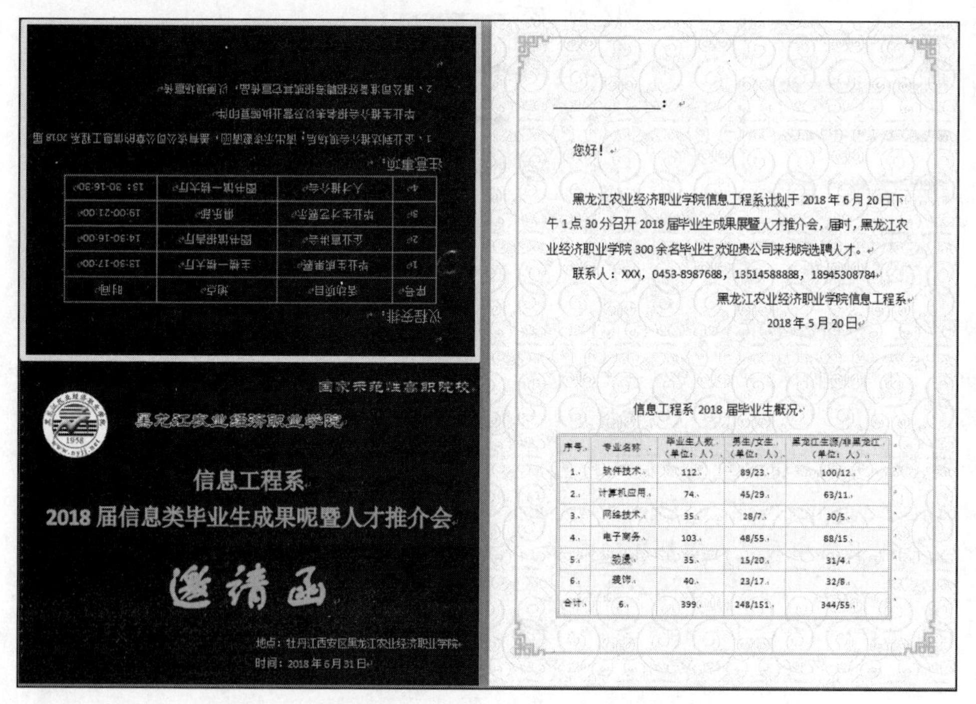

国家示范性高职院校

黑龙江农业经济职业学院

信息工程系

2018 届信息类毕业生成果呢暨人才推介会

邀请函

地点：牡丹江西安区黑龙江农业经济职业学院

时间：2018 年 6 月 31 日

________：

您好！

黑龙江农业经济职业学院信息工程系计划于 2018 年 6 月 20 日下午 1 点 30 分召开 2018 届毕业生成果展暨人才推介会，届时，黑龙江农业经济职业学院 300 余名毕业生欢迎贵公司来我院选聘人才。

联系人：XXX，0453-8987688，13514588888，18945308784

黑龙江农业经济职业学院信息工程系

2018 年 5 月 20 日

信息工程系 2018 届毕业生概况

序号	专业名称	毕业生人数（单位：人）	男生/女生（单位：人）	黑龙江生源/非黑龙江（单位：人）
1	软件技术	112	89/23	100/12
2	计算机应用	74	45/29	63/11
3	网络技术	35	28/7	30/5
4	电子商务	103	48/55	88/15
5	动漫	35	15/20	31/4
6	装饰	40	23/17	32/8
合计	6	399	248/151	344/55

图 3–174 封面（左）与内容页（右）排版效果

知识链接

1. 水印

水印是显示在文档文本后面的文字或图片，被称为“文字水印”和“图片水印”。通过水印的设置可以标识文档的状态或增加文档的趣味，还可以对文档起到一定的保护作用。

2. 形状

在 Word 2010 中可以绘制各种形状，如线条、矩形、箭头、标注等，还可以根据需要对插入的形状进行编辑并设置形状效果等

（1）绘图工具|格式选项卡

“绘图工具|格式”选项卡如图 3-175 所示，利用“绘图工具|格式”选项卡中的选项可对自选图形进行编辑。

（2）形状叠放顺序的含义

在文档同一个区域中插入或绘制多个形状对象时，用户可以设置对象的叠放次序，以决定哪个对象在上层，哪个对象在下层。

① 置于顶层：所选中的图形放置于所有对象的最上方。

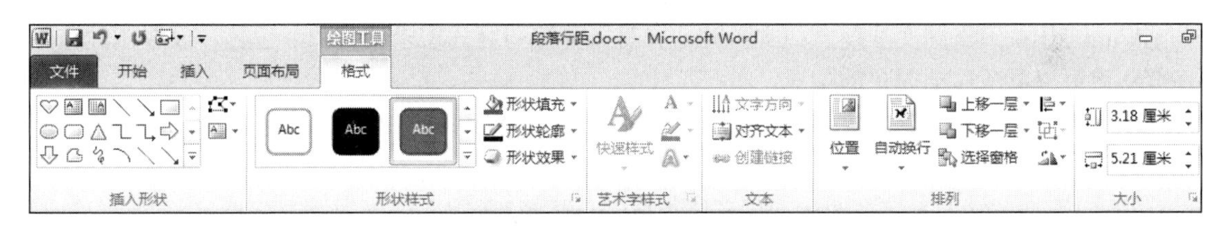

图 3-175　“绘图工具|格式”选项卡

② 置于底层：所选中的图形放置于所有对象的最下方。

③ 上移一层：所选中的图形向上移动一层。

④ 下移一层：所选中的图形向下移动一层

⑤ 浮于文字上方：文字位置不变，图形位于文字上方。

⑥ 浮于文字下方：文字位置不变，图形位于文字下方。

（3）对齐和分布

对齐形状是指将多个图形按照某种方式进行对齐，包含左对齐、左右居中对齐、右对齐、顶端对齐、上下居中对齐、底端对齐几种方式。

分布形状就是平均分配各个形状之间的间距，用户可以分布 3 个或 3 个以上形状之间的间距，或者分布两个或两个以上图形相对于页面边距之间的距离。

（4）组合形状对象

用户可以借助“组合”命令将多个独立的形状组合成一个图形对象，然后可以对这个组合后的图形对象作为一个整体进行移动、修改大小等操作。

3. 艺术字

Word 2010 艺术字结合了图形和文本的特点，是一种包含特殊文本效果的绘图对象，使文本具有图形的部分属性，用户可以利用这种属性，任意旋转角度、着色、拉伸或调整字间距，以达到最佳效果。

4. 文本框

文本框是指一种可移动、可调大小的文字或图形容器。使用文本框可以将文本框中的文字或图形放在页面的任意位置，还可以像编辑图形一样编辑文本框，文本框的使用进一步增强了图文混排的功能。“内置文本框”输入效果如图 3–176 所示，横排文本框输入效果如图 3–177 所示，竖排文本框输入文字效果如图 3–178 所示。

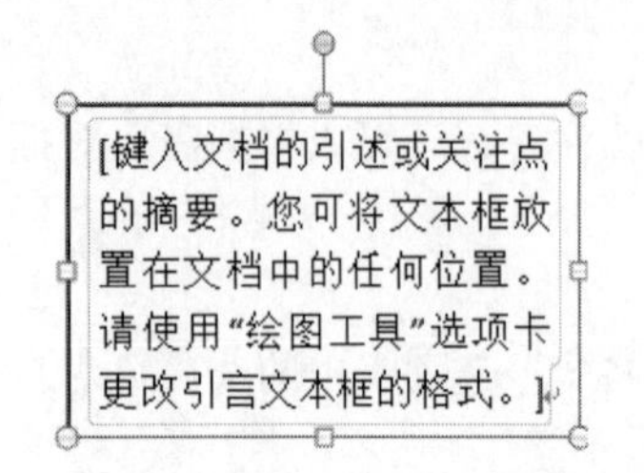

图 3–176 “内置文本框”效果

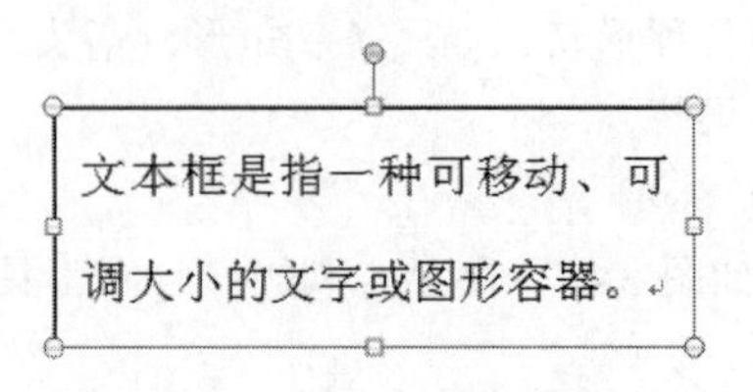

图 3–177 “横排文本框”效果

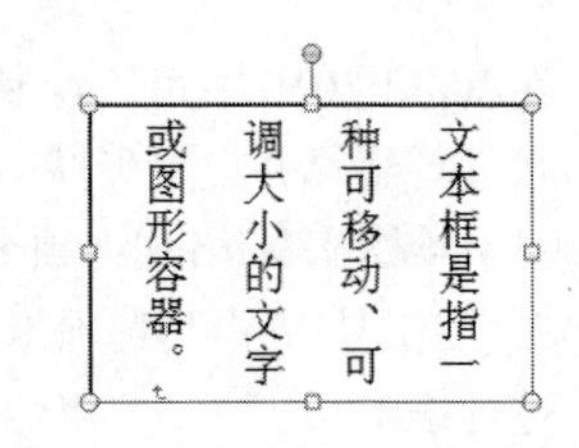

图 3–178 “竖排文本框”效果

5. 图片

在使用 Word 2010 编辑文档时，可以插入并编辑图片，创建图文并茂的 Word 文档，增强文档的可读性。

Word 2010 编辑图文并茂式的文档时，有时需要按照版式需求安排图片位置。设置图片文字环绕从而可以灵活移动图片的位置

① 嵌入型环绕：默认的一种环绕方式，图片所在行没有文字的出现，图片通过鼠标拖动不能移动。

② 四周型环绕：文字在图片四周环绕形成一个矩形区域。

③ 紧密型环绕：文字在图片四周环绕，以图片的边框形状为准形成环绕区。

④ 穿越型环绕：文字可以穿越不规则图片的空白区域环绕图片。

⑤ 上下型环绕：文字环绕在图片上方和下方。

⑥ 衬于文字下方：图片在下、文字在上分为两层，文字将覆盖图片。

⑦ 浮于文字上方：图片在上、文字在下分为两层，图片将覆盖文字。

⑧ 编辑环绕顶点：用户可以编辑文字环绕区域的顶点，实现更个性化的环绕效果。

6. 表格

（1）单元格、行、列

一张表格是由若干行和列组成的，行与列的交叉区域称为“单元格”，“单元格”是表格的最小单位，是输入信息的地方，如图 3–179 所示的选择区域；横向划分的称之为行，如图 3–180 所示的选择区域；纵向划分的称之为列，如图 3–181 所示的选择区域。

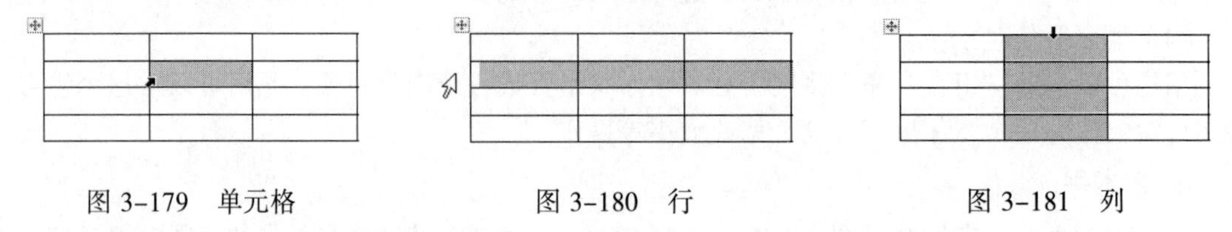

图 3–179 单元格　　图 3–180 行　　图 3–181 列

（2）单元格的合并与拆分

单元格的合并是把相邻的多个单元格合并成一个单元格，单元格合并前与合并后的对比效果

如图 3-182 所示。单元格的拆分则是把一个单元格拆分为多个单元格。单元格拆分前与拆分后的对比效果如图 3-183 所示。

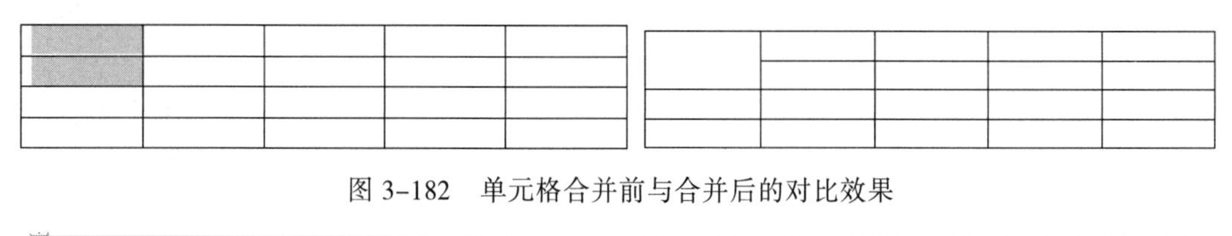

图 3-182　单元格合并前与合并后的对比效果

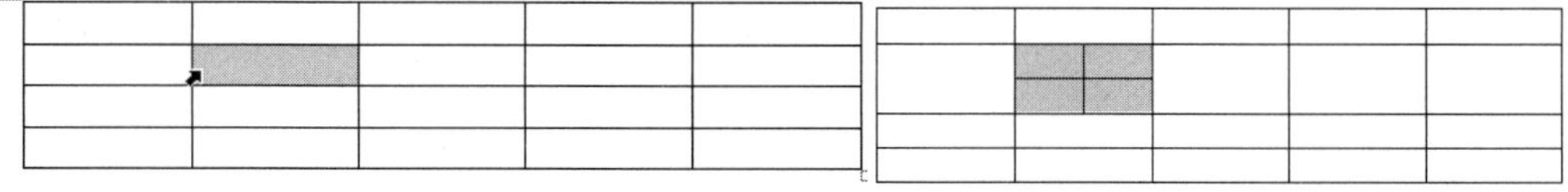

图 3-183　单元格拆分前与拆分后的对比效果

（3）表格的拆分与合并

表格的拆分可以将一个表格拆分成两个表格。表格拆分前后的对比效果如图 3-184 所示。删除两个表格之间的所有内容，包括回车符，两个表格则自动合并成一个表格。

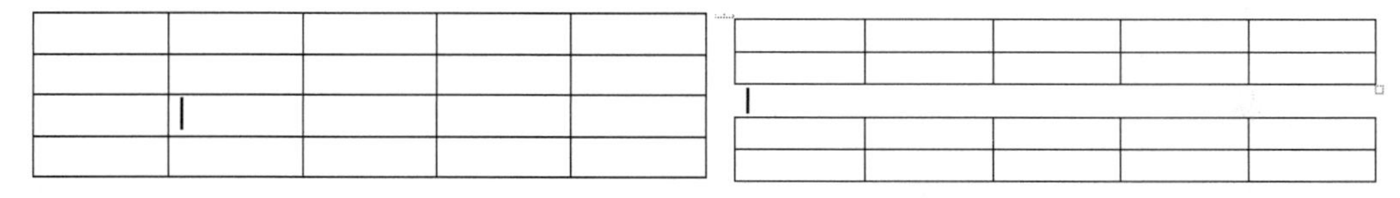

图 3-184　表格拆分前后的对比效果。

（4）单元格、行、列的插入与删除

当创建的表格的行与列不符合要求时，可以插入或删除行和列、单元格，借助图 3-185 所示的“表格工具|布局”选项卡→“行和列”组中“删除”下拉列表框中的命令，可以实现相关元素的删除。借助“行和列”组中的其他命令可以实现行和列的插入。

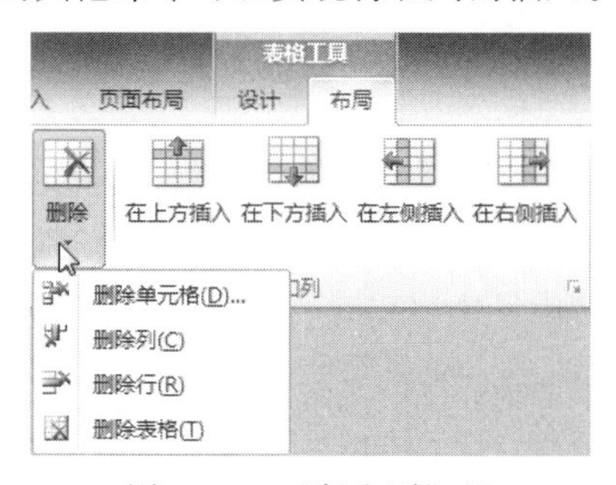

图 3-185　“行和列”组

（5）快速调整表格大小

当表格大小不符合要求时，将鼠标指针放在表格右下角的尺寸控制点 □ 上，按住鼠标指针向左上角或右下角拖动，可以整体改变表格的大小。

（6）单元格边距与间距

单元格边距是指单元格中填充内容距单元格边框的距离，单元格间距是指单元格与单元格之间的距离，通过如图 3-186 所示的“表格选项”对话框对间距和边距进行调整，调整前后的对比效果如图 3-187 所示。

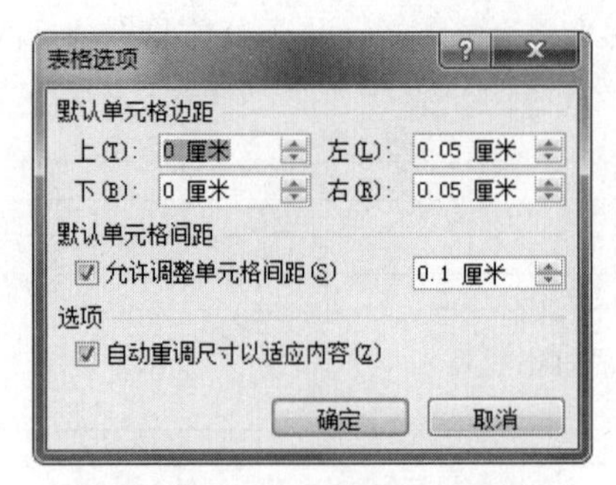

图 3-186 “表格选项”对话框

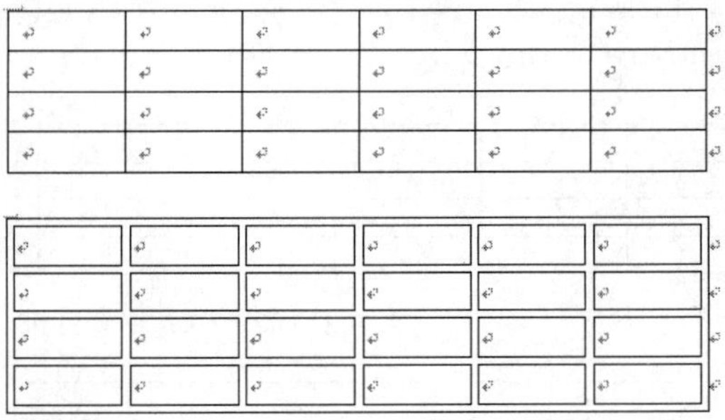

图 3-187 表格边距与间距的设置效果

（7）表格的边框与底纹

在制作和编辑表格时，为了使表格的设计起到美化的效果，可以设置表格的边框和底纹。边框与底纹的设置可以在如图 3-188 所示的“表格工具|设计”选项卡中实现，在“绘图边框”区中设置“边框线型”“边框粗细”“笔颜色”，在“表格样式”组右侧的“底纹”下拉列表框中，设置表格底纹；在“边框”下拉列表框中，设置表格边框的作用范围。还可以通过如图 3-189 所示的“表格内置样式”下拉列表框进行设置。如“列表型 8”样式，设置效果如图 3-190 所示。通过如图 3-191 所示的“修改样式”对话框，可根据选项修改当前样式。

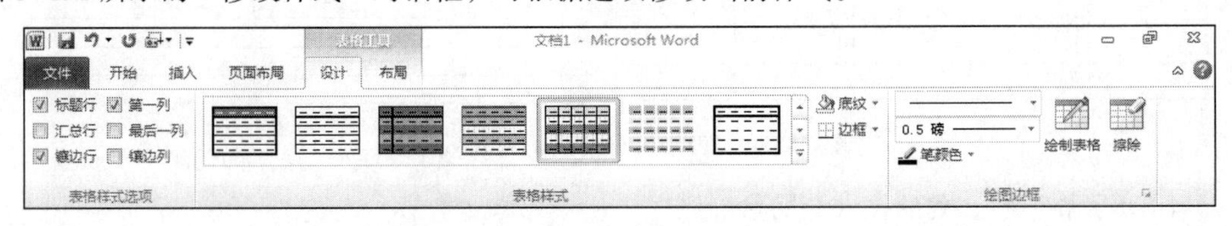

图 3-188 “表格工具|设计”选项卡

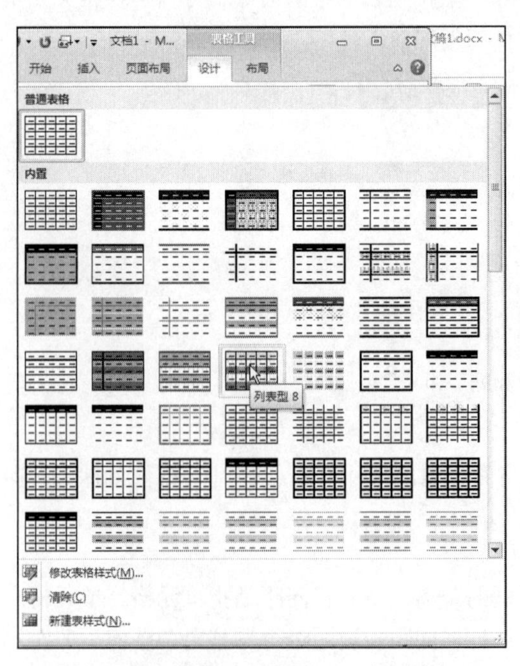

图 3-189 “表格内置样式”下拉列表框

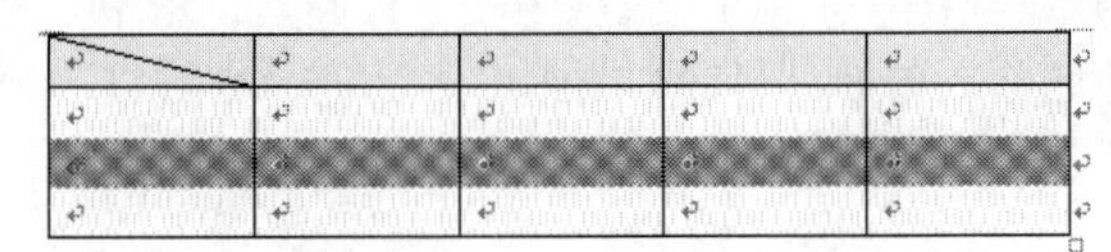

图 3-190 “列表型 8”样式效果

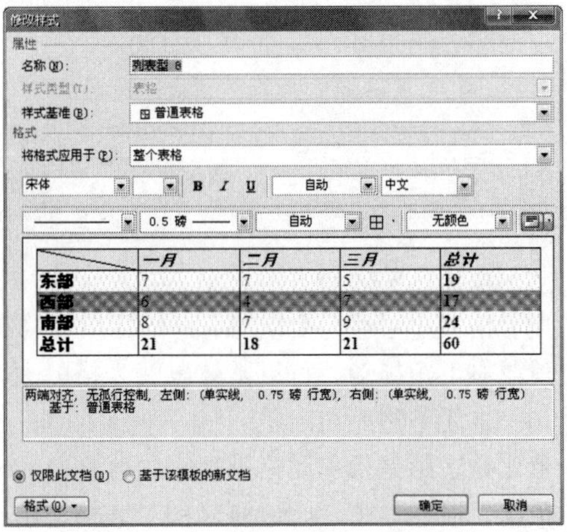

图 3-191 “修改样式”对话框

（8）重复标题行

重复标题行是指当一张表格跨越多页时，后一页的续表中包含前一页表中的标题。可以通过单击“表格工具|布局”选项卡→“数据”组→“重复标题行”按钮实现。

（9）查看网格线

当绘制的表格无过框线时，可以通过“表格工具|布局”选项卡→“表”组→“查看网络线”按钮显示表格网格。

（10）“插入表格”对话框“自动调整”选项介绍

①“固定列宽”单选按钮。当选择“固定列宽”单选按钮时表示“列宽”可以是一个由用户指定的确切的值， 选择“自动“选项时可以插入一个与页面等同宽度的表格。

②“根据内容调整表格”单选按钮。当选择“根据内容调整表格”单选按钮时，表示列宽自动适应内容的宽度。

③“根据窗口调整表格”单选按钮。当选择“根据窗口调整表格”单选按钮时，表示表格宽度与页面的宽度相同，列宽等于页面宽度除以列数。

任务 4　制作客户回访函

任务介绍

小明应聘来到一家计算机公司做售后服务工作，为了提高公司信誉度、加强公司与客户的沟通、为客户提供优质售后服务，小明参加工作后的第一件事情是要进行客户信函回访。

任务分析

Word 2010 的邮件合并功能可以简单、方便地完成上述任务，邮件合并过程可以分为建立主文档、准备数据源、将数据源合并到主文档三步实现。本任务中作为数据源的客户信息如表 3-1 所示。制作的客户回访函如图 3-192 所示。

表 3-1　客户信息数据

客户姓名	性别	购买产品	家庭地址	联系电话	邮编	购买时间
李进	先生	华硕 N61Vg	宁安望江 3#1201 室	0453-7804821	157046	2013-03-01
徐丽	女士	联想 Flex14AT-IFI	宁安光明 9#1503 室	0453-7906231	157046	2013-03-20
赵小华	女士	戴尔 XPS 13	牡丹江	0453-8765242	157040	2013-03-23
王剑	先生	惠普 246 G1	牡丹江	0453-8796325	157040	2013-10-20
张勇	先生	三星 915S3G-K02	宁安福泰 6#1302 室	0453-7963524	157046	2013-11-05

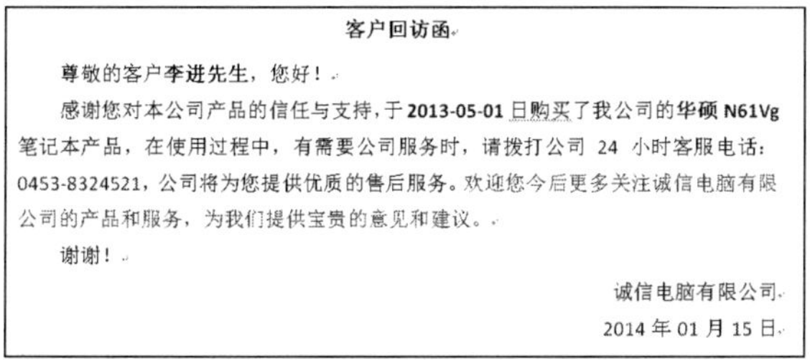

客户回访函

尊敬的客户**李进先生**，您好！

感谢您对本公司产品的信任与支持，于 **2013-05-01** 日购买了我公司的**华硕 N61Vg** 笔记本产品，在使用过程中，有需要公司服务时，请拨打公司 24 小时客服电话：0453-8324521，公司将为您提供优质的售后服务。欢迎您今后更多关注诚信电脑有限公司的产品和服务，为我们提供宝贵的意见和建议。

谢谢！

诚信电脑有限公司

2014 年 01 月 15 日

图 3-192　客户回访函效果图

任务实施

步骤 1：制作主文档

新建一份空白文档，录入“客户回访函”内容并对录入的文字内容的字体和段落进行适当的格式化处理，录入及排版效果如图 3–193 所示。以“客户回访函”文件名保存 Word 文档，作为邮件合并的主文档。

客户回访函

尊敬的客户，您好！

感谢您对本公司产品的信任与支持，于日购买了我公司的笔记本产品，在使用过程中，有需要公司服务时，请拨打公司 24 小时客服电话：0453-8324521，公司将为您提供优质的售后服务。欢迎您今后更多关注诚信电脑有限公司的产品和服务，为我们提供宝贵的意见和建议。

谢谢！

诚信电脑有限公司

2014 年 01 月 15 日

图 3–193 “客户回访函”排版效果

步骤 2：准备数据源

新建 Word 文档，在文档中建立如任务分析中的表 3–1 所示的“客户信息”数据，保存“客户信息”作为邮件合并的数据源。关闭“客户信息”数据源文档。

操作技巧：Excel 工作表可以制作并保存数据源，Access 数据库的数据表可以制作并保存数据源。

步骤 3：将数据源合并到主文档中

打开制作好的主文档，单击“邮件”选项卡→“开始邮件合并”组→“选择收件人”下拉列表框中的“使用现在列表”选项，弹出图 3–194 所示的“选择数据源”对话框，选择“客户信息”文档，单击“打开”按钮。光标定位在主文档“客户”文字的右侧，单击“邮件”选项卡→“编写和插入域”组→“插入合并域”下拉按钮，弹出图 3–195 所示的下拉列表框，单击“客户姓名”域和“性别”域，在“于”文字的右侧插入“购买时间”域，在“笔记本”左侧插入“购买产

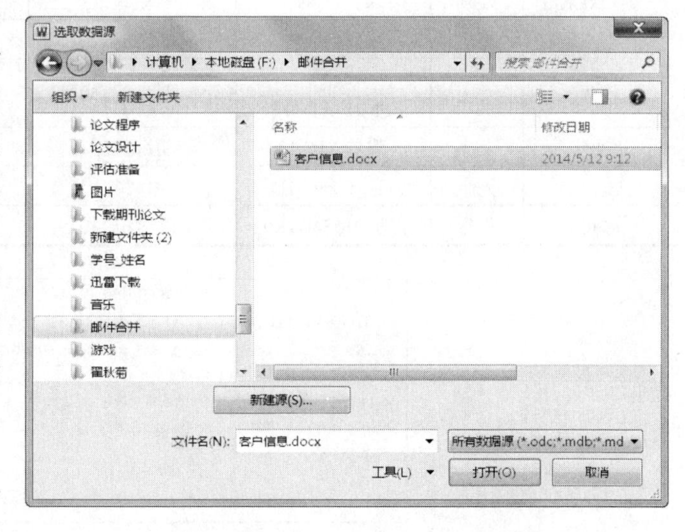

图 3–194 “选取数据源”对话框

品”域，插入域之后的信函效果如图 3-196 所示。单击“邮件”选项卡→“预览结果”组→“预览结果”按钮，可以预览生成的客户信函。单击“邮件”选项卡→“预览结果”组→“预览按钮”，可以查看其他客户的信函。单击“邮件”选项卡→“完成”组→“完成并合并”按钮，选择合并记录，完成合并。

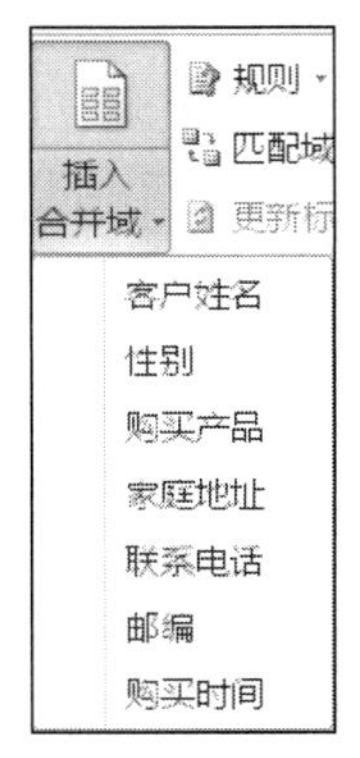

图 3-195　“插入合并域”下拉菜单

客户回访函

尊敬的客户«客户姓名»«性别»，您好！

感谢您对本公司产品的信任与支持，于«购买时间»日购买了我公司的«购买产品»笔记本产品，在使用过程中，有需要公司服务时，请拨打公司 24 小时客服电话：0453-8324521，公司将为您提供优质的售后服务。欢迎您今后更多关注诚信电脑有限公司的产品和服务，为我们提供宝贵的意见和建议。

谢谢！

诚信电脑有限公司

2014 年 01 月 15 日

图 3-196　“插入域”之后的信函效果

扩展任务　成绩单的制作

任务介绍：利用邮件合并功能完成绩单的制作。主文档如图 3-197 所示，数据源如图 3-198 所示。

学生成绩报告单

同学：

本学期期末成绩如下：

计算机基础：　网络：　JAVA 逻辑语言：　下学期定于 9 月 1 日开学，望准时返校.

信息工程系

2018-08-19

图 3-197　主文档效果

姓名	计算机基础	网络	JAVA
王平	85	68	60
张丽江	90	85	87
孙玉洁	75	65	45
李锐	60	89	95

图 3-198　数据源效果

知识链接

1. 主文档

邮件合并中的主文档是指邮件合并内容的固定不变的部分。如客户回访函中的通用部分，信封上的落款等。

2. 数据源

数据源是邮件合并内容发生变化的部分，是指包含相关的字段和记录内容的数据记录表，一般情况下，使用邮件合并可以提高效率（已经有了相关的数据源，如 Word 2010 表格、Excel 表格、或 Access 数据库等）。如果没数据源，也可以在邮件合并的过程中建立一个数据源。

3. 将数据源合并到主文档中

将数据源合并到主文档，是利用邮件合并工具，可以将数据源与主文档合并，得到需要的目标文档。合并完成的文档的份数与数据源中的记录条数相同。

习题与训练

一、选择题

1. 如果用户想保存一个正在编辑的文档，但希望以不同文件名存储，可用______命令。

A. 保存　B. 另存为　C. 比较　D. 限制编辑

2. 下面关于 Word 2010 表格功能的说法不正确的是______。

A. 可以通过表格工具将表格转换成文本

B. 表格的单元格中可以插入表格

C. 表格中可以插入图片

D. 不能设置表格的边框线

3. 在 Word 2010 中，可以通过______功能区中的“翻译”对文档内容翻译成其他语言。

A. 开始　B. 页面布局　C. 引用　D. 审阅

4. 给每位家长发送一份《期末成绩通知单》，用______功能最简便。

A. 复制　B. 标签　C. 信封　D. 邮件合并

5. 在 Word 2010 中，可以通过______功能区对不同版本的文档进行比较和合并。

A. 页面布局　B. 引用　C. 审阅　D. 视图

6. 在 Word 2010 中，可以通过______功能区对所选内容添加批注。

A. 插入　B. 页面布局　C. 引用　D. 审阅

7. 在 Word 2010 中，默认保存后的文档格式扩展名为______。

A. .dos　B. .docx　C. .html　D. .txt

8. 在 Word 2010 中，“页面设置”对话框可以设置的内容有______。

A. 打印份数　B. 打印的页数

C. 打印的纸张方向　D. 页边距

9. 在 Word 2010 中“审阅”功能区的“翻译”可以进行______操作。

A. 翻译文档　B. 翻译所选文字　C. 翻译屏幕提示　D. 翻译批注

10. 图片工具所提供的图片编辑功能不包括下列______项。

A. 提高图片对比　B. 去除图片背景　C. 图片裁剪　D. 提高图片分辨率

二、填空题

1. 在 Word 2010 中一种选定矩形文本块的方法是按住________键的同时用鼠标拖动。

2. 在 Word 2010 中，想对文档进行字数统计，可以通过_________功能区审阅来实现。

3. 在 Word 2010 中，给图片插入题注是选择___________功能区中的命令。

4. 在“插入”功能区的“符号”组中，可以插入公式、________和编号。

5. 在 Word 中，编辑文本文件时用于保存文件的快捷键是______。

6. 在 Word 中，水平标尺上左侧有首行__________、__________、___________3 个滑块位置，从而可缩定这 3 个边界的位置。

7. 在 Word 中，用户在用________组合键将所选内容复制到剪贴板后，可以使用________组合键粘贴到所需要的位置。

8. 在“打印”对话框中，单击__________按钮，可进入打印机设定对话框，并设定打印质量。

9. __________是打印在文档每页顶部或者底部的描述性内容。

10. 在 Word 中绘制椭圆时，若按住_________键后左拖动可以画一个正圆。

三、操作题

1. 制作并排版邀请函，如图 3-199 所示。

① 标题文字：隶书，一号，蓝色，居中。

② 正文文字：正文所有段落，楷体，四号，任意一种阴影效果；正文的第一段，粉红色，左对齐；正文的第二段，“高明同学”字体颜色为浅黄色，“日期和大礼堂”颜色为红色，左对齐，首行缩进 2 个字符；正文最后两段，右对齐。

③ 段间距和行距：正文的第一段的段前间距 1 行；各段的行距均为 1.5 倍行距。

④ 边框和底纹：为所有文字加底纹，浅绿色；为标题加段落边框，上下边框线为双线型、1.5 磅、橙色；左右边框线为虚线型、1.5 磅、橙色。

⑤ 横线：为正文上下加横线效果。

2. 输入如下文字，按要求进行排版，排版效果如图 3-200 所示。

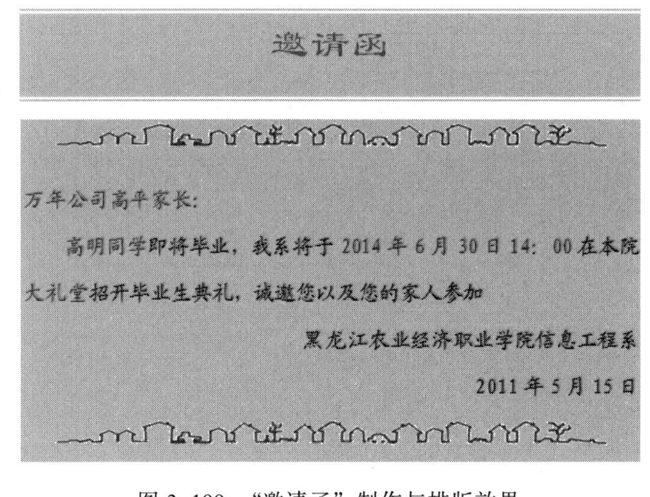

邀请函

万年公司高平家长：

高明同学即将毕业，我系将于 2014 年 6 月 30 日 14：00 在本院大礼堂招开毕业生典礼，诚邀您以及您的家人参加

黑龙江农业经济职业学院信息工程系

2011 年 5 月 15 日

图 3-199 “邀请函”制作与排版效果

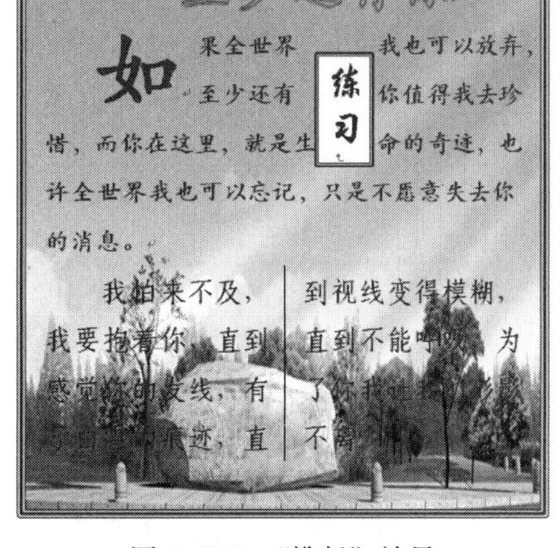

图 3-200 “排版”效果

① 正文的第一段：华文行楷、三号、蓝色、首行缩进 2 个字符；首字下沉、下沉行数 2 行、距正文距离 0.3 cm。

② 正文的第二段：仿宋、三号、红色、首行缩进 2 个字符；分两栏、加分隔线。

③ 正文的第一段中加入竖排文本框，由粗到细型，3 磅，浅蓝色，四周环绕；文本框内文字为华文行楷，二号，红色。

④ 文档中插入任意图片，衬于文字下方，为图片添加三线型、6 磅、红色边框。

⑤ 添加任意一种艺术字标题，标题文字为“至少还有你”。

3. 编辑公式。

（1）正态公布的密度函数：$\frac{1}{\sqrt{2\pi\sigma}}\mathrm{e}^{-\frac{(x-\mu)^2}{2\sigma^2}}$

（2）圆台体积公式：$V=\frac{\pi}{3}h(R^2+r^2+Rr)$

（3）编辑积分公式：$\int_0^{\frac{\pi}{2}} \frac{1}{a^2\cos^2 x + b^2\sin^2 x}\mathrm{d}x$

4. 制作表格

（1）利用表格制作如图 3-201 所示的古诗

（2）利用表格制作如图 3-202 所示的精美挂历。

层	千	河	白	古诗一首
楼	里	入	日	
。	目	海	依	
	，	流	山	
二〇〇五年四月	更	。	尽	
	上	欲	，	
	一	穷	黄	

图 3-201 “古诗”效果图

SUN	MON	TUE	WED	THU	FRI	SAT
					1	2
3	4	5	6	7	8	9
10	11	12	13	14	15	16
17	18	19	20	21	22	23
24	25	26	27	28		

图 3-202 “精美挂历”效果图

5. 绘制图形。

（1）绘制如图 3-203 所示的灯笼。

（2）绘制如图 3-204 所示的禁烟标志。

（3）利用形状绘制如图 3-205 所示的信封。

图 3-203 “灯笼”形状

图 3-204 “禁烟”标志

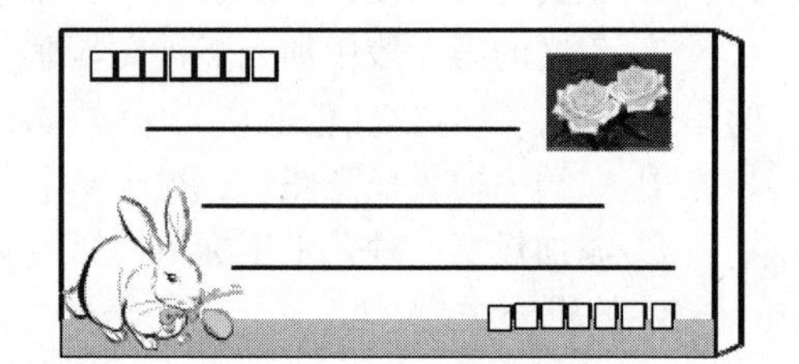

图 3-205 “信封”形状

6. 利用图形和文本框按图 3-206 所示的图样排版。

7. 利用形状、艺术字、图片制作如图 3-207 所示的主页。

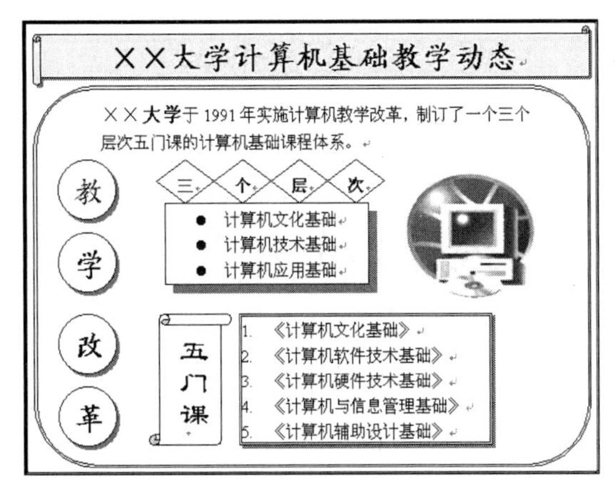

图 3-206　“图形和文本框”排版效果

图 3-207　“个人主页”效果

8. 制作如图 3-208 所示的结构图。

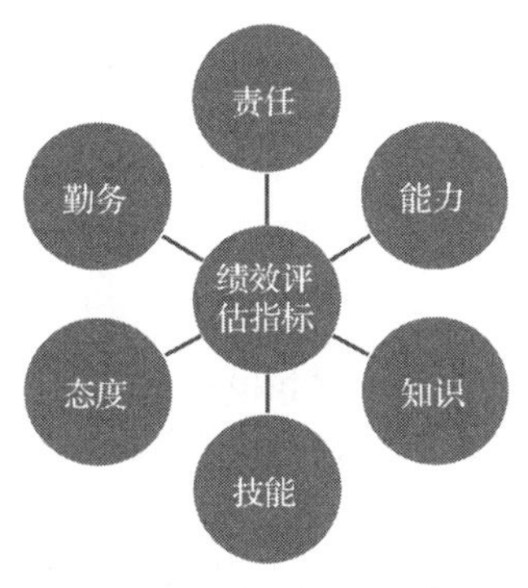

图 3-208　“结构图”效果

项目 4　使用 Excel 2010 统计与分析数据

项目介绍

Excel 电子表格处理软件是 Office 的重要成员之一，具有强大的数据处理能力。Excel 可以制作表格、美化表格、根据表格的数据进行计算、对表格中的数据进行动态分析、利用表格的数据生成相应的图表等功能。

本项目主要介绍利用 Excel 2010 进行数据的录入、分析及统计等功能，完成阳光百货公司员工基本信息表的制作、员工培训成绩表的制作以及学生综合测评表的制作等。

学习目标

通过本项目的学习与实施，应该完成下列知识和技能的理解和掌握：

① 熟练掌握 Excel 2010 工作表和工作簿的操作方法。
② 熟悉 Excel 2010 工作簿和工作表的管理。
③ 掌握 Excel 2010 工作表中公式和常用函数的使用方法。
④ 熟悉图表创建及属性的编辑处理。
⑤ 掌握工作表中数据的查询、排序、筛选、分类汇总等操作。
⑥ 掌握工作表的页面设置及打印操作。

任务 1　制作员工基本信息表

任务介绍

小明大学毕业后，应聘到阳光百货公司的人力资源部，部门王经理为了考查小明的计算机操作水平，要求小明使用 Excel 2010 电子表格制作本公司的员工基本信息表。该任务的设计是通过员工基本信息表的制作使学生熟悉 Excel 2010 电子表格的操作界面，掌握数据的录入和工作表的格式化等内容。

任务分析

员工基本信息表是公司员工的基本情况统计，在员工基本信息表中应包含员工的编号、姓名、性别、身份证号、部门、入职时间、学历、职称和出生日期等信息。

本任务要求录入完整的员工基本信息，并对员工基本信息表进行美化工作。样式效果如图 4-1 所示。

阳光百货公司员工基本信息表

编号	姓名	性别	身份证号码	部门	入职时间	学历	职称	出生日期
YG001	桑楠	女	510132××××××××0031	人力资源部	1992年7月2日	大专	经济师	1970年9月9日
YG002	曹广民	男	410121××××××××0211	行政部	2001年4月4日	硕士	无	1981年6月28日
YG003	陈波	男	510121××××××××2545	行政部	1987年8月1日	本科	无	1964年8月5日
YG004	胡冰	女	251005××××××××2478	物流部	2002年12月14日	中专	工程师	1978年5月4日
YG005	鄂明明	女	231008××××××××5646	行政部	2009年2月3日	大专	助理工程师	1985年7月4日
YG006	宫天彬	男	510121××××××××4512	物流部	1997年10月1日	硕士	助理工程师	1977年5月9日
YG007	何国强	男	421132××××××××7451	物流部	1998年12月2日	本科	工程师	1978年4月5日
YG008	李腾龙	男	231008××××××××0754	市场部	2000年7月5日	大专	无	1979年10月25日
YG009	胡波	女	152227××××××××3012	物流部	2004年6月7日	中专	工程师	1984年5月7日
YG010	黄亮	男	132111××××××××0422	物流部	1995年3月2日	硕士	工程师	1975年12月11日
YG011	李云兴	男	124214××××××××0541	市场部	2000年12月1日	本科	无	1980年8月21日
YG012	黄雅哲	男	147855××××××××0304	财务部	1990年5月1日	本科	无	1970年12月12日
YG013	贾宝亮	男	152221××××××××5874	财务部	1997年5月4日	大专	助理会计师	1978年5月14日
YG014	金贤德	男	153224××××××××1567	财务部	2007年8月9日	中专	助理会计师	1985年4月2日
YG015	兰福辉	女	510123××××××××0031	财务部	1998年5月7日	本科	会计师	1976年9月7日
YG016	刘超	男	210121××××××××0222	市场部	2001年9月5日	中专	工程师	1978年6月28日
YG017	李长伟	男	410121××××××××2545	市场部	1987年4月5日	中专	工程师	1968年8月9日
YG018	黄涛	男	251005××××××××2489	物流部	1998年5月7日	本科	工程师	1977年5月5日
YG019	李鹏	男	231008××××××××5658	市场部	2006年4月5日	本科	无	1987年2月5日
YG020	周倩	女	510121××××××××4515	人力资源部	2001年4月5日	本科	高级经济师	1979年5月1日
YG021	李祥森	男	421132××××××××7458	市场部	1999年7月4日	中专	无	1977年4月9日
YG022	费乐	女	231008××××××××0758	物流部	2009年4月4日	中专	助理工程师	1988年10月2日
YG023	陈晓亮	男	152227××××××××3013	行政部	2005年4月9日	本科	高级经济师	1985年5月9日
YG024	刘军	男	132111××××××××0428	人力资源部	2000年7月4日	本科	无	1978年12月17日
YG025	李长春	女	124214××××××××0549	市场部	2003年9月8日	本科	工程师	1982年8月11日
YG026	令狐春	女	147855××××××××0308	市场部	1990年7月1日	本科	工程师	1977年12月12日
YG027	刘民	男	152221××××××××5875	人力资源部	1995年5月8日	硕士	经济师	1973年5月18日
YG028	李凤权	男	153224××××××××1568	财务部	2007年8月7日	大专	会计师	1987年4月15日

图 4-1 员工基本信息表效果图

任务分解

该任务可以分解为以下 2 个子任务：

子任务 1：录入和编辑员工基本信息。

子任务 2：美化员工基本信息表。

任务实施

子任务 1 录入和编辑员工基本信息

步骤 1：新建 Excel 2010 工作簿

单击“开始”→“所有程序”→“Microsoft office”→“Microsoft Excel 2010”命令，或双击桌面上已有的 Excel 2010 应用程序图标，在启动 Excel 2010 的同时会建立一个新的 Excel 工作簿。

操作技巧：（1）在打开的 Excel 环境状态下，按【Ctrl+N】组合键会建立一个新的工作簿，或单击“文件”→“新建”→“空白工作簿”或“模板”→“创建”按钮，可以创建“空白工作簿”或带有模板格式的工作簿，默认文件名为“工作簿 1”“工作簿 2”……，新建文件窗口如图 4-2 所示。

（2）新建 Excel 工作簿文件，默认创建的工作表个数为 3 个，工作表的默认名称为“Sheet1”“Sheet2”“Sheet3”，如果需要修改新建工作簿是创建的工作表个数时，需要单击“文件”→“选项”命令，弹出如图 4-3 所示的“Excel 选项”对话框，调整“包含的工作表数”的值，即可改变新建后的工作表个数。

图 4-2　新建文件窗口

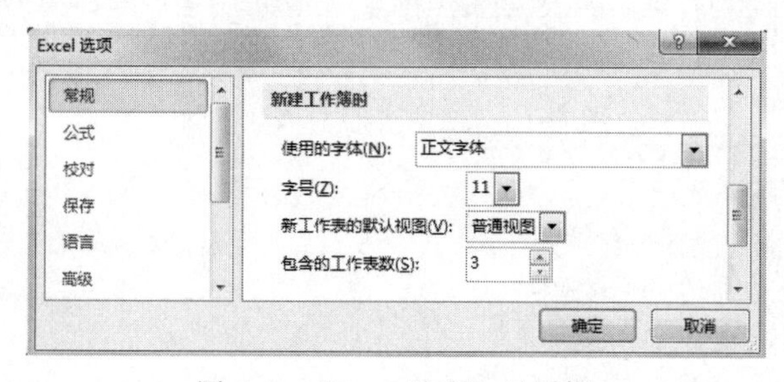

图 4-3　“Excel 选项”对话框

步骤 2：保存 Excel 2010 工作簿

单击“文件”→“保存”命令，在第一次保存工作簿时，会弹出如图 4-4 所示的“另存为”对话框，选择好工作簿的保存地址，在“文件名”右侧的文本框中输入“员工基本信息表”，单击“保存”按钮。

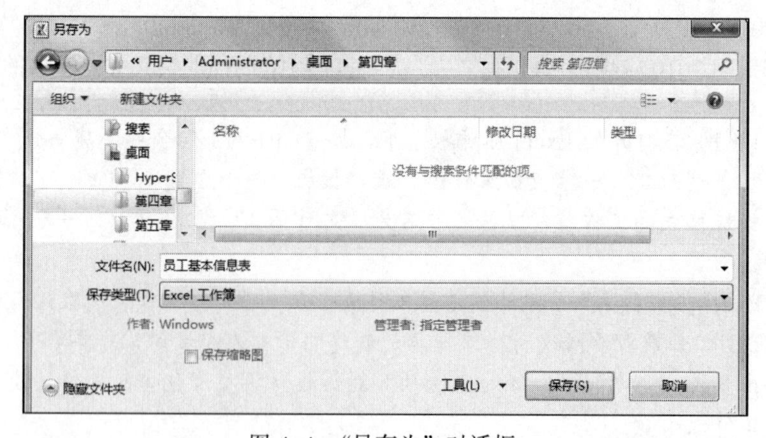

图 4-4　“另存为”对话框

操作技巧：（1）单击快速访问工具栏中的“保存”按钮或按【Ctrl+S】组合键也可以保存工作簿。

（2）单击“文件”→“另存为”命令，也可以弹出“另存为”对话框，可以将当前工作簿以新的“文件名称”或“文件类型”保存到其他位置。

（3）单击“文件”→“选项”命令，在弹出的对话框中选择“保存”选项，如图 4-5 所示，选择“保存自动恢复信息时间间隔”复选框，调整左侧的微调框，设置自动保存时间间隔。Excel 2010 每隔一段时间间隔可以自动保存文档，如出现意外关闭文档时，可以恢复自动保存的文档。

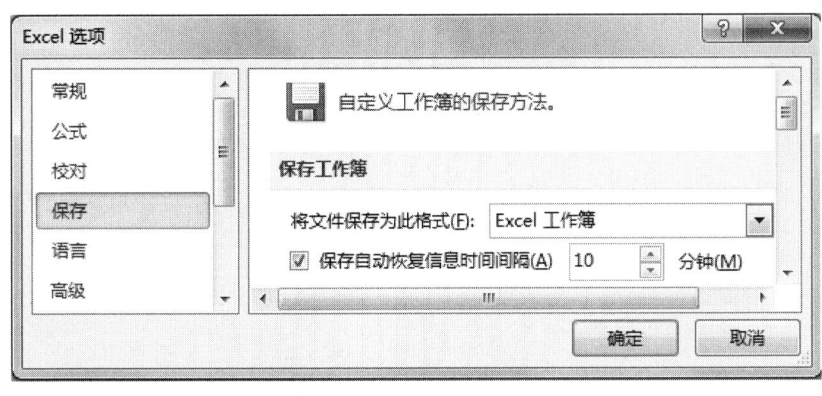

图 4-5　“Excel 选项”对话框

步骤 3：输入“标题行”及“列标题”

在默认打开的“Sheet1”工作表中，单击“A1”单元格，输入“阳光百货公司员工基本信息表”，按【Enter】键确定输入并将活动单元格向下移动一行，在“A2”单元格输入“编号”，按【Tab】键确定输入并将活动单元格向右移动列，依次输入其他列信息，输入后结果如图 4-6 所示。

	A	B	C	D	E	F	G	H	I
1	阳光百货公司员工基本信息表								
2	编号	姓名	性别	身份证号码	部门	入职时间	学历	职称	出生日期
3									

图 4-6　输入“标题行”及“列标题”

选择单个单元格：在工作表中要选择的单元格位置单击即可。

选择整行或整列单元格：单击位于窗口左端的行号或上方的列号，即可选择整行或整列，如图 4-7 所示。

选择相邻的单元格：移动鼠标指针至要选择区域的第一个单元格处，按住鼠标左键并沿对角线方向拖动至合适位置后松开鼠标，即可选择相邻的单元格，如图 4-8 所示。

选择不相邻的单元格：选择某个单元格后，按住【Ctrl】键继续选择其他单元格，即可选择不相邻的单元格，如图 4-9 所示。

选择工作表中的所有单元格：单击工作表中左上角的按钮，即可选择所有的单元格。

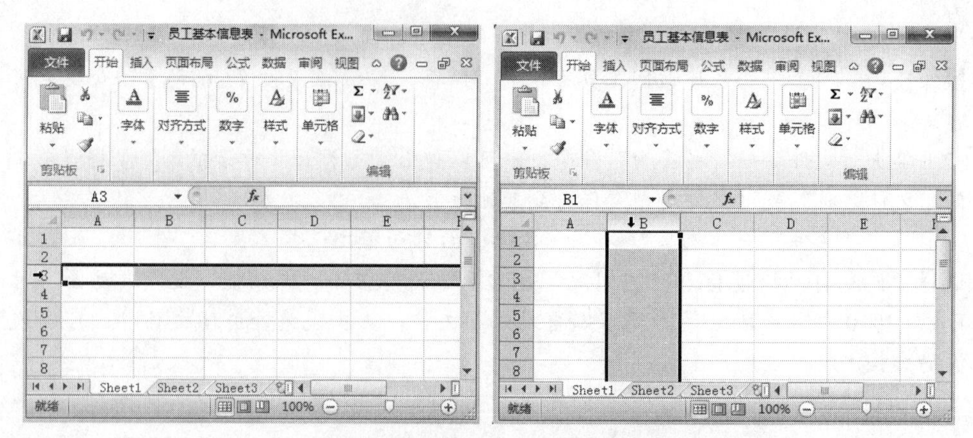

图 4-7 整行和整列单元格的选择

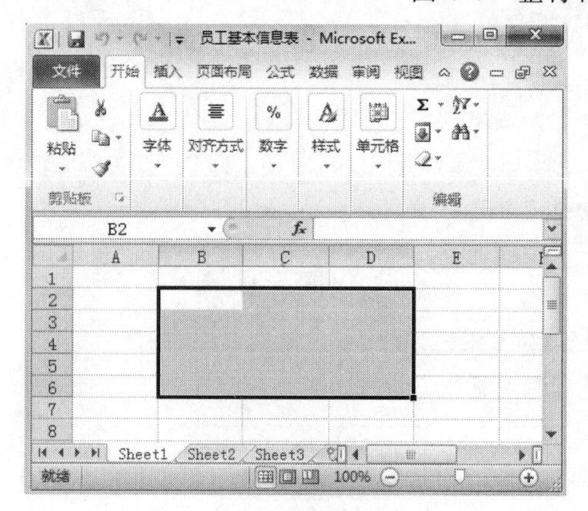

图 4-8 相邻单元格的选择

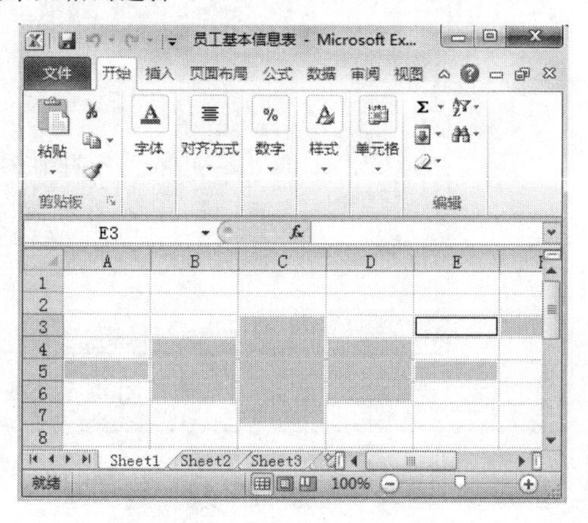

图 4-9 不相邻单元格的选择

步骤 4：输入“编号”列

单击“A3”单元格，输入“YG001”，将鼠标指针移动到该单元格右下方的填充手柄处，拖动鼠标指针至“A30”单元格处，即可将全部员工编号填充完毕，输入信息如图 4-10 所示。

阳光百货公司员工基本信息表

编号	姓名	性别	身份证号码	部门	入职时间	学历	职称	出生日期
YG001								
YG002								
YG003								
YG004								
YG005								
YG006								
YG007								
YG008								
YG009								
YG010								
YG011								
YG012								
YG013								
YG014								
YG015								
YG016								
YG017								
YG018								
YG019								
YG020								
YG021								
YG022								
YG023								
YG024								
YG025								
YG026								
YG027								
YG028								

图 4-10 输入“编号”列

操作技巧：（1）填充柄是位于选定区域右下角的黑色十字线 ✚，拖动填充柄可复制数据或在相邻的单元格中填充一系列数据。Excel 默认的填充方式是复制单元格，即填充的内容为选择单元格的内容与格式。

（2）填充等差或等比序列。在首个单元格内输入起始数字后，单击“开始”选项卡→“编辑”组→“填充”→“系列”按钮，在弹出的对话框中按要求填写相关信息，“序列”对话框如图 4-11 所示，单击“确定”按钮。填充后的数据如图 4-12 所示。

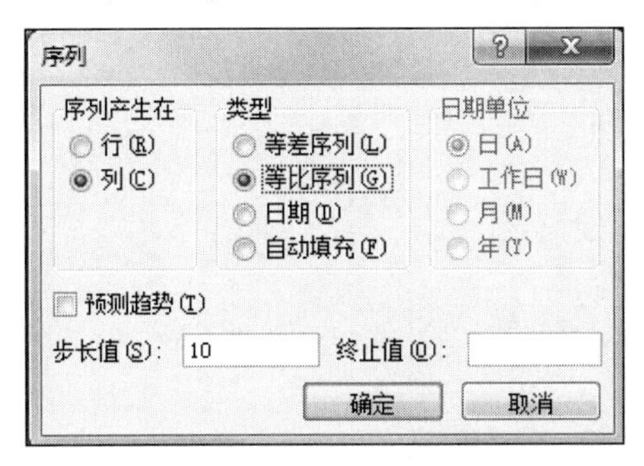

图 4-11　“序列”对话框

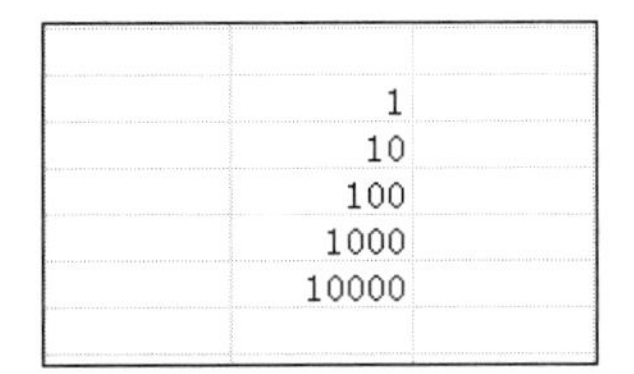

图 4-12　填充“等比序列”效果

操作技巧：填充已定义的序列。单击“文件”→“选项”命令，在弹出的对话框中选择左侧列表中的“高级”选项，单击“编辑自定义列表”按钮，如图 4-13 所示，弹出“自定义序列”对话框，如图 4-14 所示，在“自定义序列”列表框中可以看到几组已有的列表如果使用时用到这些列表，就可以用填充的方法快速输入。具体做法是首先输入序列中的一条数据，然后使用填充柄填充至其他单元格。

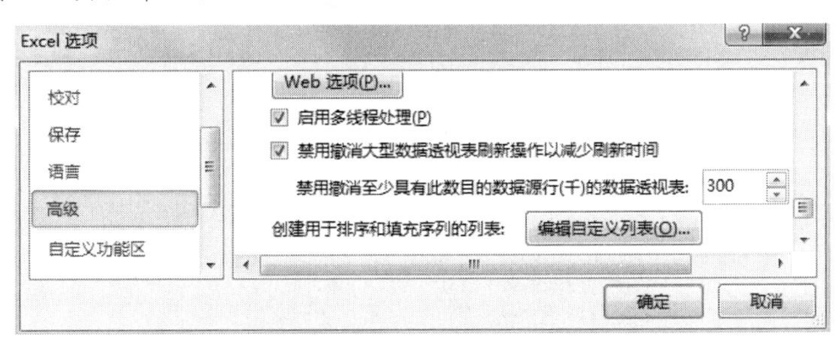

图 4-13　“Excel 选项”对话框

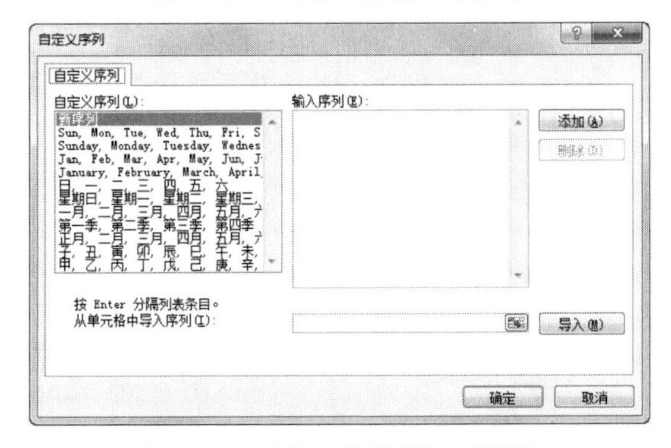

图 4-14　“自定义序列”对话框

操作技巧：填充自定义序列。如果系统为用户提供的数据序列不能满足需要时，可以加入自己的数据序列，具体做法是在“输入序列”文本框中输入新的数据序列，每输入一次按一次【Enter】键，如图 4-15 所示，然后单击“添加”按钮，新的数据序列就被加入到自定义序列清单中。如果序列已经在工作表中存在，那么可以在该对话框中单击“导入”按钮导入到“输入序列”之后，再单击“添加”按钮，将其加入到“自定义序列”中。

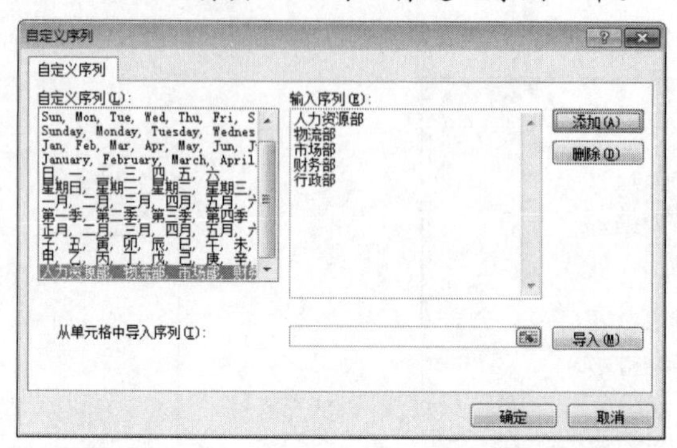

图 4-15　添加新的“自定义序列

步骤 5：输入“身份证号码”列

单击“D3”单元格，在单元格内输入单引号（注意：单引号必须为英文状态）加身份证号，将当前单元格内的信息以文本的形式存储数字，确认输入后，单元格左上角将出现绿色三角的角标。依次录入其他员工身份证号码，录入后如图 4-16 所示。

	A	B	C	D	E	F	G	H	I
1	阳光百货公司员工基本信息表								
2	编号	姓名	性别	身份证号码	部门	入职时间	学历	职称	出生日期
3	YG001			510132×××××××0031					
4	YG002			410121×××××××0211					
5	YG003			510121×××××××2545					
6	YG004			251005×××××××2478					
7	YG005			231008×××××××5646					
8	YG006			510121×××××××4512					
9	YG007			421132×××××××7451					
10	YG008			231008×××××××0754					
11	YG009			152227×××××××3012					
12	YG010			132111×××××××0422					
13	YG011			124214×××××××0541					
14	YG012			147855×××××××0304					
15	YG013			152221×××××××5874					
16	YG014			153224×××××××1567					
17	YG015			510123×××××××0031					
18	YG016			210121×××××××0222					
19	YG017			410121×××××××2545					
20	YG018			251005×××××××2489					
21	YG019			231008×××××××5658					
22	YG020			510121×××××××4515					
23	YG021			421132×××××××7458					
24	YG022			231008×××××××0758					
25	YG023			152227×××××××3013					
26	YG024			132111×××××××0428					
27	YG025			124214×××××××0549					
28	YG026			147855×××××××0308					
29	YG027			152221×××××××5875					
30	YG028			153224×××××××1568					

图 4-16　输入身份证号码

步骤 6：输入“员工基本信息表”中的其他各列

按照图 4-17 所示的内容录入“员工基本信息表”中其他各列，其中“入职时间”和“出生日期”列的数据为日期类型，在输入信息时，需要用斜杠或减号分隔年、月、日。

	A	B	C	D	E	F	G	H	I
1	阳光百货公司员工基本信息表								
2	编号	姓名	性别	身份证号码	部门	入职时间	学历	职称	出生日期
3	YG001	桑楠	女	510132××××××××0031	人力资源部	1992/7/2	大专	经济师	1970/9/9
4	YG002	曹广民	男	410121××××××××0211	行政部	2001/4/4	硕士	无	1981/6/28
5	YG003	陈波	男	510121××××××××2545	行政部	1987/8/1	本科	无	1964/8/5
6	YG004	胡冰	女	251005××××××××2478	物流部	2002/12/14	中专	工程师	1978/5/4
7	YG005	鄂明明	女	231008××××××××5646	行政部	2009/2/3	大专	助理工程师	1985/7/4
8	YG006	宫天彬	男	510121××××××××4512	物流部	1997/10/1	硕士	助理工程师	1977/5/9
9	YG007	何国强	男	421132××××××××7451	物流部	1998/12/2	本科	工程师	1978/4/5
10	YG008	李腾龙	男	231008××××××××0754	市场部	2000/7/5	大专	无	1979/10/25
11	YG009	胡波	女	152227××××××××3012	物流部	2004/6/7	中专	工程师	1984/5/7
12	YG010	黄亮	男	132111××××××××0422	物流部	1995/3/2	硕士	工程师	1975/12/11
13	YG011	李云兴	男	124214××××××××0541	市场部	2000/12/1	本科	无	1980/8/21
14	YG012	黄雅哲	男	147855××××××××0304	财务部	1990/5/1	本科	无	1970/12/12
15	YG013	贾宝亮	男	152221××××××××5874	财务部	1997/5/4	大专	助理会计师	1978/5/14
16	YG014	金贤德	男	153224××××××××1567	财务部	2007/8/9	中专	助理会计师	1985/4/2
17	YG015	兰福辉	女	510123××××××××0031	财务部	1998/5/7	本科	会计师	1976/9/7
18	YG016	刘超	男	210121××××××××0222	市场部	2001/9/5	中专	工程师	1978/6/28
19	YG017	李长伟	男	410121××××××××2545	市场部	1987/4/5	中专	工程师	1968/8/9
20	YG018	黄涛	男	251005××××××××2489	物流部	1998/5/7	本科	工程师	1977/5/5
21	YG019	李鹏	男	231008××××××××5658	市场部	2006/4/5	本科	无	1987/2/5
22	YG020	周倩	女	510121××××××××4515	人力资源部	2001/4/5	本科	高级经济师	1979/5/1
23	YG021	李祥森	男	421132××××××××7458	市场部	1999/7/4	中专	无	1977/4/9
24	YG022	费乐	女	231008××××××××0758	物流部	2009/4/4	中专	助理工程师	1988/10/2
25	YG023	陈晓亮	男	152227××××××××3013	行政部	2005/4/9	本科	高级经济师	1985/5/9
26	YG024	刘军	男	132111××××××××0428	人力资源部	2000/7/4	本科	无	1978/12/17
27	YG025	李长春	女	124214××××××××0549	市场部	2003/9/8	本科	工程师	1982/8/11
28	YG026	令狐春	女	147855××××××××0308	市场部	1990/7/1	本科	工程师	1977/12/12
29	YG027	刘民	男	152221××××××××5875	人力资源部	1995/5/8	硕士	经济师	1973/5/18
30	YG028	李凤权	男	153224××××××××1568	财务部	2007/8/7	大专	会计师	1987/4/15

图 4-17 录入基本信息

操作技巧：从身份证号码中提取出生日期。单击“I3”单元格，在单元格内输入公式“=DATE(MID(D3,7,4),MID(D3,11,2),MID(D3,13,2))”，如图 4-18 所示，按【Enter】键确定输入。拖动填充柄至“I30”，完成出生日期的计算。

D	E	F	G	H	I	J	K	L	M
表									
身份证号码	部门	入职时间	学历	职称	出生日期				
510132××××××××0031	人力资源部	1992/7/2	大专	经济师	=DATE(MID(D3,7,4),MID(D3,11,2),MID(D3,13,2))				
410121××××××××0211	行政部	2001/4/4	硕士	无					
510121××××××××2545	行政部	1987/8/1	本科	无					
251005××××××××2478	物流部	2002/12/14	中专	工程师					

图 4-18 提取“出生日期”

步骤 7：合并标题行

选中“A1”至“I1”单元格，单击“开始”选项卡→“对齐方式”组→“合并后居中”按钮，将标题行单元格合并并居中，如图 4-19 所示。

步骤 8：冻结标题行

选中“A3”单元格，单击“视图”选项卡→“窗口”组→“冻结窗格”下拉按钮，弹出如图 4-20 所示下拉列表框，选择“冻结拆分窗格”选项，即可将选中单元格的上方行和左侧列冻结。

在数据量比较大的工作表中为了方便查看表头与数据的对应关系，可通过冻结工作表窗格随意查看工作表的其他部分而不移动表头所在行和列，选中单元格后冻结拆分窗格，可以冻结单元格左侧的列和单元格上方的行。例如，选中“B3”单元格进行冻结，冻结后A列不动，1、2行不动。

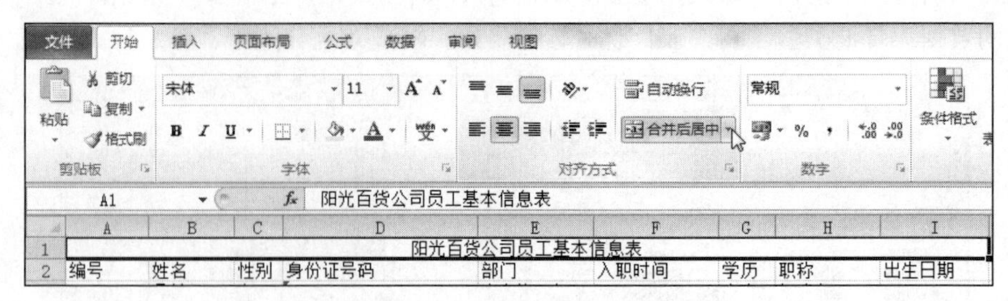

图 4-19 合并标题行

步骤9：重命名工作表

单击“开始”选项卡→“单元格”组→“格式”下拉按钮，在如图4-21所示的下拉列表框中选择“重命名工作表”选项，将“Sheet1”重命名为“员工基本信息表”。

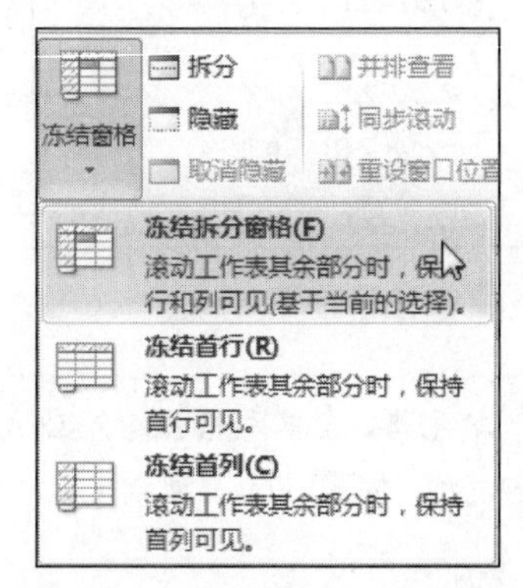

图 4-20 “冻结窗格”下拉列表框

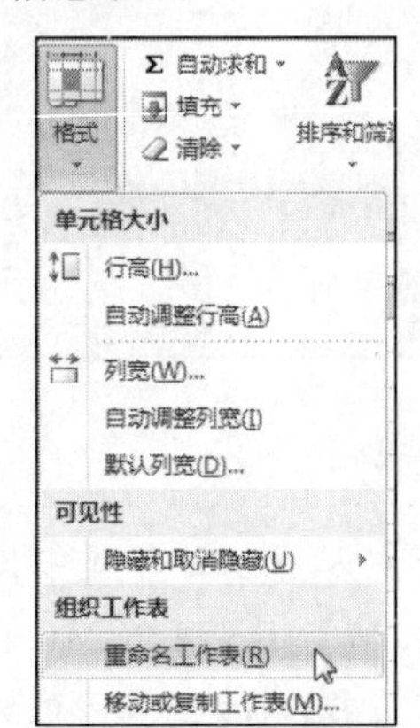

图 4-21 “格式”下拉列表框

操作技巧：工作表的名称默认为“Sheet1”“Sheet2”……，为了便于记忆和查询，可重命名工作表名称。双击“Sheet1”工作表标签，或在“Sheet1”工作表标签上右击，在弹出的快捷菜单中选择“重命名”命令，如图4-22所示，此时选择的工作表标签变为可编辑状态，且该工作表的名称自动变为黑底白字显示，编辑状态如图4-23所示，在此状态下输入名称即可。

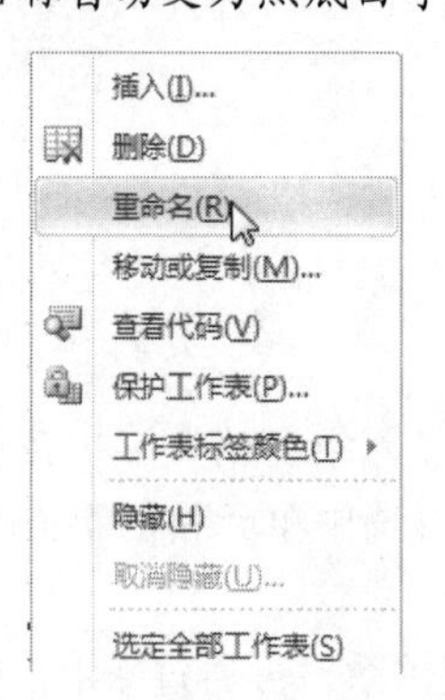

图 4-22 工作表标签快捷菜单

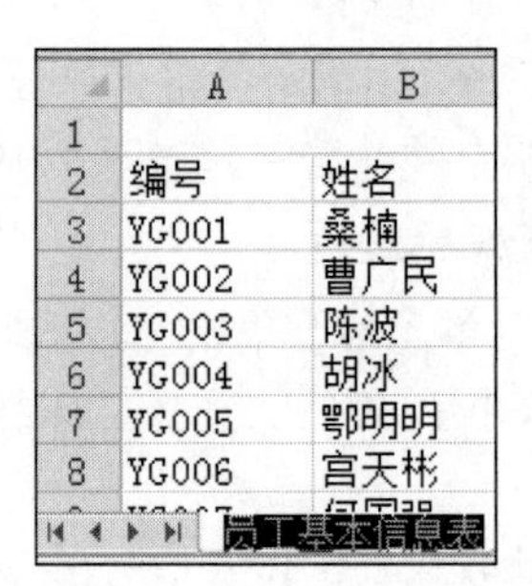

图 4-23 “工作表标签”编辑状态

步骤 10：设置工作表标签颜色

单击“开始”选项卡→“单元格”组→“格式”下拉按钮→“工作表标签颜色”中的红色，如图 4-24 所示。或在“员工基本信息表”工作表标签上右击，在弹出的快捷菜单中选择“工作表标签颜色”中的“红色，强调文字颜色 2”命令，如图 4-25 所示。

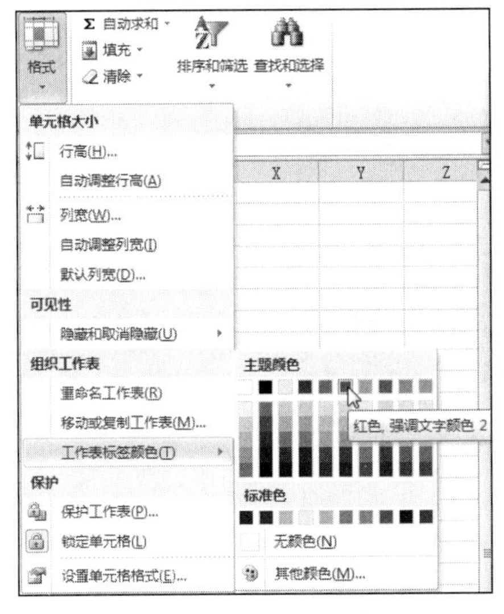

图 4-24　“工作表标签颜色”设置

图 4-25　右键快捷菜单

默认状态下，工作表标签的颜色为白底黑色字显示，为了让工作表标签更美观醒目，可设置工作表标签的颜色。

步骤 11：删除工作表

选中“Sheet2”工作表，单击“开始”选项卡→“单元格”组→“删除”下拉列表框中的“删除工作表”按钮，将原有的“Sheet2”工作表删除，按照相同方式继续删除“Sheet3”工作表，如图 4-26 所示。

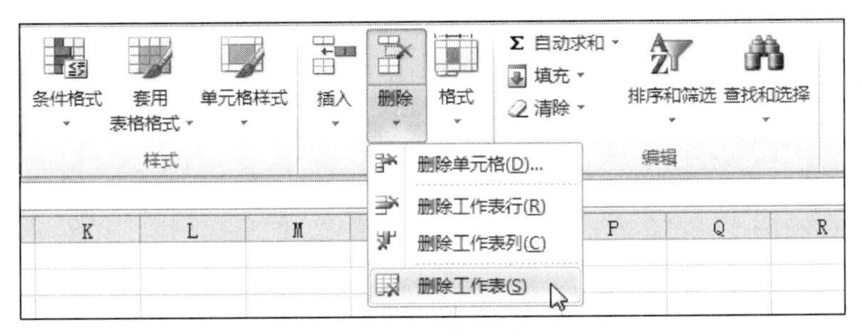

图 4-26　删除工作表

子任务 2　美化员工基本信息表

按照任务分析，对员工基本信息表进行美化，具体的操作步骤如下：

步骤 1：设置标题字体

将标题字体设置为“华文彩云、20、蓝色”。

选定“A1”单元格，单击“开始”选项卡→“字体”组→对话框启动器按钮，弹出“设置单元格格式”对话框，如图 4-27 所示，在“字体”列表框中选择“华文彩云”，在“字号”列表框中选择“20”，在“颜色”下拉列表框中选择“标准色”“蓝色”，单击“确定”按钮。

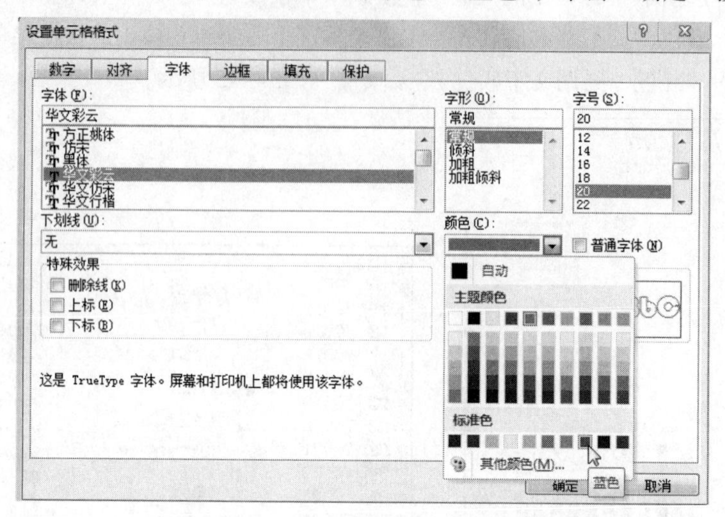

图 4-27 “设置单元格格式”对话框

步骤 2：设置数据区域单元格格式

将数据区域所有单元格的字号设置为“10”，水平对齐和垂直对齐方式都设置为“居中”。选定 A2：I30 的区域，单击“开始”选项卡→“字体”组→“字体”命令，弹出“设置单元格格式”对话框，在“字号”列表框中选择“10”、切换到“对齐”选项卡，分别在“水平对齐”“垂直对齐”下拉列表框中选择“居中”选项，如图 4-28 所示。

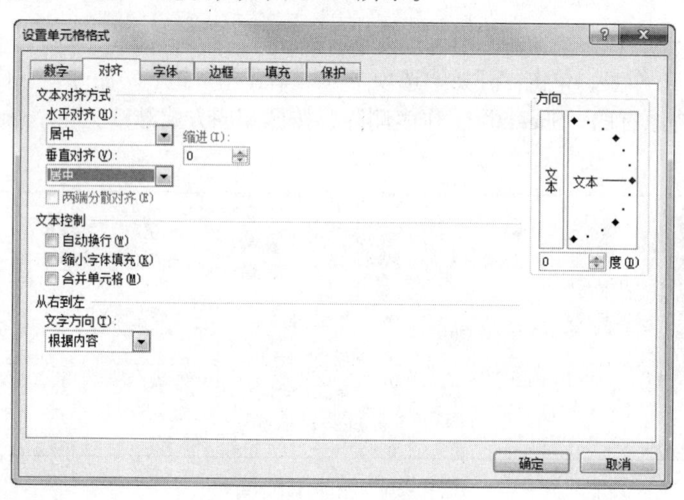

图 4-28 “对齐”选项卡

步骤 3：设置表格边框

设置表格的外边框为蓝色的双细线，内边框为红色的单细线。切换到“边框”选项卡，在“线条”区域的“样式”列表框中选择双细线；在“颜色”下拉列表框中选择“标准色-蓝色”；在“预置”栏中单击“外边框”按钮，为表格添加外边框。在“线条”区域的“样式”列表框中选择单细线；在“颜色”下拉列表框中选择“标准色-红色”；在“预置”栏中单击“内部”按钮，为表格添加内边框，如图 4–29 所示，单击“确定”按钮。

步骤 4：设置列标题底纹

为表格的列标题添加浅橙色底纹。选定列标题所在区域 A2：I2，单击“开始”选项卡→“字体”组→“填充颜色”下拉按钮，在打开的下拉列表框中选择“主题颜色”→“橙色淡色 80%”，如图 4–30 所示，设置效果如图 4–31 所示。

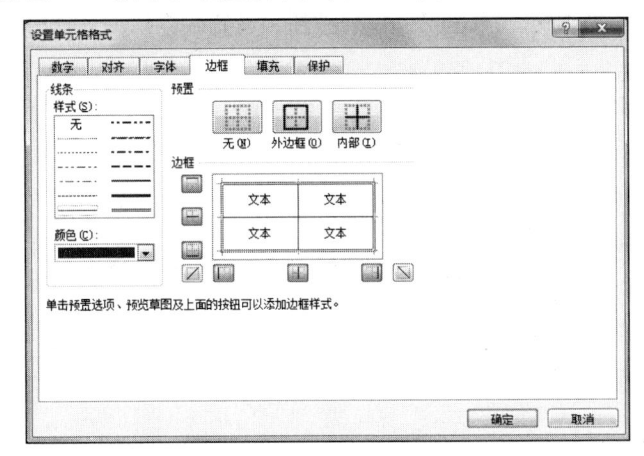

图 4–29　“边框”选项卡

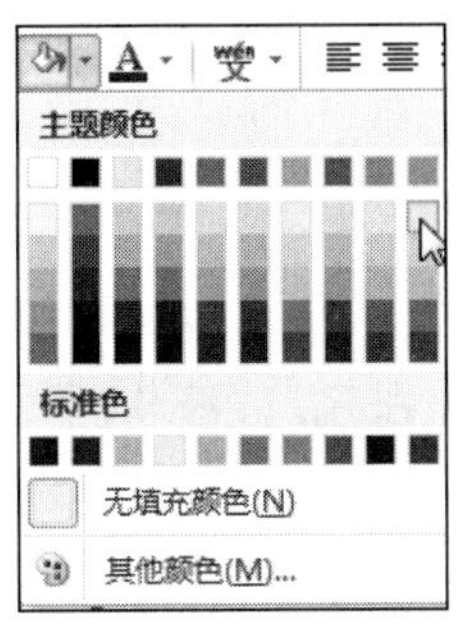

图 4–30　设置填充颜色

	A	B	C	D	E	F	G	H	I
1	阳光百货公司员工基本信息表								
2	编号	姓名	性别	身份证号码	部门	入职时间	学历	职称	出生日期
3	YG001	桑楠	女	510132×××××××0031	人力资源部	1992-07-02	大专	经济师	1970-09-09
4	YG002	曹广民	男	410121×××××××0211	行政部	2001-04-04	硕士	无	1981-06-28
5	YG003	陈波	男	510121×××××××2545	行政部	1987-08-01	本科	无	1964-08-05
6	YG004	胡冰	女	251005×××××××2478	物流部	2002-12-14	中专	工程师	1978-05-04
7	YG005	鄂明明	女	231008×××××××5646	行政部	2009-02-03	大专	助理工程师	1985-07-04
8	YG006	宫天彬	男	510121×××××××4512	物流部	1997-10-01	硕士	助理工程师	1977-05-09
9	YG007	何国强	男	421132×××××××7451	物流部	1998-12-02	本科	工程师	1978-04-05
10	YG008	李腾龙	男	231008×××××××0754	市场部	2000-07-05	大专	无	1979-10-25
11	YG009	胡波	女	152227×××××××3012	物流部	2004-06-07	中专	工程师	1984-05-07
12	YG010	黄亮	男	132111×××××××0422	物流部	1995-03-02	硕士	工程师	1975-12-11
13	YG011	李云兴	男	124214×××××××0541	市场部	2000-12-01	本科	无	1980-08-21
14	YG012	黄雅哲	男	147855×××××××0304	财务部	1990-05-01	本科	无	1970-12-12
15	YG013	贾宝亮	男	152221×××××××5874	财务部	1997-05-04	大专	助理会计师	1978-05-14
16	YG014	金贤德	男	153224×××××××1567	财务部	2007-08-09	中专	助理会计师	1985-04-02
17	YG015	兰福辉	女	510123×××××××0031	财务部	1998-05-07	本科	会计师	1976-09-07
18	YG016	刘超	男	210121×××××××0222	市场部	2001-09-05	中专	工程师	1978-06-28
19	YG017	李长伟	男	410121×××××××2545	市场部	1987-04-05	中专	工程师	1968-08-09
20	YG018	黄涛	男	251005×××××××2489	物流部	1998-05-07	本科	工程师	1977-05-05
21	YG019	李鹏	男	231008×××××××5658	市场部	2006-04-05	本科	无	1987-02-05
22	YG020	周倩	女	510121×××××××4515	人力资源部	2001-04-05	本科	高级经济师	1979-05-01
23	YG021	李祥森	男	421132×××××××7458	市场部	1999-07-04	中专	无	1977-04-09
24	YG022	费乐	女	231008×××××××0758	物流部	2009-04-04	中专	助理工程师	1988-10-02
25	YG023	陈晓亮	男	152227×××××××3013	行政部	2005-04-09	本科	高级经济师	1985-05-09
26	YG024	刘军	男	132111×××××××0428	人力资源部	2000-07-04	本科	无	1978-12-17
27	YG025	李长春	女	124214×××××××0549	市场部	2003-09-08	本科	工程师	1982-08-11
28	YG026	令狐春	女	147855×××××××0308	市场部	1990-07-01	本科	工程师	1977-12-12
29	YG027	刘民	男	152221×××××××5875	人力资源部	1995-05-08	硕士	经济师	1973-05-18
30	YG028	李凤权	男	153224×××××××1568	财务部	2007-08-07	大专	会计师	1987-04-15

图 4–31　“边框和底纹”设置效果

步骤 5：设置单元格列宽

将表格的所有列调整为最适合的列宽。选定表格的所有列，单击“开始”选项卡→“单元格”组→“格式”下拉按钮，在其下拉列表框中选择“自动调整列宽”选项，调整各列为最适合的宽度，如图 4-32 所示。

步骤 6：设置单元格数字格式

设置“入职时间”和“出生日期”列的数字格式为“年/月/日”格式。选定入职时间所在区域 F3：F30，按住【Ctrl】键，选定出生日期列 I3：I30。单击“开始”选项卡→“数字”组→对话框启动器按钮，弹出“设置单元格格式”对话框，在“分类”列表选择“日期”，在“类型”列表框中选择“*2001 年 3 月 14 日”，如图 4-33 所示，单击“确定”按钮，设置效果如图 4-34 所示，部分日期显示为“#”。

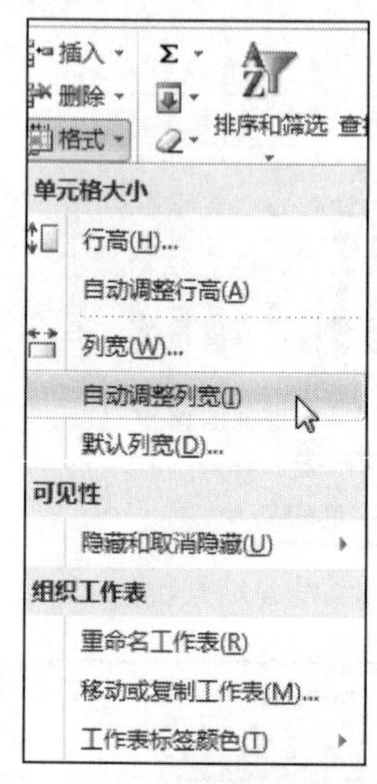

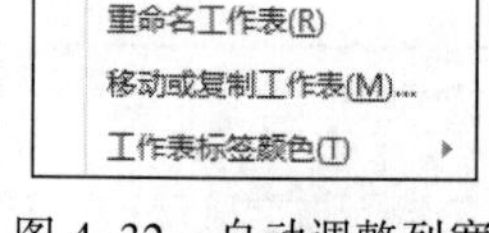

图 4-32 自动调整列宽

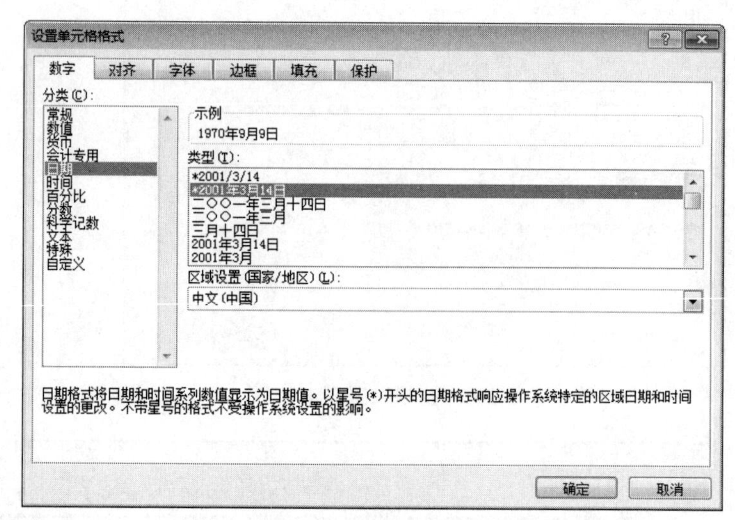

图 4-33 设置“日期”格式

	A	B	C	D	E	F	G	H	I
1	阳光百货公司员工基本信息表								
2	编号	姓名	性别	身份证号码	部门	入职时间	学历	职称	出生日期
3	YG001	桑楠	女	510132××××××××0031	人力资源部	1992年7月2日	大专	经济师	1970年9月9日
4	YG002	曹广民	男	410121××××××××0211	行政部	2001年4月4日	硕士	无	1981年6月28日
5	YG003	陈波	男	510121××××××××2545	行政部	1987年8月1日	本科	无	1964年8月5日
6	YG004	胡冰	女	251005××××××××2478	物流部	############	中专	工程师	1978年5月4日
7	YG005	鄂明明	女	231008××××××××5646	行政部	2009年2月3日	大专	助理工程师	1985年7月4日
8	YG006	宫天彬	男	510121××××××××4512	物流部	############	硕士	助理工程师	1977年5月9日
9	YG007	何国强	男	421132××××××××7451	物流部	############	本科	工程师	1978年4月5日
10	YG008	李腾龙	男	231008××××××××0754	市场部	2000年7月5日	大专	无	############
11	YG009	胡波	女	152227××××××××3012	物流部	2004年6月7日	中专	工程师	1984年5月7日
12	YG010	黄亮	男	132111××××××××0422	物流部	1995年3月2日	硕士	工程师	############
13	YG011	李云兴	男	124214××××××××0541	市场部	############	本科	无	1980年8月21日
14	YG012	黄雅哲	男	147855××××××××0304	财务部	1990年5月1日	本科	无	############
15	YG013	贾宝亮	男	152221××××××××5874	财务部	1997年5月4日	大专	助理会计师	1978年5月14日
16	YG014	金贤德	男	153224××××××××1567	财务部	2007年8月9日	中专	助理会计师	1985年4月2日
17	YG015	兰福辉	女	510123××××××××0031	财务部	1998年5月7日	本科	会计师	1976年9月7日
18	YG016	刘超	男	210121××××××××0222	市场部	2001年9月5日	中专	工程师	1978年6月28日
19	YG017	李长伟	男	410121××××××××2545	市场部	1987年4月5日	中专	工程师	1968年8月9日
20	YG018	黄涛	男	251005××××××××2489	物流部	1998年5月7日	本科	工程师	1977年5月5日
21	YG019	李鹏	男	231008××××××××5658	市场部	2006年4月5日	本科	无	1987年2月5日
22	YG020	周倩	女	510121××××××××4515	人力资源部	2001年4月5日	本科	高级经济师	1979年5月1日
23	YG021	李祥森	男	421132××××××××7458	市场部	1999年7月4日	中专	无	1977年4月9日
24	YG022	费乐	女	231008××××××××0758	物流部	2009年4月4日	中专	助理工程师	1988年10月2日
25	YG023	陈晓亮	男	152227××××××××3013	行政部	2005年4月9日	本科	高级经济师	1985年5月9日
26	YG024	刘军	男	132111××××××××0428	人力资源部	2000年7月4日	本科	无	############
27	YG025	李长春	女	124214××××××××0549	市场部	2003年9月8日	本科	工程师	1982年8月11日
28	YG026	令狐春	女	147855××××××××0308	市场部	1990年7月1日	本科	工程师	############
29	YG027	刘民	男	152221××××××××5875	人力资源部	1995年5月8日	硕士	经济师	1973年5月18日
30	YG028	李凤权	男	153224××××××××1568	财务部	2007年8月7日	大专	会计师	1973年5月18日

图 4-34 日期显示为“#”

操作技巧：更改单元格数字格式后，部分日期显示为多个“#”（见图 4-33），原因是日期过长，原单元格宽度不能完全显示，就由“#”代替，仅需重新执行“自动调整列宽”选项即可。

步骤 7：使用条件格式设置数据行底纹

利用条件格式，将工作表数据行中奇数行设置为浅橙色底纹，选定 A3:I30 区域，进行以下操作：

① 单击“开始”选项卡→“样式”组→“条件格式”下拉列表框→“新建规则”按钮，如图 4-35 所示，弹出“新建格式规则”对话框。

② 在“选择规则类型”列表框中，选择“使用公式确定要设置格式的单元格”，在“编辑规则说明”中，输入公式“=MOD(ROW(),2)<>0”，如图 4-36 所示。

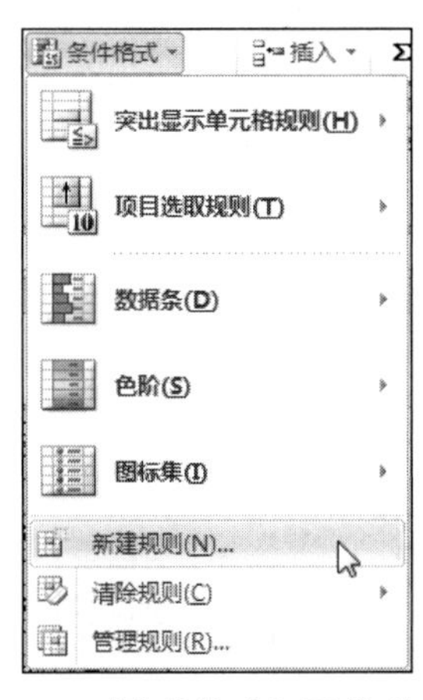

图 4-35 “条件格式”下拉列表框

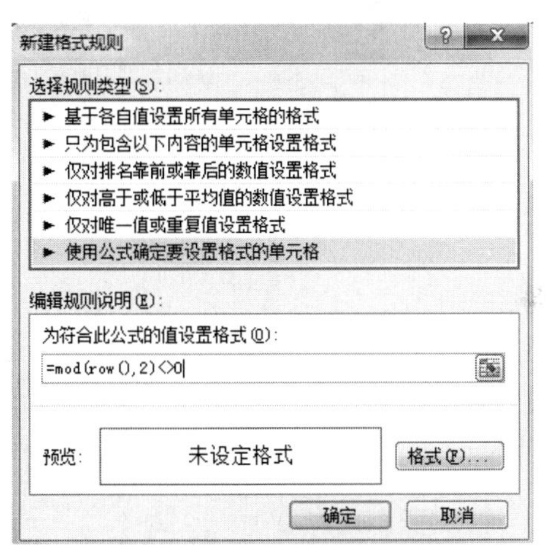

图 4-36 “新建格式规则”对话框

③ 单击“新建格式规则”对话框中的“格式”按钮，弹出“设置单元格格式”对话框，选择“填充”选项卡，在“背景色”区域选择“橙色淡色 80%”，如图 4-37 所示，单击“确定”按钮。

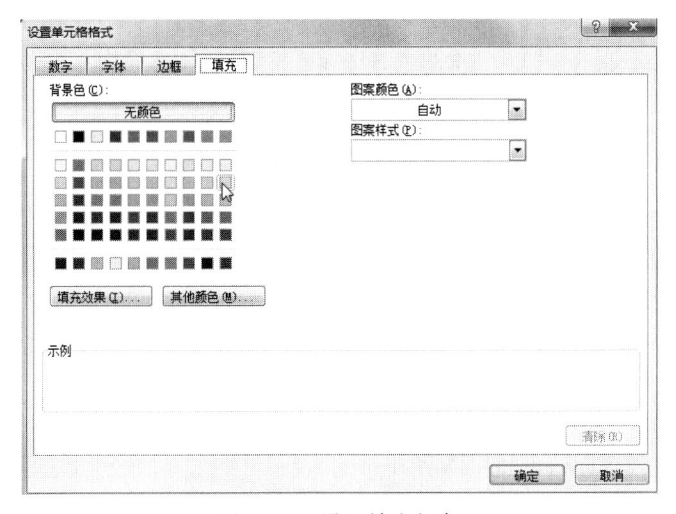

图 4-37 设置填充颜色

④ 返回“新建格式规则”对话框，单击“确定”按钮。完成“公式”条件格式的设置，设置效果见图 4-1 所示。

扩展任务 制作职工工资表

任务介绍：职工实发工资包括基本工资、职务津贴、奖金。为了使制作的工资表更美观，需要对工资表的基本信息进行录入，计算职工的实发工资。设置字体格式、数据格式、对齐方式、边框底纹、条件格式等。职工工资表基本数据录入如图 4-38 所示，美化后的效果如图 4-39 所示。

	A	B	C	D	E	F	G	H
1	职工工资表							
2	姓名	职称	性别	工作时间	基本工资	职务津贴	奖金	实发工资
3	刘小军	副教授	男	1974/2/14	1200	600	1765	
4	陈新洪	讲师	男	1985/3/15	1000	200	1100	
5	孙卫国	讲师	女	1992/7/15	900	150	660	
6	王明	副教授	男	1979/5/18	1200	450	1450	
7	胡广华	助教	女	1997/2/12	700	100	385	
8	刘芳	副教授	女	1976/11/7	1250	600	1600	
9	吴建军	助教	男	1998/5/5	700	100	310	
10	李平	讲师	男	1982/2/20	1000	250	1285	
11	吴玉花	副教授	女	1973/12/2	1500	700	1775	
12	王小林	讲师	男	1988/7/13	900	200	900	

图 4-38 职工工资表基本数据录入表

职工工资表							
姓名	职称	性别	工作时间	基本工资	职务津贴	奖金	实发工资
刘小军	副教授	男	1974-2-14	1200	600	1765	3565
陈新洪	讲师	男	1985-3-15	1000	200	1100	2300
孙卫国	讲师	女	1992-7-15	900	150	660	1710
王明	副教授	男	1979-5-18	1200	450	1450	3100
胡广华	助教	女	1997-2-12	700	100	385	1185
刘芳	副教授	女	1976-11-7	1250	600	1600	3450
吴建军	助教	男	1998-5-5	700	100	310	1110
李平	讲师	男	1982-2-20	1000	250	1285	2535
吴玉花	副教授	女	1973-12-2	1500	700	1775	3975
王小林	讲师	男	1988-7-13	900	200	900	2000

图 4-39 职工工资表美化后的效果图

任务要求：

① 设置标题行格式。合并单元格 A1：H1，设置标题字体格式为“隶书，20 磅”，第 1 行行高 20 磅。

② 计算实发工资。选中 H3 单元格，输入“=E3+F3+G3”，将公式复制到其他员工的实发工资栏。

③ 设置工作时间列格式。选中 D3：D12 区域，在单元格的数字格式中选择“自定义”分类项，设置类型为“yyyy-m-d”。

④ 设置表格边框。设置表格外框为红色粗线，内框为黑色细线。

⑤ 设置单元格底纹。设置“奖金”列的填充为“12.5%灰色的图案样式”，设置“实发工资”列的填充为“25%灰色的图案样式”。

⑥ 设置条件格式。对职务津贴设置条件格式：职务津贴大于等于 600 者设置为红色粗体字，职务津贴小于 200 者设置为蓝色斜粗体字。

知识链接

1. Excel 的窗口组成

打开一个空白电子表格，可以看到如图 4-40 所示的界面，这就是 Excel 2010 的窗口界面。

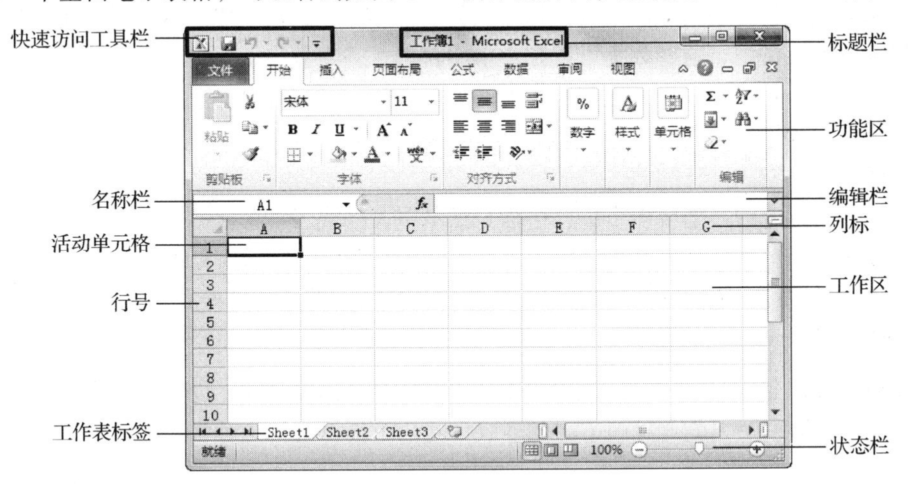

图 4-40　Excel 窗口界面

Excel 窗口的大部分组成元素与其他应用程序窗口的组成元素相同，均由用户图形界面中的标准元素构成，如标题栏、选项卡和状态栏等。

① 标题栏：位于窗口的顶部，显示软件的名称，以及当前工作簿文件的名称。标题栏右侧有“最小化”“最大化/还原”和“关闭”按钮。

② 选项卡：包括文件、开始、插入、页面布局、公式、数据、审阅、视图等，每个选项卡又都有自己的功能区，功能区又包含若干个组，使用它们可以实现 Excel 2010 的各种操作。

③ 名称栏：活动单元格的名称，由列标和行号组成（列号在前、行号在后）。

④ 编辑栏：用来显示编辑当前活动单元格中的数据内容或具体公式。

⑤ 工作区：是工作表中最主要的部分，用于数据的录入。

⑥ 状态栏：位于窗口的底部，用于显示当前命令或操作的有关信息。

2. 工作簿的组成

工作簿、工作表和单元格是 Excel 中最重要的 3 个概念。

（1）工作簿

在 Excel 中，一个文件（其扩展名为.xlsx）即是一个工作簿，一个工作簿由一个或多个工作表组成。它像一个文件夹，可以存放相关的表格或图表，以便于处理。例如，某学校计算机专业中不同班级的期末成绩汇总表可以保存在一个工作簿中。

当启动 Excel 时，Excel 将自动生成一个新的工作簿“工作簿 1”。在默认情况下，每个新建的工作簿有 3 张工作表，分别命名为 Sheet1、Sheet2 和 Sheet3。工作表名称可以修改，工作表个数也可以增减。在 Excel 2010，每个工作簿可以包含几千个工作表，完全可以满足日常生活中大量数据处理的需求。

（2）工作表

工作表是一张二维表格，由行和列组成。其中行号是由上至下按 1～1 048 576 进行编号，而列标则由左至右采用字母 A、B、C、…、Z，AA、…、AZ,BA、BB、…XFD 进行编号。每张工作表至多可以有 1 048 576 行、16 384 列。

在工作簿窗口中单击某个工作表标签，则该工作表会成为当前工作表，可以对它进行编辑。

（3）单元格

单元格是组成工作表的最小单位，每张工作表由多个单元格组成。编辑工作表时输入任何数据都被保存在单元格中，这些数据可以是一个字符串、一组数字、一个公式等。每个单元格都有唯一地址，单元格地址的构成是由其所在列的列标和所在行的行号组成。例如，D 列第 7 行所在的单元格应表示为 D7。

（4）活动单元格

通常把当前选定的一个或多个单元格称为活动单元格或活动单元格区域，其外边有黑框，“名称栏”中显示活动单元格坐标。单元格区域可以是一个单元格，也可以是多个单元格，可以是相邻的，也可以是彼此分离。Excel 的操作一般都是针对活动单元格进行。

3. 数据输入

单元格中可以存放的数据包括文本型数据、数字、日期和时间，以及函数和公式等。在工作表中输入不用的数据时，就会用到不同的输入方法。下面将介绍几种常用数据类型的输入方法。

（1）输入文本

在工作表中输入文本时，应先选择单元格，然后再输入文本。输入时，编辑栏将显示“取消”按钮、“输入”按钮以及当前活动单元格的内容，“名称框”中则显示当前活动单元格的单元格引用。用户可单击“输入”按钮或按【Enter】键完成本次输入，也可单击“取消”按钮或按【Esc】键取消本次输入。

在 Excel 2010 中，文本可以是数字、空格、汉字和非数字字符的组合，如输入“11ABC22”“23-45”“566-888”和“计算机基础”。

用户可以在一个单元格中输入多达 32 000 个半角字符。当输入的文本长宽大于单元格宽度时，文本将溢出到下一个单元格中显示（除非这些单元格中包含数据）。如果下一个单元格中包含数据，Excel 将截断输入文本的显示。注意，被截断的文本仍然存在，只是用户看不见而已。如果用户想看到完整的输入文本，就需要修改工作表的文本显示格式。

用户还可以将数字作为文本输入到工作表的单元格，如输入身份证、邮政编码、电话号码，特别是首字符是零时，用户必须将其作为文本输入，否则前面的零会自动丢失。可以按如下方式输入：

'0101234（前面加上半角单引号）

（2）输入数字

数字指的是仅包含下列字符的字符串：

1，2，3，4，5，6，7，8，9，0，+，-，(，)，/，$，%，.，E，e

默认情况下，数字总是靠单元格的右侧对齐，而文本总是靠单元格的左侧对齐。

① 输入分数。为避免将输入的分数视作日期，可先输入“0”和一个空格，然后输入分数例如输入“1/3”应输入“0 空格 1/3”。

② 输入负数。在输入的数前加减号，或将数放在括号中。例如，输入“-10”应输入“-10”或“(10)”。

③ 输入小数。如果输入小数，一般直接指定小数点位置即可。当输入大量数据，且具有相

同小数位数时，可利用自动设置小数点功能，在“Excel 选项”对话框中选择“高级”选项，在“编辑选项”区中选择“自动输入小数点”复选框，在“位数”框中输入所需位数。例如，输入“2”表示保留 2 位小数，如图 4-41 所示。

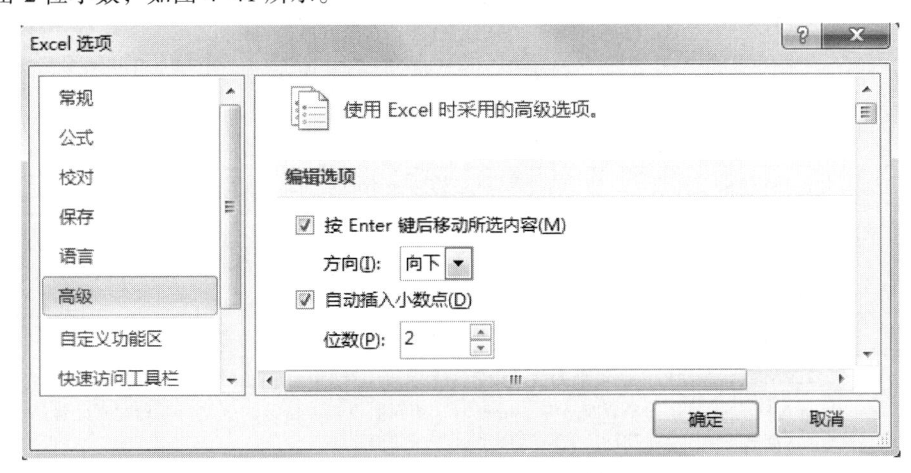

图 4-41 “Excel 选项”对话框

（3）输入时间和日期

输入日期时年、月、日之间用斜杠或减号间隔，输入时间时、分、秒用冒号分隔。如果同时输入日期和时间，需要在时间和日期间加一个空格；如果按 12 小时制输入时间，请在时间数字后加一个空格，并输入“a”（上午）或“p”（下午）；如要插入当前的系统日期，请按【Ctrl+;】组合键；插入当前的系统时间，请按【Ctrl+Shift+;】组合键。

（4）批量输入数据

① 同时在多个单元格或单元格区域中输入数据。首先要选定需要输入数据的单元格或单元格区域，然后输入相应的数据，按【Ctrl+Enter】组合键。

② 同时在多张工作表中输入或编辑相同数据。首先选定要输入数据的工作表，然后选择需要输入数据的单元格或单元格区域，之后在选定的单元格中输入或编辑相应的数据，按【Enter】键或【Tab】键，Excel 会在所有选定工作表的相应单元格中输入相同数据或对数据进行相同的编辑。

4. 单元格定位与单元格内容定位

修改单元格数据，可以使用单元格定位和单元格内容定位两种方法。单击单元格则选定单元格，此时输入数据将覆盖原单元格中的所有数据；双击单元格，此时单元格中将出现闪烁的光标，此状态下可以修改原单元格中内容。

5. 数值格式

不同的应用场合需要使用不同的数字格式，在“设置单元格格式”对话框中的“数字”选项卡中，可以对数字进行多种格式的设置。

无论为单元格应用了哪一种数字格式，都只会改变单元格的显示形式，而不会改变单元格存储的真正内容。反之，用户在工作表上看到的单元格内容，并不一定是其真正的内容，而可能是原始内容经过各种变化后的一种表现形式。

单元格的数字格式分为常规、数值、货币、会计专用、日期、时间、百分比、分数、科学记数、文本、特殊和自定义 13 种分类。每一种数字格式的使用说明如表 4-1 所示。

表 4-1 数字格式说明

数字格式	使用说明
常规	这是输入数字时 Excel 应用的默认数字格式。大多数情况下，“常规” 格式的数字以输入的方式显示。然而，如果单元格的宽度不够显示整个数字，“常规” 格式会用小数点对数字进行四舍五入。“常规” 数字格式还对较大的数字（12 位或更多位）使用科学计数（指数）表示法
数值	这种格式用于数字的一般表示。可以指定要使用的小数位数、是否使用千位分隔符以及如何显示负数
货币	此格式用于一般货币值并显示带有数字的默认货币符号。可以指定要使用的小数位数、是否使用千位分隔符以及如何显示负数
会计专用	这种格式也用于货币值，但是它会在一列中对齐货币符号和数字的小数点
日期	这种格式会根据指定的类型和区域设置（国家/地区），将日期和时间系列数值显示为日期值。以星号（*）开头的日期格式响应在 Windows “控制面板” 中指定的区域日期和时间设置的更改。不带星号的格式不受 “控制面板” 设置的影响
时间	这种格式会根据指定的类型和区域设置（国家/地区），将日期和时间系列数显示为时间值。以星号（*）开头的时间格式响应在 Windows “控制面板” 中指定的区域日期和时间设置的更改。不带星号的格式不受 “控制面板” 设置的影响
百分比	这种格式以百分数形式显示单元格的值。可以指定要使用的小数位数
分数	这种格式会根据指定的分数类型以分数形式显示数字
科学记数	这种格式以指数表示法显示数字，用 E+n 替代数字的一部分，其中用 10 的 n 次幂乘以 E（代表指数）前面的数字。例如，2 位小数的 “科学记数” 格式将 12345678901 显示为 1.23E+10，即用 1.23×10^{10}。可以指定要使用的小数位数
文本	这种格式将单元格的内容视为文本，并在输入时准确显示内容
特殊	这种格式将数字显示为邮政编码、电话号码或社会保险号码
自定义	这种格式允许修改现有数字格式代码的副本。这会创建一个自定义数字格式并将其添加到数字格式代码的列表中。可以添加 200～250 个自定义数字格式，具体取决于安装的 Excel 的语言版本

任务 2 制作学生综合测评表

任务介绍

小明是班里的学习委员，期末考试结束后。辅导员委托小明整理班级学生的期末成绩，并制作完成学生综合测评成绩表。学生综合测评表的制作为学生奖助学金的评定提供依据。

任务分析

为了制作学生综合测评表，需要制作完成学生期末成绩表和学生综合测评成绩表。学生期末成绩表中的成绩分为考试课和考查课两项单独计算。需要录入各科期末成绩后，计算考试课成绩平均分和按 30%折算后的考试课成绩平均分；计算考查课成绩平均分和按 20%折算后的考查课成绩平均分。折算后成绩将作为综合测评表中的数据依据。完成后的学生期末成绩表如图 4-42 所示。

学生期末成绩汇总表

班级：软件162班　　　　学期：2017—2018年第二学期

学号	姓名	考试课					考查课				
		JAVA语言程序设计	高职大学英语	计算机操作基础	考试课成绩平均分	考试课成绩平均分-30%	大学生心理健康教育	体育与健康	职业生涯规划	考查课成绩平均分	考查课成绩平均分-20%
31516118	庄瑞	62	80	75	72.33	21.70	85	85	75	81.67	16.33
31516104	朱欣宇	79	93	85	85.67	25.70	90	85	85	86.67	17.33
31516336	周日欣	72	85	75	77.33	23.20	90	85	85	86.67	17.33
31516317	赵兴龙	85	81	85	83.67	25.10	75	85	85	81.67	16.33
31516113	赵天智	78	85	85	82.67	24.80	90	85	85	86.67	17.33
31516112	赵胜田	69	73	85	75.67	22.70	90	45	85	73.33	14.67
81216226	张英浩	87	71	85	81.00	24.30	60	45	85	63.33	12.67
31516217	张博	77	69	60	68.67	20.60	85	85	75	81.67	16.33
31516321	于浩东	52	90	75	72.33	21.70	85	45	75	68.33	13.67
31516238	杨杨	55	85	60	66.67	20.00	75	45	90	70.00	14.00
31516109	杨延超	74	65	60	66.33	19.90	90	45	60	65.00	13.00
31516137	吴迪	63	76	85	74.67	22.40	85	85	85	85.00	17.00
31516105	王雨晴	84	93	90	89.00	26.70	90	85	90	88.33	17.67
81216109	王阳	74	83	75	77.33	23.20	60	85	75	73.33	14.67
31516132	王明	87	79	75	80.33	24.10	90	85	75	83.33	16.67
31516210	王凯	77	84	75	78.67	23.60	85	85	90	86.67	17.33
31516208	王春雨	65	94	75	78.00	23.40	90	85	90	88.33	17.67
31516214	隋泽铭	60	70	85	71.67	21.50	85	45	75	68.33	13.67
81216227	石云龙	93	66	85	81.33	24.40	60	45	75	60.00	12.00
31516235	申之鑫	87	78	90	85.00	25.50	85	45	75	68.33	13.67

图 4-42　学生期末成绩表效果图

学生综合测评表共分为德育、智育和体育三项。其中德育占测评分数的 40%，所有学生的基础分均为 75 分，根据学生平时的活动表现加减分；智育占测评分数的 50%，考试课成绩占 30%，考查课成绩占 20%，两项成绩均由学生期末成绩表提供数据；体育课成绩占 10%，根据学生体育课成绩及体能测试成绩核算。将三项成绩汇总后得到综合测评总分，依据综合测评总分划分等级和排名次。该表将作为学生评定奖助学金的重要依据。学生综合测评表效果图如图 4-43 所示。

学生综合测评成绩表

系：信息工程　　　　班级：软件162　　　　考核日期：2018年3月——2018年7月

学号	姓名	德育（Q1-40%）					智育（Q2-50%）			体育（Q3-10%）				综合测评总分	名次	等级	备注
		基础分	加分	减分	总分	折合后得分	X（考试课成绩平均分-30%）	Y（考查课成绩平均分-20%）	折合后得分	体育课成绩	加分	减分	折合后得分				
31516118	庄瑞	75	5		80	32.00	21.70	16.33	38.03	85.00			8.5	78.5	17	良	
31516104	朱欣宇	75	7.5		82.5	33.00	25.70	17.33	43.03	85.00			8.5	84.5	2	优	
31516336	周日欣	75	8		83	33.20	23.20	17.33	40.53	85.00			8.5	82.2	10	良	
31516317	赵兴龙	75	3		78	31.20	25.10	16.33	41.43	85.00			8.5	81.1	15	良	
31516113	赵天智	75	10.5		85.5	34.20	24.80	17.33	42.13	85.00			8.5	84.8	3	优	
31516112	赵胜田	75	8.5		83.5	33.40	22.70	14.67	37.37	45.00			4.5	75.3	25	中	
81216226	张英浩	75	2	6	71	28.40	24.30	12.67	36.97	45.00			4.5	69.9	31	中	
31516217	张博	75	5	1	79	31.60	20.60	16.33	36.93	85.00			8.5	77.0	23	中	
31516321	于浩东	75	6		81	32.40	21.70	13.67	35.37	45.00			4.5	72.3	28	中	
31516238	杨杨	75	2	5	72	28.80	20.00	14.00	34.00	45.00			4.5	67.3	36	及格	
31516109	杨延超	75	2	7	70	28.00	19.90	13.00	32.90	45.00			4.5	65.4	35	及格	
31516137	吴迪	75	2		77	30.80	22.40	17.00	39.40	85.00			8.5	78.7	20	良	
31516105	王雨晴	75	10.5		85.5	34.20	26.70	17.67	44.37	85.00			8.5	87.1	1	优	
81216109	王阳	75	5		80	32.00	23.20	14.67	37.87	85.00			8.5	78.4	22	中	
31516132	王明	75	6.5		81.5	32.60	24.10	16.67	40.77	85.00			8.5	81.9	12	良	
31516210	王凯	75	10	2	83	33.20	23.60	17.33	40.93	85.00			8.5	82.6	7	优	
31516208	王春雨	75	5		80	32.00	23.40	17.67	41.07	85.00			8.5	81.6	13	良	
31516214	隋泽铭	75	1	4	72	28.80	21.50	13.67	35.17	45.00			4.5	68.5	33	及格	
81216227	石云龙	75	2	4	73	29.20	24.40	12.00	36.40	45.00			4.5	70.1	30	中	
31516235	申之鑫	75	5	1	79	31.60	25.50	13.67	39.17	45.00			4.5	75.3	24	中	

辅导员（班主任）签字：　　　　系学生主任签字：

图 4-43　学生综合测评成绩表效果图

任务分解

该任务可以分解为以下 2 个子任务：

子任务 1：制作学生期末成绩表。

子任务 2：制作学生综合测评成绩表。

子任务 1　制作学生期末成绩表

步骤 1：新建 Excel 2010 工作簿并保存

单击“开始”→“所有程序”→“Microsoft office”→“Microsoft Excel 2010”命令，启动 Excel 2010，新建一个空白的工作簿，单击“文件”→“保存”命令，以“综合测评表”的名称，保存工作簿。

步骤 2：录入学生信息及成绩

在“Sheet1”表中录入学生的学号、姓名及各成绩列。修改标题行单元格文字自动换行，选中 A1：L1 区域，单击“开始”选项卡→“对齐方式”组→“自动换行”按钮，将标题行文字在单元格内自动换行，录入的信息如图 4-44 所示。将“Sheet1”工作表重命名为“学生期末成绩表”。

步骤 3：插入标题行

选择工作表中的第 1 行数据，单击“开始”选项卡→“单元格”组→“插入”下拉列表框中的“插入工作表行”按钮，如图 4-45 所示，插入一行新的单元格。

步骤 4：设置标题行格式

选中 A1：L1 区域，单击“开始”选项卡→“对齐方式”组→“合并后居中”按钮，合并单元格。输入“学生期末成绩汇总表”，按【Alt+Enter】组合键换行。再在左侧输入“班级：软件 162 班”，在右侧输入“学期：2017-2018 年第二学期”，中间用空格分隔。选中“学生期末成绩汇总表”文字内容，将字体设置为“宋体，16 磅，加粗”。

	A	B	C	D	E	F	G	H	I	J	K	L
1	学号	姓名	JAVA语言程序设计	高职大学英语	计算机操作基础	考试课成绩平均分	考试课成绩平均分-30%	大学生心理健康教育	体育与健康	职业生涯规划	考查课成绩平均分	考查课成绩平均分-20%
2	31516118	庄瑞	62	80	75			85	85	75		
3	31516104	朱欣宇	79	93	85			90	85	85		
4	31516336	周日欣	72	85	75			90	85	85		
5	31516317	赵兴龙	85	81	85			75	85	85		
6	31516113	赵天智	78	85	85			90	85	85		
7	31516112	赵胜田	69	73	85			90	45	85		
8	81216226	张英浩	87	71	85			60	45	85		
9	31516217	张博	77	69	60			85	85	75		
10	31516321	于浩东	52	90	75			85	45	75		
11	31516238	杨杨	55	85	60			75	45	90		
12	31516109	杨延超	74	65	60			90	45	60		
13	31516137	吴迪	63	76	85			85	85	85		
14	31516105	王雨晴	84	93	90			90	85	90		
15	81216109	王阳	74	83	75			60	85	75		
16	31516132	王明	87	79	75			90	85	75		
17	31516210	王凯	77	84	75			85	85	90		
18	31516208	王春雨	65	94	75			90	85	90		
19	31516214	隋泽铭	60	70	85			85	45	75		
20	81216227	石云龙	93	66	85			60	45	75		
21	31516235	申之鑫	87	78	90			85	45	75		
22												

图 4-44　录入基础数据

选中“A1”单元格，单击“开始”选项卡→“单元格”组→“格式”下拉列表框→“行高”按钮，在如图 4-46 所示的“行高”对话框中输入“40”。设置完成后的效果如图 4-47 所示。

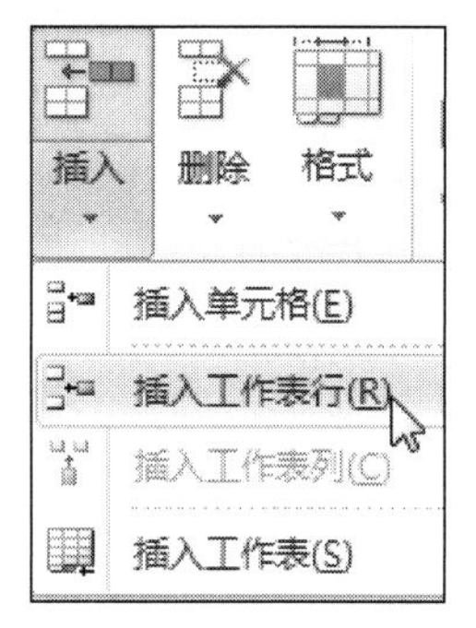

图 4-45　“插入”下拉列表框

图 4-46　“行高”对话框

	A	B	C	D	E	F	G	H	I	J	K	L
1	学生期末成绩汇总表 班级：软件162班											学期：2017-2018年第二学期
2	学号	姓名	JAVA语言程序设计	高职大学英语	计算机操作基础	考试课成绩平均分	考试课成绩平均分-30%	大学生心理健康教育	体育与健康	职业生涯规划	考查课成绩平均分	考查课成绩平均分-20%
3	31516118	庄瑞	62	80	75			85	85	75		
4	31516104	朱欣宇	79	93	85			90	85	85		

图 4-47　插入标题行

步骤 5：设置课程分类行

在行号“2”上右击，弹出如图 4-48 所示的快捷菜单中，选择“插入”命令，插入新的第 2 行。选中 A2：A3 单元格区域，单击“合并后居中”按钮；选中 B2：B3 单元格区域进行合并；选择 C2：G2 单元格区域进行合并，并输入“考试课”文字内容；选择 H2：L2 单元格区域进行合并，并输入“考查课”文字内容；选中行号 2，单击“开始”选项卡→“单元格”组→“格式”下拉按钮→“自动调整行高”按钮，如图 4-49 所示；拖动各列之间的分隔线，将课程名称的列宽进行微调，保证课程名称在两行内写完；第 2 行和第 3 行调整效果如图 4-50 所示。

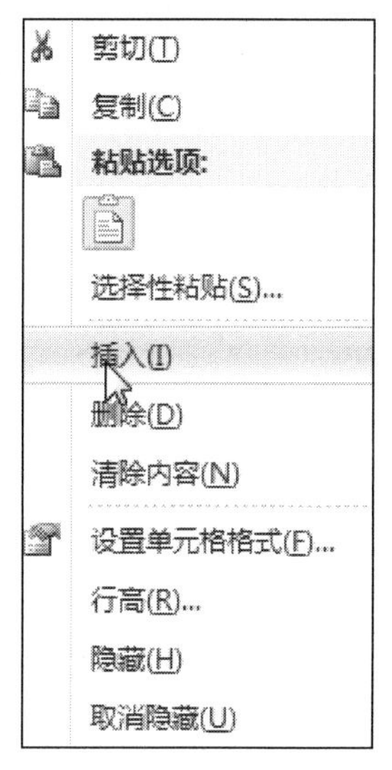

图 4-48　插入快捷菜单

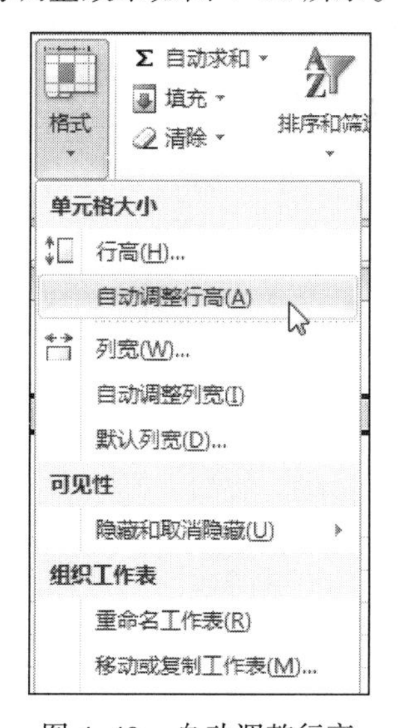

图 4-49　自动调整行高

	A	B	C	D	E	F	G	H	I	J	K	L
1	班级：软件162班					学生期末成绩汇总表					学期：2017-2018年第二学期	
2			考试课					考查课				
3	学号	姓名	JAVA语言程序设计	高职大学英语	计算机操作基础	考试课成绩平均分	考试课成绩平均分-30%	大学生心理健康教育	体育与健康	职业生涯规划	考查课成绩平均分	考查课成绩平均分-20%
4	31516118	庄瑞	62	80	75			85	85	75		
5	31516104	朱欣宇	79	93	85			90	85	85		

图 4-50 课程分类行调整效果

步骤 6：计算考试课成绩平均分

选中“F4”单元格，单击“公式”选项卡→“函数库”组→“自动求和”下拉按钮→“平均值”按钮，如图 4-51 所示，将出现如图 4-52 所示的公式编辑状态，按【Enter】键确定输入。完成后的公式为“=AVERAGE（C4：E4）”。

重新选择“F4”单元格，拖动单元格右下角的填充柄至“F23”单元格，完成其他同学平均成绩的计算。

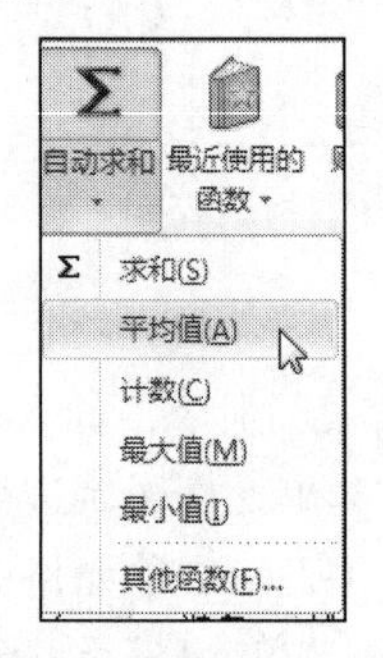

图 4-51 “自动求和”下拉列表框

JAVA语言程序设计	高职大学英语	计算机操作基础	考试课成绩平均分	考试课成绩平均分-30%	大学生心理健康教育
62	80	75	=AVERAGE(C4:E4)		
79	93	85	AVERAGE(**number1**, [number2], ...)		

图 4-52 公式编辑状态

步骤 7：计算考试课平均分的 30%

选中“G4”单元格，在单元格内输入公式“=F4*0.3”，按【Enter】键确定输入。

重新选择“G4”单元格，拖动单元格右下角的填充柄至“G23”单元格，完成其他同学考试课平均分的 30%的计算。成绩完成后效果如图 4-53 所示。

	A	B	C	D	E	F	G	H	I	J	K	L
1	班级：软件162班					学生期末成绩汇总表					学期：2017-2018年第二学期	
2			考试课					考查课				
3	学号	姓名	JAVA语言程序设计	高职大学英语	计算机操作基础	考试课成绩平均分	考试课成绩平均分-30%	大学生心理健康教育	体育与健康	职业生涯规划	考查课成绩平均分	考查课成绩平均分-20%
4	31516118	庄瑞	62	80	75	72.33333	21.7	85	85	75		
5	31516104	朱欣宇	79	93	85	85.66667	25.7	90	85	85		
6	31516336	周日欣	72	85	75	77.33333	23.2	90	85	85		
7	31516317	赵兴龙	85	81	85	83.66667	25.1	75	85	85		
8	31516113	赵天智	78	85	85	82.66667	24.8	90	85	85		
9	31516112	赵胜田	69	73	85	75.66667	22.7	90	45	85		
10	81216226	张英浩	87	71	85	81	24.3	60	45	85		
11	31516217	张博	77	69	60	68.66667	20.6	85	85	75		
12	31516321	于浩东	52	90	75	72.33333	21.7	85	45	75		
13	31516238	杨杨	55	85	60	66.66667	20	75	45	90		
14	31516109	杨延超	74	65	60	66.33333	19.9	90	45	60		
15	31516137	吴迪	63	76	85	74.66667	22.4	85	85	85		
16	31516105	王雨晴	84	93	90	89	26.7	90	85	90		
17	81216109	王阳	74	83	75	77.33333	23.2	60	85	75		
18	31516132	王明	87	79	75	80.33333	24.1	90	85	75		
19	31516210	王凯	77	84	75	78.66667	23.6	85	85	90		
20	31516208	王春雨	65	94	75	78	23.4	90	85	90		
21	31516214	隋泽铭	60	70	85	71.66667	21.5	85	45	75		
22	81216227	石云龙	93	66	85	81.33333	24.4	60	45	75		
23	31516235	申之鑫	87	78	90	85	25.5	85	45	75		

图 4-53 计算考试课成绩

步骤 8：计算考查课平均分及考课平均分的 20%

选中“K4”单元格，单击“公式”选项卡→“函数库”组→“插入函数”命令，弹出如图 4–54 所示的“插入函数”对话框，在选择函数区域中选择“AVERAGE”，单击“确定”按钮，弹出如图 4–55 所示的“函数参数”对话框，修改 Number1 中的函数参数为“H4：J4”，可以通过键盘输入的方式或者鼠标拖动的方式选定 H4：J4 单元格区域，单击“确定”按钮，完成公式的输入。完成后的公式为“=AVERAGE(H4:J4)”。

选中“L4”单元格，在单元给内输入公式“=K4*0.2”，按【Enter】键确定输入。重新选定“L4”单元格，使用公式填充功能将公式复制到 L5：L23，完成其他同学考查课成绩的填充。

插入函数
搜索函数(S)：
请输入一条简短说明来描述您想做什么，然后单击“转到”　转到(G)
或选择类别(C)：常用函数
选择函数(N)：
AVERAGE
SUM
IF
HYPERLINK
COUNT
MAX
SIN
AVERAGE(number1,number2,...)
返回其参数的算术平均值；参数可以是数值或包含数值的名称、数组或引用
有关该函数的帮助　确定　取消

图 4–54　“插入函数”对话框

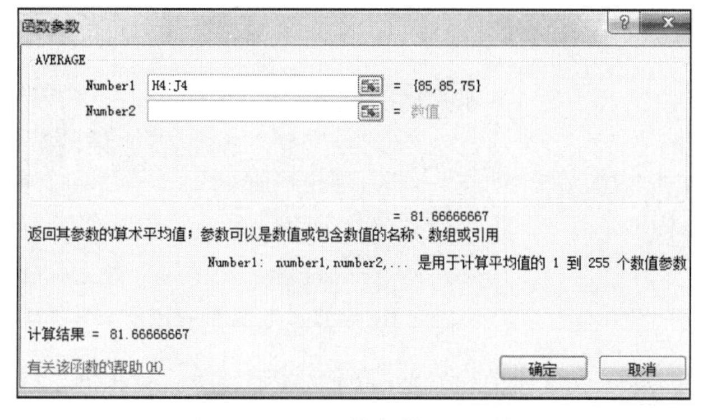

图 4–55　“函数参数”对话框

步骤 9：修改所有学生的平均成绩保留 2 位小数

选定 F4：G23 和 K4：L23 单元格区域，单击“开始”选项卡→“数字”组→对话框启动器按钮，弹出“设置单元格格式”对话框，“数字”选项卡，设置小数位数为 2，单击“确定”按钮，完成学生期末汇总表。

子任务 2　制作学生综合测评成绩表

步骤 1：为学生综合测评表添加原始数据

选定“Sheet2”工作表，将工作表名称重命名为“学生综合测评表”。在该表中录入学生德育成绩分数和体育成绩分数，录入基础数据后如图 4–56 所示。

学生综合测评成绩表

系：信息工程　　班级：软件162　　考核日期：2018年3月——2018年7月

学号	姓名	德育（Q1-40%）					智育（Q2-50%）			体育（Q3-10%）				综合测评总分	名次	等级	备注
		基础分	加分	减分	总分	折合后得分	X（考试课成绩平均分-30%）	Y（考查课成绩平均分-20%）	折合后得分	体育课成绩	加分	减分	折合后得分				
31516118	庄瑞	75.00	5.00							85.00							
31516104	朱欣宇	75.00	7.50							85.00							
31516336	周日欣	75.00	8.00							85.00							
31516317	赵兴龙	75.00	3.00							85.00							
31516113	赵天智	75.00	10.50							85.00							
31516112	赵胜田	75.00	8.50							45.00							
81216226	张英浩	75.00	2.00	6.00						45.00							
31516217	张博	75.00	5.00	1.00						85.00							
31516321	于浩东	75.00	6.00							45.00							
31516238	杨杨	75.00	2.00	5.00						45.00							
31516109	杨延超	75.00	2.00	7.00						45.00							
31516137	吴迪	75.00	2.00							85.00							
31516105	王雨晴	75.00	10.50							85.00							
81216109	王阳	75.00	5.00							85.00							
31516132	王明	75.00	6.50							85.00							
31516210	王凯	75.00	10.00	2.00						85.00							
31516208	王春雨	75.00	5.00							85.00							
31516214	隋泽铭	75.00	1.00	4.00						45.00							
81216227	石云龙	75.00	2.00	4.00						45.00							
31516235	申之鑫	75.00	5.00	1.00						45.00							

辅导员（班主任）签字：　　系学生主任签字：

图 4–56　综合测评表的基础数据录入

步骤 2：使用 VLOOKUP 函数添加考试课、考察课分数

添加考试课平均分的 30%，选中“H5”单元格，单击“插入函数”按钮，选择 VLOOKUP 函数，在“函数参数”对话框中设置如图 4-57 所示的参数，单击“确定”按钮，完成函数的计算。完成后公式为“=VLOOKUP(A5,成绩表!$A$4:$L$23,7,0)”。使用填充柄将公式复制到 H6：H24，完成其他同学考试课平均分的填充。

函数参数

VLOOKUP

Lookup_value A5 = 31516118

Table_array 成绩表!$A$4:$L$23 = {31516118,"庄瑞",62,80,75,72.3333

Col_index_num 7 = 7

Range_lookup 0 = FALSE

= 21.7

搜索表区域首列满足条件的元素，确定待检索单元格在区域中的行序号，再进一步返回选定单元格的值。默认情况下，表是以升序排序的

Range_lookup 指定在查找时是要求精确匹配，还是大致匹配。如果为 FALSE，大致匹配。如果为 TRUE 或忽略，精确匹配

计算结果 = 21.70

有关该函数的帮助(H) 确定 取消

图 4-57 考试课平均分 30%的 VLOOKUP 函数参数

添加考查课平均分的 20%，选中“I5”单元格，使用同上的方式完成函数的计算，完成后公式为“=VLOOKUP(A5,成绩表!$A$4:$L$23,12,0)”。使用填充柄将公式复制到 I6：I24，完成其他同学考试课平均分的填充。完成后的效果如图 4-58 所示。

学生综合测评成绩表

系：信息工程　　班级：软件162　　考核日期：2018年3月——2018年7月

学号	姓名	德育（Q1-40%）					智育（Q2-50%）			体育（Q3-10%）				综合测评总分	名次	等级	备注
		基础分	加分	减分	总分	折合后得分	X（考试课成绩平均分-30%）	Y（考查课成绩平均分-20%）	折合后得分	体育课成绩	加分	减分	折合后得分				
31516118	庄瑞	75.00	5.00				21.70	16.33		85.00							
31516104	朱欣宇	75.00	7.50				25.70	17.33		85.00							
31516336	周日欣	75.00	8.00				23.20	17.33		85.00							
31516317	赵兴龙	75.00	3.00				25.10	16.33		85.00							
31516113	赵天智	75.00	10.50				24.80	17.33		85.00							
31516112	赵胜田	75.00	8.50				22.70	14.67		45.00							
81216226	张英浩	75.00	2.00	6.00			24.30	12.67		45.00							
31516217	张博	75.00	5.00	1.00			20.60	16.33		85.00							
31516321	于浩东	75.00	6.00				21.70	13.67		45.00							
31516238	杨杨	75.00	2.00	5.00			20.00	14.00		45.00							
31516109	杨延超	75.00	2.00	7.00			19.90	13.00		45.00							
31516137	吴迪	75.00	2.00				22.40	17.00		85.00							
31516105	王雨晴	75.00	10.50				26.70	17.67		85.00							
81216109	王阳	75.00	5.00				23.20	14.67		85.00							
31516132	王明	75.00	6.50				24.10	16.67		85.00							
31516210	王凯	75.00	10.00	2.00			23.60	17.33		85.00							
31516208	王春雨	75.00	5.00				23.40	17.67		85.00							
31516214	隋泽铭	75.00	1.00	4.00			21.50	13.67		45.00							
81216227	石云龙	75.00	2.00	4.00			24.40	12.00		45.00							
31516235	申之鑫	75.00	5.00	1.00			25.50	13.67		45.00							

辅导员（班主任）签字：　　系学生主任签字：

图 4-58 添加考试课、考查课分数

步骤 3：分别计算德育、智育、体育项的各列分数

计算德育总分：选中“F5”单元格，输入公式“=C5+D5-E5”，按【Enter】键确定输入。将公式复制到 F6：F24 区域。

计算德育折合后得分：选中“G5”单元格，输入公式“=F5*0.1”，按【Enter】键确定输入。将公式复制到 G6：G24 区域。

计算智育折合后得分：选中“J5”单元格，输入公式“=H5+I5”，按【Enter】键确定输入。将公式复制到 J6：J24 区域。

计算体育折合后得分：选中“N5”单元格，输入公式“=(K5+L5-M5)*0.1”按【Enter】键确

定输入。将公式复制到“N6：N24”区域。

数值保留 2 位小数：选定 C5：O24 区域，将数值格式保留两位小数，计算后的效果如图 4-59 所示。

学生综合测评成绩表

系：信息工程　　班级：软件162　　考核日期：2018年3月——2018年7月

学号	姓名	德育（Q1-40%）					智育（Q2-50%）			体育（Q3-10%）				综合测评总分	名次	等级	备注
		基础分	加分	减分	总分	折合后得分	X（考试课成绩平均分-30%）	Y（考查课成绩平均分-20%）	折合后得分	体育课成绩	加分	减分	折合后得分				
31516118	庄瑞	75.00	5.00		80.00	32.00	21.70	16.33	38.03	85.00			8.50				
31516104	朱欣宇	75.00	7.50		82.50	33.00	25.70	17.33	43.03	85.00			8.50				
31516336	周日欣	75.00	8.00		83.00	33.20	23.20	17.33	40.53	85.00			8.50				
31516317	赵兴龙	75.00	3.00		78.00	31.20	25.10	16.33	41.43	85.00			8.50				
31516113	赵天智	75.00	10.50		85.50	34.20	24.80	17.33	42.13	85.00			8.50				
31516112	赵胜田	75.00	8.50		83.50	33.40	22.70	14.67	37.37	45.00			4.50				
81216226	张英浩	75.00	2.00	6.00	71.00	28.40	24.30	12.67	36.97	45.00			4.50				
31516217	张博	75.00	5.00	1.00	79.00	31.60	20.60	16.33	36.93	85.00			8.50				
31516321	于浩东	75.00	6.00		81.00	32.40	21.70	13.67	35.37	45.00			4.50				
31516238	杨杨	75.00	2.00	5.00	72.00	28.80	20.00	14.00	34.00	45.00			4.50				
31516109	杨延超	75.00	2.00	7.00	70.00	28.00	19.90	13.00	32.90	45.00			4.50				
31516137	吴迪	75.00	2.00		77.00	30.80	22.40	17.00	39.40	85.00			8.50				
31516105	王雨晴	75.00	10.50		85.50	34.20	26.70	17.67	44.37	85.00			8.50				
81216109	王阳	75.00	5.00		80.00	32.00	23.20	14.67	37.87	85.00			8.50				
31516132	王明	75.00	6.50		81.50	32.60	24.10	16.67	40.77	85.00			8.50				
31516210	王凯	75.00	10.00	2.00	83.00	33.20	23.60	17.33	40.93	85.00			8.50				
31516208	王春雨	75.00	5.00		80.00	32.00	23.40	17.67	41.07	85.00			8.50				
31516214	隋泽铭	75.00	1.00	4.00	72.00	28.80	21.50	13.67	35.17	45.00			4.50				
81216227	石云龙	75.00	2.00	4.00	73.00	29.20	24.40	12.00	36.40	45.00			4.50				
31516235	申之鑫	75.00	5.00	1.00	79.00	31.60	25.50	13.67	39.17	45.00			4.50				

辅导员（班主任）签字：　　系学生主任签字：

图 4-59　计算分数后效果图

步骤 4：计算综合测评总分

选中“O5”单元格，输入公式“=SUM（G5，J5，N5）”，将公式复制到 O6：O24。

步骤 5：计算学生名次

选中“P5”单元格，输入公式“=RANK（O5，$O$5：$O$24）”，将公式复制到 P6：P24。

步骤 6：计算学生等级

学生成绩在 90 分以上（含 90）的为优秀，在 80 分以上（含 80）的为良好，在 70 分以上（含 70）的为中，在 60 分以上（含 60）的为及格，否则为不及格。

选中“Q5”单元格，输入公式“=IF(O5>=90,"优",IF(O5>=80,"良",IF(O5>=70,"中",IF(O5>=60,"及格","不及格"))))”，将公式复制到 Q6：Q24 区域。

综合测评表完成后的效果图如 4-60 所示。

学生综合测评成绩表

系：信息工程　　班级：软件162　　考核日期：2018年3月——2018年7月

学号	姓名	德育（Q1-40%）					智育（Q2-50%）			体育（Q3-10%）				综合测评总分	名次	等级	备注
		基础分	加分	减分	总分	折合后得分	X（考试课成绩平均分-30%）	Y（考查课成绩平均分-20%）	折合后得分	体育课成绩	加分	减分	折合后得分				
31516118	庄瑞	75.00	5.00		80.00	32.00	21.70	16.33	38.03	85.00			8.50	78.53	10	中	
31516104	朱欣宇	75.00	7.50		82.50	33.00	25.70	17.33	43.03	85.00			8.50	84.53	3	良	
31516336	周日欣	75.00	8.00		83.00	33.20	23.20	17.33	40.53	85.00			8.50	82.23	5	良	
31516317	赵兴龙	75.00	3.00		78.00	31.20	25.10	16.33	41.43	85.00			8.50	81.13	8	良	
31516113	赵天智	75.00	10.50		85.50	34.20	24.80	17.33	42.13	85.00			8.50	84.83	2	良	
31516112	赵胜田	75.00	8.50		83.50	33.40	22.70	14.67	37.37	45.00			4.50	75.27	13	中	
81216226	张英浩	75.00	2.00	6.00	71.00	28.40	24.30	12.67	36.97	45.00			4.50	69.87	17	及格	
31516217	张博	75.00	5.00	1.00	79.00	31.60	20.60	16.33	36.93	85.00			8.50	77.03	12	中	
31516321	于浩东	75.00	6.00		81.00	32.40	21.70	13.67	35.37	45.00			4.50	72.27	15	中	
31516238	杨杨	75.00	2.00	5.00	72.00	28.80	20.00	14.00	34.00	45.00			4.50	67.30	19	及格	
31516109	杨延超	75.00	2.00	7.00	70.00	28.00	19.90	13.00	32.90	45.00			4.50	65.40	20	及格	
31516137	吴迪	75.00	2.00		77.00	30.80	22.40	17.00	39.40	85.00			8.50	78.70	9	中	
31516105	王雨晴	75.00	10.50		85.50	34.20	26.70	17.67	44.37	85.00			8.50	87.07	1	良	
81216109	王阳	75.00	5.00		80.00	32.00	23.20	14.67	37.87	85.00			8.50	78.37	11	中	
31516132	王明	75.00	6.50		81.50	32.60	24.10	16.67	40.77	85.00			8.50	81.87	6	良	
31516210	王凯	75.00	10.00	2.00	83.00	33.20	23.60	17.33	40.93	85.00			8.50	82.63	4	良	
31516208	王春雨	75.00	5.00		80.00	32.00	23.40	17.67	41.07	85.00			8.50	81.57	7	良	
31516214	隋泽铭	75.00	1.00	4.00	72.00	28.80	21.50	13.67	35.17	45.00			4.50	68.47	18	及格	
81216227	石云龙	75.00	2.00	4.00	73.00	29.20	24.40	12.00	36.40	45.00			4.50	70.10	16	中	
31516235	申之鑫	75.00	5.00	1.00	79.00	31.60	25.50	13.67	39.17	45.00			4.50	75.27	13	中	

辅导员（班主任）签字：　　系学生主任签字：

图 4-60　学生综合测评表效果图

扩展任务 制作××中学学生各科成绩统计表

任务介绍：利用前面所学工作表格式化操作方法及公式和相关函数知识内容制作中学学生各科成绩统计表。制作效果如图 4-61 所示。

任务要求：

① 按成绩统计表所示对原始数据工作表进行格式化。

② 利用函数求出总分和平均分。

③ 利用 IF 函数求出分科意见（=IF(I3>=510,"全能生",IF(SUM(C3:D3)>=180,"理科生",IF(SUM(E3:F3)>=180,"文科生",IF(G3>=90,"体育特长生",IF(H3>=90,"艺术特长生","需要重修")))))。

④ 利用函数求出分别求出各科成绩的最高分、最低分、平均分。

	A	B	C	D	E	F	G	H	I	J	K
1	××中学学生各科情况一览表										
2	学号	姓名	数学	物理	历史	政治	体育	艺术	总分	平均分	分科意见
3	2000101	曹操	89.00	91.00	95.00	98.00	82.00	84.00	539.00	89.83	全能生
4	2000102	刘备	93.00	88.00	97.00	95.00	85.00	78.00	536.00	89.33	全能生
5	2000103	孙权	82.00	86.00	83.00	96.00	86.00	87.00	520.00	86.67	全能生
6	2000104	关羽	80.00	88.00	90.00	89.00	98.00	77.00	522.00	87.00	全能生
7	2000105	张飞	52.00	37.00	45.50	56.00	99.00	23.00	312.50	52.08	体育特长生
8	2000106	赵云	87.00	88.00	85.00	84.00	98.00	81.00	523.00	87.17	全能生
9	2000107	黄忠	78.00	67.00	94.00	92.00	97.00	83.00	511.00	85.17	全能生
10	2000108	马超	67.00	78.00	69.00	56.00	98.00	78.00	446.00	74.33	体育特长生
11	2000109	吕布	34.00	35.00	45.00	12.00	100.00	22.00	248.00	41.33	体育特长生
12	2000110	貂禅	67.00	78.00	90.00	86.00	65.00	100.00	486.00	81.00	艺术特长生
13	2000111	许褚	45.00	43.00	56.00	48.00	99.00	56.00	347.00	57.83	体育特长生
14	2000112	典韦	34.00	49.00	53.00	32.00	99.00	45.00	312.00	52.00	体育特长生
15	2000113	张辽	78.00	81.00	90.00	81.00	95.00	87.00	512.00	85.33	全能生
16	2000114	夏侯敦	82.00	81.00	78.00	67.00	93.00	45.00	446.00	74.33	体育特长生
17	2000115	夏侯渊	67.00	73.00	56.00	61.00	90.00	76.00	423.00	70.50	体育特长生
18	2000116	周泰	45.00	41.00	55.00	51.50	94.00	55.00	341.50	56.92	体育特长生
19	2000117	徐盛	78.00	77.00	65.00	72.00	80.00	45.00	417.00	69.50	需要重修
20	2000118	诸葛亮	90.00	88.00	100.00	100.00	56.00	70.00	504.00	84.00	文科生
21	2000119	司马懿	70.00	60.00	99.00	97.00	67.00	56.00	449.00	74.83	文科生
22	2000120	周瑜	89.00	67.00	98.00	99.00	82.00	98.00	533.00	88.83	全能生
23	2000121	庞统	90.00	97.00	78.00	88.00	34.00	61.00	448.00	74.67	理科生
24	2000122	姜维	87.00	89.00	91.00	82.00	91.00	78.00	518.00	86.33	全能生
25	2000123	徐庶	92.00	99.00	91.00	93.00	71.00	34.00	480.00	80.00	理科生
26	2000124	郭嘉	80.00	82.00	97.00	94.00	12.00	88.00	453.00	75.50	文科生
27	2000125	鲁肃	87.00	82.00	96.00	95.00	34.00	87.00	481.00	80.17	文科生
28	2000126	刘禅	23.00	12.00	28.00	6.00	45.00	34.00	148.00	24.67	需要重修
29	2000127	曹丕	89.00	83.00	90.00	92.00	87.00	82.00	523.00	87.17	全能生
30	2000128	蒋干	56.00	61.00	78.00	79.00	48.00	80.00	402.00	67.00	需要重修
31	2000129	孟获	34.00	56.00	33.00	21.00	86.00	55.00	285.00	47.50	需要重修
32	各科情况										
33	最高分		93.00	99.00	100.00	100.00	100.00	100.00	539.00	89.83	
34	最低分		23.00	12.00	28.00	6.00	12.00	22.00	148.00	24.67	
35	平均分		70.52	70.93	76.74	73.19	78.31	67.07	436.76	72.79	

图 4-61 ××中学学生各科成绩统计表

知识链接

Excel 具有强大的数据计算功能，它可以利用输入的公式或函数对数据进行自动计算。

1. 单元格的引用

单元格引用是指在公式和函数中使用单元格地址或单元格名称来表示单元格中的数据。例如，在单元格 D6 中得到 A6、B6、C6 几个单元格数值的和，可以用公式“=A6+B6+C6”来实现。当改变 A6、B6 或 C6 中的任意一值时，D6 的值也会发生相应的改变。

通过引用，不但可以引用同一工作表中不同的单元格，还可以引用同一工作簿中不同工作表的单元格，也能引用不同工作簿中的单元格。Excel 把单元格的引用分成 3 种类型，即相对引用、绝对引用和混合引用。

（1）相对引用

相对引用是指公式中的单元格引用将随着公式所在单元格位置的改变而改变。相对引用中的公式在复制或移动时，会根据移动的位置自动调节公式中引用单元格的地址。例如，在 A1：B3 中依次输入如图 4-62 所示的数字，然后在 C1 单元格中输入公式“=A1+B1”，再用鼠标向下拖动 C1 单元格右下角的填充柄至 C3 单元格。可以看到，当把 C1 的内容复制到 C2、C3 时，显示值却和 C1 不同，C2 的值是 50（=A2+B2）,C3 的值是 70（=A3+B3）。

（2）绝对引用

绝对引用是指把公式复制或移动到新位置时，使其中的单元格地址保持不变。如果公式中的单元格地址的引用是绝对引用，那么此公式被复制或移动到新的位置，公式的结果也不会改变。设置绝对引用地址需要在行数字和列字母前面加上“$”符号。上例中如果在 C1 单元格中输入公式“=$A$1+$B$1”，将公式复制到 C2、C3 时，值仍是 30，如图 4-63 所示，此时编辑栏显示的公式仍然是“=$A$1+$B$1”。

（3）混合引用

混合引用是指在一个单元格地址中既有相对引用，同时也包含绝对引用，即只在表示单元格位置的行号或列标前增加“$”符号，例如 A$1 或$A1。使用混合引用的公式复制或移动到另一个单元格时，未用绝对表示的部分仍然会改变。如图 4-64 所示，上例中如果在 C1 单元格中输入公式“=A$1+B1”，“A$1”是混合引用，公式复制到 C2、C3 时，“A$1”中的行不发生变化。

提示：在 Excel 中按【CTRL+`】组合键，可以快速切换至公式审核状态。

C3　fx =A3+B3

	A	B	C	D
1	10	20	30	
2	20	30	50	
3	30	40	70	

图 4-62　相对引用

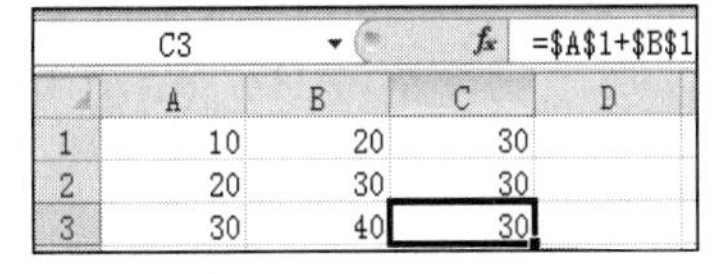

C3　fx =$A$1+$B$1

	A	B	C	D
1	10	20	30	
2	20	30	30	
3	30	40	30	

图 4-63　绝对引用

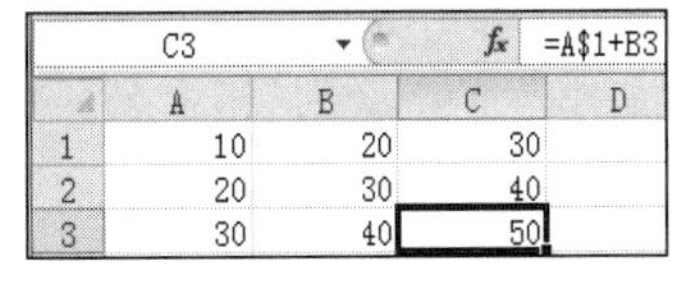

C3　fx =A$1+B3

	A	B	C	D
1	10	20	30	
2	20	30	40	
3	30	40	50	

图 4-64　混合引用

（4）引用同一工作簿中其他工作表的单元格

在同一工作簿中可以引用其他工作表的单元格。假定当前活动工作表是“Sheet1”，要在单元格“A1”中计算工作表“Sheet2”的 B1：B6 单元格区域数据之和，可以采用以下两种方法：

方法一：在工作表“Sheet1”中选择单元格“A1”，输入公式“=SUM（Sheet2！B1：B6)”，按【Enter】键确定。

方法二：在“Sheet1”中选择单元格“A1”，输入“=SUM(”，再单击“Sheet2”表标签，在“Sheet2”中选择 B1：B6 单元格区域，然后输入“)”，按【Enter】键确定。

（5）引用其他工作簿的单元格

Excel 在计算时可以引用其他工作簿中单元格的数据。引用不同工作簿中工作表的单元格格式为“=[工作簿名]工作表名!单元格地址”。例如，“=[Book1]Sheet1!$A$1+[Book2]Sheet2!B1”表示将 Book1 工作簿的“Sheet1”工作表中的“A1”单元格的数据与“Book2”工作簿“Sheet2”工作表中的“B1”单元格数据相加，前者为绝对引用，后者为相对引用。

2. 公式的使用

公式是指一个等式，是由数值、单元格引用、名称、函数或操作符组成的序列。使用公式有助于分析工作表中的数据，公式可以用来计算。当改变了工作表内与公式有关的数据时，Excel

会自动更新计算结果。输入公式时要先输入“=”以激活编辑栏。

（1）输入公式

单击要输入公式的单元格，输入一个等号“=”，如果单击了“自动求和”按钮 或“插入函数”按钮，Excel 将自动插入一个等号，输入公式后按【Enter】键。

（2）公式中的运算符

Excel 包含 4 种类型的运算符：算术运算符、比较运算符、文本运算符和引用运算符。

算术运算符用于数值的算术运算，包括“+”（加号）、“-”（减号）、“*”（乘号）、“/”（除号）、“%”（百分号）和“^”（乘方）、括号等。

比较运算符可以比较两个数值并产生逻辑值 True 或 False。包括“=”（等于）、“>”（大于）、“<”（小于）、“>=”（大于等于）、“<=”（小于等于）、“<>”（不等于）。

例如，在单元格“A1”中输入公式“=30>50”，将得到逻辑值 False。

文本运算符（&）用于连接字符串，也可以连接数字。连接字符串时，字符串两边必须加双引号（""），否则公式将返回错误值；连接数字时，数字两边的双引号可有可无。

引用运算符有“:”（冒号）、“,”（逗号）和空格。冒号是区域运算符，代表一个矩形区域，例如 A1：C3 是对单元格“A1”至“C3”之间所有单元格的引用，共包含 9 个单元格；逗号为联合运算符，可以将多个引用合并为一个引用，例如，SUM(A1：B2，C3：D6)是对 A1：B2 区域和 C3：D6 区域的所有单元格数据求和；空格为交叉运算符，产生对同时属于两个引用的单元格区域的引用。例如，SUM(B5：E10 C2：D8)是对 C5：D8 区域求和。

在引用单元格区域时常用它的左上角和右下角的单元格地址命名，如 A2：D5。这种命名方法虽然简单，却无法体现该区域的具体含义。为了提高工作效率，便于理解和快速查找，Excel 允许对单元格区域进行命名。对区域命名后，可以在公式中应用名称，增强公式的可读性。

3. 函数的使用

函数是预定义的内置公式，它使用被称为参数的特定数值，按照语法的特定顺序计算。一个函数包括两个部分：函数名称和函数的参数。例如，SUM 是求和函数，AVERAGE 是求平均值函数，MIN 是求最小值函数。函数的名称表明函数的功能，函数参数可以是数字、文本、逻辑值、数组和形如#N/A 的错误值。

Excel 提供了数百种函数，以下介绍几种常用的函数：

（1）SUM 函数

主要功能：计算所有函数数值的和。

语法：SUM（Number1, Number2,...)

参数说明：Number1、Number1 等代表需要计算的值，可以是具体的数值、引用的单元格区域、逻辑值等，如果参数是单元格引用，那么引用中的空白单元格、逻辑值、文本值和错误值将被忽略，即取值为 0。

（2）AVERAGE 函数

主要功能：计算所有函数的算数平均值。

语法：AVERAGE（Number1, Number2,...)

参数说明：Number1、Number1 等代表需要求平均值的数值或引用的单元格区域，参数应为数字，或者包含数字的名称、数组或单元格引用等。如果数值或单元格引用参数中有文本、逻辑值或空白单元格，则忽略不计，但单元格中包含的数字“0”将计算在内。

（3）SUMIF 函数

主要功能：计算符合指定条件的单元格区域内的数值总和。

语法：SUMIF（Range,Criteria,Sum_Range）

参数说明：Range 表示条件判断的单元格区域；Criteria 为指定条件表达式；Sum_Range 代表需要计算的数值所在的单元格区域。

（4）IF 函数

主要功能：根据指定条件的逻辑判断的真假值，返回不同的结果。

语法：=IF(Logical_test,Value_if_true,Value_if_false)

参数说明：Logical_test 用来表示逻辑判断表达式；Value_if_true 表示当判断条件为逻辑“真（true）”时返回的结果，Value_if_false 表示当判断条件为逻辑“假（false）”时返回的结果。

（5）RANK 函数

主要功能：返回某一数值在一列数值中相对于其他数值的排位。

语法：RANK(Number,ref,order)

参数说明：Number 表示需要排序的数值（或单元格地址）；ref 表示排序数值所处的单元格区域；order 表示排序方式参数。order 参数值如果为“0”或者省略，则按降序排序，即数值越大，排序结果数值越小；如果为非“0”值，则按升序排名，即数值越大，排序结果数值越大。

（6）COUNTIF 函数

主要功能：统计某个单元格区域中符合指定条件的单元格数目。

语法：COUNTIF(Range,Criteria)

参数说明：Range 代表要统计的单元格区域；Criteria 表示指定的条件表达式。

（7）VLOOKUP 函数

主要功能：搜索表区域首列满足条件的元素，确定待检索单元格在区域中的行序号，再进一步返回选定单元格的值。

语法：VLOOKUP（Lookup_value,Table_array,Col_index_num,Range_lookup）

参数说明：Lookup_value 需要在数据表首列进行搜索的值，可以是数值、引用或字符串；Table_array 需要在其中搜索数据的信息表，可以是对区域或区域名称的引用；Col_index_num 满足条件的单元格在数组区域 Table_array 中的序列号，首列序号为 1；Range_lookup 指定在查找时是要求精确匹配，还是大致匹配，如果为 False，大致匹配，如果为 TRUE 或忽略，精确匹配。

Excel 还有许多常用函数，如表 4-2 所示。

表 4-2 Excel 2010 其他常用函数

函数名称	功 能	应用举例
ABS	返回数字的绝对值	ABS(-5)=5
COS	返回数字的余弦值	COS(5)=0.283662
ROUND	将数字舍入到指定位数	ROUND(2.23456，3)=2.235
SIN	返回给定角度的正弦值	SIN(5)=-0.95892
SQRT	返回正平方根	SQRT(4)=2
MIN	返回一组值中最小的数	MIN(2,5,6,9,10)=2
MAX	返回一组值中最大的数	MAX(2,5,6,9,10)=10
INT	对实数向下取整数	INT(3.9)=3
LEN	返回文本字符串的字符个数	LEN("ABCDEFG")=7

4. 常见的错误信息

在 Excel 中输入计算公式或函数后，经常会出现错误信息。这是由于执行了错误的操作所致，Excel 会根据不同的错误类型给出不同的错误提示，以便于用户检查或排除错误。Excel 中常见的错误以及出错原因和处理方法如表 4-3 所示。

表 4-3　常见的错误信息以及出错原因和处理方法

出错信息	出错原因	处理方法
###	单元格的数值太长，单元格显示不下	适当增加列宽
#DIV/O!	公式中含有分母为 0 的除法	采取措施避免分母为 0
#N/A	在公式和函数中引用了一个暂时没有数据的单元格	如果公式正确，可在被引用的单元格中输入有效的数据
#NAME?	公式中包含有 Excel 不能识别的文本或引用了一个不存在的名称	添加或修改相应的名称
#REF!	公式或函数中引用了无效的单元格，如被引用的单元格已被删除等	更改公式或函数中的单元格引用或撤销删除单元格的操作
#VALUE	使用了错误的参数或运算对象类型	确认公式或函数中的参数或运算符是否正确，并确认公式引用的单元格有效

任务 3　制作员工培训成绩表

任务介绍

阳光百货公司助理小明按照领导布置的任务要求，建立员工培训成绩表，填写各科成绩信息，利用公式和函数计算平均成绩和总成绩。对做好的“培训成绩”表格进行各种排序，统计分析的工作，以便于更好地比较各部门员工考核成绩的好坏。利用“姓名”“规章制度”“质量管理”和“计算机技能”列生成成绩统计图表，比较每个人的考核项目成绩。

任务分析

根据任务要求，助理小明利用原有的员工基础数据，新建一份员工培训成绩表，填写本次培训后的各科成绩，并利用公式函数计算每位员工的平均成绩、总成绩。

将“员工培训成绩表”复制 6 份，并对成绩进行分析，包括按名次排序、按各部门成绩排序、划分等级以及分类汇总等工作。

选择“姓名”“规章制度”“质量管理”和“计算机技能”四列数据生成折线图，并对该图表进行详细设置。

完成“员工培训成绩表”的打印。

任务分解

该任务可以分解为以下 3 个子任务：

子任务 1：制作员工培训成绩表并完成数据分析。

子任务 2：制作员工培训成绩统计分析图。

子任务 3：打印员工培训成绩表。

子任务 1　制作员工培训成绩表并完成数据分析

步骤 1：新建工作簿

新建工作簿文件，并命名为“员工培训成绩表”。新建文件，将任务 1“员工信息表”中的员工编号及姓名复制到新文件中，录入本次考核的各科成绩。参照“员工信息表”的格式设置“员工培训成绩表”。

步骤 2：计算平均成绩和总成绩

选中“G3”单元格，在单元格内输入公式“=AVERAGE(D3：F3)”，按【Enter】键确认输入，得出“G3”单元格的平均成绩；选中“G3”单元格，按住鼠标左键不放拖动填充柄至“G30”单元格，将公式复制到 G4：G30 单元格区域中。选中“H3”单元格，在单元格内输入公式“=SUM(D3：F3)”，按【Enter】键确认输入，得出“H3”单元格的总成绩；选中“H3”单元格，按住鼠标左键不放拖动填充柄至“H30”单元格，将公式复制到 H4：H30 单元格区域中，操作结果如图 4-65 所示。

员工培训成绩表

	A	B	C	D	E	F	G	H	I	J
2	编号	姓名	部门	规章制度	质量管理	计算机技能	平均成绩	总成绩	名次	等级
3	YG001	桑楠	人力资源部	80	90	89	86.33	259		
4	YG002	曹广民	行政部	75	79	70	74.67	224		
5	YG003	陈波	行政部	89	81	83	84.33	253		
6	YG004	胡冰	物流部	80	80	90	83.33	250		
7	YG005	郭明明	行政部	90	86	82	86.00	258		
8	YG006	宫天彬	物流部	79	83	85	82.33	247		
9	YG007	何国强	物流部	71	87	85	81.00	243		
10	YG008	李腾龙	市场部	80	89	88	85.67	257		
11	YG009	胡波	物流部	85	92	89	88.67	266		
12	YG010	黄亮	物流部	74	76	87	79.00	237		
13	YG011	李云兴	市场部	77	72	75	74.67	224		
14	YG012	黄雅哲	财务部	89	80	80	83.00	249		
15	YG013	贾宝亮	财务部	78	85	91	84.67	254		
16	YG014	金贤德	财务部	86	88	78	84.00	252		
17	YG015	兰福辉	财务部	82	81	81	81.33	244		
18	YG016	刘超	市场部	76	75	78	76.33	229		
19	YG017	李长伟	市场部	93	90	65	82.67	248		
20	YG018	黄涛	物流部	83	85	90	86.00	258		
21	YG019	李鹏	市场部	86	80	85	83.67	251		
22	YG020	周信	人力资源部	90	85	88	87.67	263		
23	YG021	李梓森	市场部	95	80	84	86.33	259		
24	YG022	费乐	物流部	85	85	88	86.00	258		
25	YG023	陈晓亮	行政部	76	92	77	81.67	245		
26	YG024	刘军	人力资源部	80	80	85	81.67	245		
27	YG025	李长春	市场部	84	81	65	76.67	230		
28	YG026	令狐春	市场部	72	76	70	72.67	218		
29	YG027	刘民	人力资源部	82	86	87	85.00	255		
30	YG028	李凤权	财务部	90	88	84	87.33	262		

图 4-65　计算平均成绩和总成绩

步骤 3：计算名次及等级

选中“I3”单元格，输入公式“=RANK(H3，$H$3：$H$30)”，然后按【Enter】键确认；选中 I3 单元格，将“I3”单元格中公式复制到 I4：I30 单元格区域中，排列出所有名次。

判定本次考核等级，平均成绩在 85 分以上的为“优秀”，84～80 分之间为“良好”，79～75 分之间的为“合格”，低于 75 分的为“不合格”。选中“J3”单元格，在单元格内输入公式“=IF(G3>=85,"优秀",IF(G3>=80,"良好",IF(G3>=75,"合格","不合格")))”，按【Enter】键确认输入，得出“J3”单元格的等级，将“J3”单元格的公式复制到 J4：J30 单元格区域中，得出所有员工的等级。完成后的效果如图 4-66 所示。

员工培训成绩表

编号	姓名	部门	规章制度	质量管理	计算机技能	平均成绩	总成绩	名次	等级
YG001	桑楠	人力资源部	80	90	89	86.33	259	4	优秀
YG002	曹广民	行政部	75	79	70	74.67	224	26	不合格
YG003	陈波	行政部	89	81	83	84.33	253	12	良好
YG004	胡冰	物流部	80	80	90	83.33	250	15	良好
YG005	郭明明	行政部	90	86	82	86.00	258	6	优秀
YG006	宫天彬	物流部	79	83	85	82.33	247	18	良好
YG007	何国强	物流部	71	87	85	81.00	243	22	良好
YG008	李腾龙	市场部	80	89	88	85.67	257	9	优秀
YG009	胡波	物流部	85	92	89	88.67	266	1	优秀
YG010	黄亮	物流部	74	76	87	79.00	237	23	合格
YG011	李云兴	市场部	77	72	75	74.67	224	26	不合格
YG012	黄雅哲	财务部	89	80	80	83.00	249	16	良好
YG013	贾宝亮	财务部	78	85	91	84.67	254	11	良好
YG014	金贤德	财务部	86	88	78	84.00	252	13	良好
YG015	兰福辉	财务部	82	81	81	81.33	244	21	良好
YG016	刘超	市场部	76	75	78	76.33	229	25	合格
YG017	李长伟	市场部	93	90	65	82.67	248	17	良好
YG018	黄涛	物流部	83	85	90	86.00	258	6	优秀
YG019	李鹏	市场部	86	80	85	83.67	251	14	良好
YG020	周倩	人力资源部	90	85	88	87.67	263	2	优秀
YG021	李祥森	市场部	95	80	84	86.33	259	4	优秀
YG022	费乐	物流部	85	85	88	86.00	258	6	优秀
YG023	陈晓亮	行政部	76	92	77	81.67	245	19	良好
YG024	刘军	人力资源部	80	80	85	81.67	245	19	良好
YG025	李长春	市场部	84	81	65	76.67	230	24	合格
YG026	令狐春	市场部	72	76	70	72.67	218	28	不合格
YG027	刘民	人力资源部	82	86	87	85.00	255	10	优秀
YG028	李凤权	财务部	90	88	84	87.33	262	3	优秀

图 4-66 计算名次和等级

步骤 4：复制工作表

将工作表“员工培训成绩表”复制 6 份。

选中“员工培训成绩表”，单击“开始”选项卡→“单元格”组→“格式”下拉按钮→“移动或复制工作表”按钮，如图 4-67 所示；或者在工作表标签位置右击，在弹出的快捷菜单中选择“移动或复制工作表”命令；在弹出的“移动或复制工作表”对话框中，如图 4-68 所示，选择在“Sheet2”之前，建立副本，单击“确定”按钮，完成复制。将复制后的工作表重命名“按名次排序”。

同理，继续复制其余 5 份工作表，分别命名为“按各部门成绩排序”“等级为优秀的员工情况”“行政部员工成绩情况”“市场部等级良好和人力资源部等级优秀情况”“分类汇总表”。

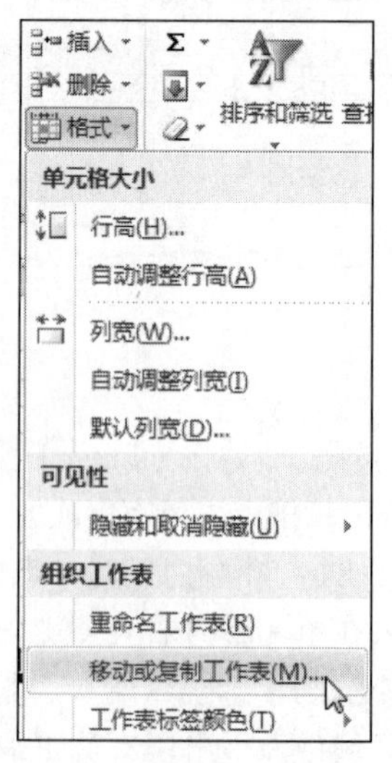

图 4-67 “格式”下拉列表框

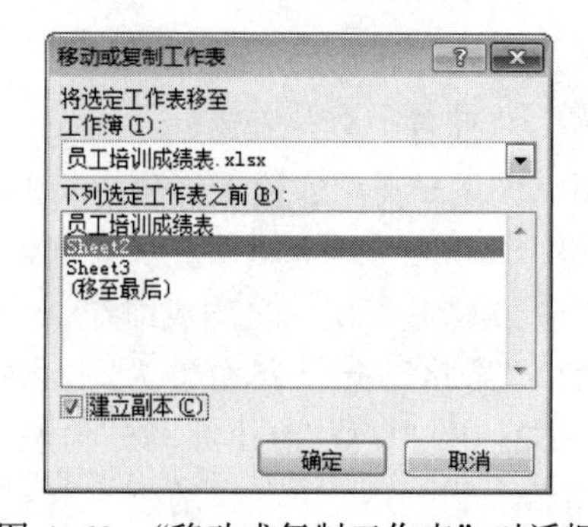

图 4-68 “移动或复制工作表”对话框

步骤 5：按名次进行排序

打开“按名次排序”工作表，对表中数据按“名次”升序排列。打开“按名次排序”工作表，选中要排序的数据区域；单击“数据”选项卡→“排序和筛选”组→“排序”按钮，弹出“排序”对话框，选中“数据包含标题”复选框，在“主要关键字”下拉列表框中选择“名次”，同时“次序”选择“升序”选项，如图 4-69 所示，单击“确定”按钮，排序后的工作表如图 4-70 所示。

排序

添加条件(A)　删除条件(D)　复制条件(C)　选项(O)...　☑ 数据包含标题(H)

列		排序依据	次序
主要关键字	名次	数值	降序

确定　取消

图 4-69　按“名次”排序

员工培训成绩表

编号	姓名	部门	规章制度	质量管理	计算机技能	平均成绩	总成绩	名次	等级
YG009	胡波	物流部	85	92	89	88.67	266	1	优秀
YG020	周倩	人力资源部	90	85	88	87.67	263	2	优秀
YG028	李凤权	财务部	90	88	84	87.33	262	3	优秀
YG001	桑楠	人力资源部	80	90	89	86.33	259	4	优秀
YG021	李祥森	市场部	95	80	84	86.33	259	4	优秀
YG005	郭明明	行政部	90	86	82	86.00	258	6	优秀
YG018	黄涛	物流部	83	85	90	86.00	258	6	优秀
YG022	费乐	物流部	85	85	88	86.00	258	6	优秀
YG008	李腾龙	市场部	80	89	88	85.67	257	9	优秀
YG027	刘民	人力资源部	82	86	87	85.00	255	10	优秀
YG013	贾宝亮	财务部	78	85	91	84.67	254	11	良好
YG003	陈波	行政部	89	81	83	84.33	253	12	良好
YG014	金贤德	财务部	86	88	78	84.00	252	13	良好
YG019	李鹏	市场部	86	80	85	83.67	251	14	良好
YG004	胡冰	物流部	80	80	90	83.33	250	15	良好
YG012	黄雅哲	财务部	89	80	80	83.00	249	16	良好
YG017	李长伟	市场部	93	90	65	82.67	248	17	良好
YG006	宫天彬	物流部	79	83	85	82.33	247	18	良好
YG023	陈晓亮	行政部	76	92	77	81.67	245	19	良好
YG024	刘军	人力资源部	80	80	85	81.67	245	19	良好
YG015	兰福辉	财务部	82	81	81	81.33	244	21	良好
YG007	何国强	物流部	71	87	85	81.00	243	22	良好
YG010	黄亮	物流部	74	76	87	79.00	237	23	合格
YG025	李长春	市场部	84	81	65	76.67	230	24	合格
YG016	刘超	市场部	76	75	78	76.33	229	25	合格
YG002	曹广民	行政部	75	79	70	74.67	224	26	不合格
YG011	李云兴	市场部	77	72	75	74.67	224	26	不合格
YG026	令狐春	市场部	72	76	70	72.67	218	28	不合格

图 4-70　按“名次”排序后的工作表

步骤 6：按各部门成绩进行排序

打开“按各部门成绩排序”工作表，对表中数据按相同部门的“平均成绩”降序排列。打开“按各部门成绩排序”工作表，选中要排序的数据区域；弹出“排序”对话框，在“主要关键字”下拉列表框中选择“部门”，单击“添加条件”按钮，在“次要关键字”下拉列表框中选择“平均成绩”，同时“次序”选择“降序”选项，如图 4-71 所示，单击“确定”按钮。排序后的工作表如图 4-72 所示。

图 4-71　设置两个关键字的排序

	A	B	C	D	E	F	G	H	I	J
1	员工培训成绩表									
2	编号	姓名	部门	规章制度	质量管理	计算机技能	平均成绩	总成绩	名次	等级
3	YG028	李凤权	财务部	90	88	84	87.33	262	3	优秀
4	YG013	贾宝亮	财务部	78	85	91	84.67	254	11	良好
5	YG014	金贤德	财务部	86	88	78	84.00	252	13	良好
6	YG012	黄雅哲	财务部	89	80	80	83.00	249	16	良好
7	YG015	兰福博	财务部	82	81	81	81.33	244	21	良好
8	YG005	鄂明明	行政部	90	86	82	86.00	258	6	优秀
9	YG003	陈波	行政部	89	81	83	84.33	253	12	良好
10	YG023	陈晓亮	行政部	76	92	77	81.67	245	19	良好
11	YG002	曹广民	行政部	75	79	70	74.67	224	26	不合格
12	YG020	周倩	人力资源部	90	85	88	87.67	263	2	优秀
13	YG001	桑楠	人力资源部	80	90	89	86.33	259	4	优秀
14	YG027	刘民	人力资源部	82	86	87	85.00	255	10	优秀
15	YG024	刘军	人力资源部	80	80	85	81.67	245	19	良好
16	YG021	李祥森	市场部	95	80	84	86.33	259	4	优秀
17	YG008	李腾龙	市场部	80	89	88	85.67	257	9	优秀
18	YG019	李鹏	市场部	86	80	85	83.67	251	14	良好
19	YG017	李长伟	市场部	93	90	65	82.67	248	17	良好
20	YG025	李长春	市场部	84	81	65	76.67	230	24	合格
21	YG016	刘超	市场部	76	75	78	76.33	229	25	合格
22	YG011	李云兴	市场部	77	72	75	74.67	224	26	不合格
23	YG026	令狐春	市场部	72	76	70	72.67	218	28	不合格
24	YG009	胡波	物流部	85	92	89	88.67	266	1	优秀
25	YG018	黄涛	物流部	83	85	90	86.00	258	6	优秀
26	YG022	费乐	物流部	85	85	88	86.00	258	6	优秀
27	YG004	胡冰	物流部	80	80	90	83.33	250	15	良好
28	YG006	宫天彬	物流部	79	83	85	82.33	247	18	良好
29	YG007	何国强	物流部	71	87	85	81.00	243	22	良好
30	YG010	黄亮	物流部	74	76	87	79.00	237	23	合格
31										

图 4-72　按“各部门成绩排序”后的工作表

步骤 7：自动筛选等级为优秀的员工

打开“等级为优秀的员工情况”工作表，对“等级”列进行按条件自动筛选。打开“等级为优秀的员工情况”工作表，选中要排序的数据区域，单击“数据”选项卡→“排序和筛选”组→“筛选”按钮，如图 4-73 所示，数据清单中的列标题右侧都出现下拉按钮，单击“等级”列的下拉按钮，只选择“优秀”复选框，单击“确定”按钮，筛选后的工作表如图 4-74 所示。

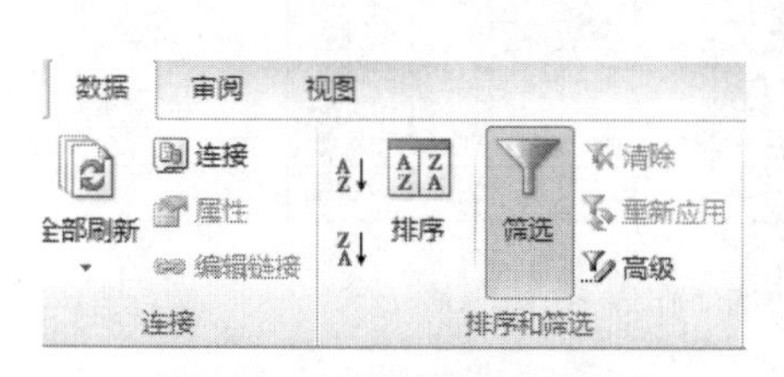

图 4-72　“自动筛选”按钮

员工培训成绩表									
编号	姓名	部门	规章制度	质量管理	计算机技	平均成绩	总成绩	名次	等级
YG028	李凤权	财务部	90	88	84	87.3	262	3	优秀
YG005	鄂明明	行政部	90	86	82	86.0	258	6	优秀
YG020	周倩	人力资源部	90	85	88	87.7	263	2	优秀
YG001	桑楠	人力资源部	80	90	89	86.3	259	4	优秀
YG027	刘民	人力资源部	82	86	87	85.0	255	10	优秀
YG021	李祥森	市场部	95	80	84	86.3	259	4	优秀
YG008	李腾龙	市场部	80	89	88	85.7	257	9	优秀
YG009	胡波	物流部	85	92	89	88.7	266	1	优秀
YG018	黄涛	物流部	83	85	90	86.0	258	6	优秀
YG022	费乐	物流部	85	85	88	86.0	258	6	优秀

图 4-74　筛选“等级”为优秀的筛选结果

步骤 8：使用高级筛选筛选出行政部人员

打开“行政部员工成绩情况”工作表，对“部门”列进行按条件高级筛选。打开“行政部员工成绩情况”工作表，在 M4：M5 单元格中输入筛选条件，如图 4-75 所示；选中筛选的数据区域，单击“数据”选项卡→“排序和筛选”组→“高级”按钮，弹出“高级筛选”对话框。筛选方式设置为“将筛选结果复制到其他位置”，“列表区域”是选中的数据区域，“条件区域”选定筛选条件区域 M4：M5，“复制到”选定单元格“A35”，如图 4-76 所示，单击“确定”按钮。筛选后的工作表如图 4-77 所示。

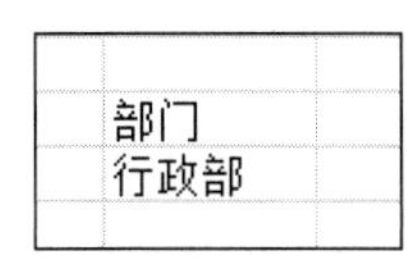

图 4-75　筛选条件

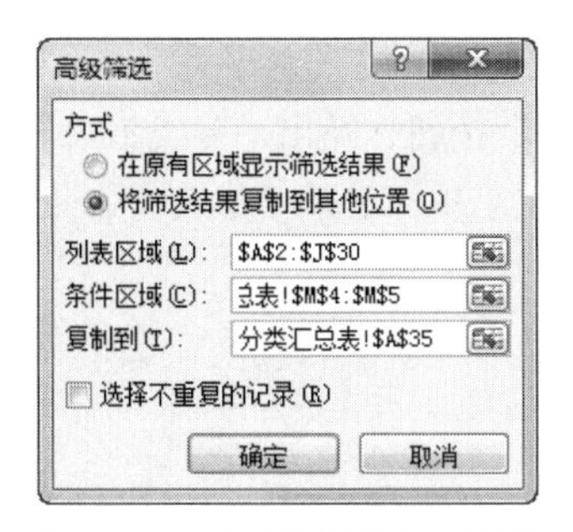

图 4-76　“高级筛选”对话框

编号	姓名	部门	规章制度	质量管理	计算机技能	平均成绩	总成绩	名次	等级
YG002	曹广民	行政部	75	79	70	74.7	224	26	不合格
YG003	陈波	行政部	89	81	83	84.3	253	12	良好
YG005	鄂明明	行政部	90	86	82	86.0	258	6	优秀
YG023	陈晓亮	行政部	76	92	77	81.7	245	19	良好

图 4-77　部门为“行政部”的筛选结果

步骤 9：使用高级筛选市场部等级良好和人力资源部等级优秀情况

打开“市场部等级良好和人力资源部等级优秀情况”工作表，对条件是“部门”为“市场部”并且“等级”为“良好”和“部门”为“人力资源部”并且“等级”为“优秀”的内容进行按条件高级筛选。打开“市场部等级良好和人力资源部等级优秀情况”工作表，在 M4：N6 单元格区域中输入筛选条件，如图 4-78 所示；选中筛选的数据区域，单击“数据”选项卡→“排序和筛选”命令组→“高级”命令，弹出“高级筛选”对话框。筛选方式设置为“将筛选结果复制到其他位置”，“列表区域”是选中的数据区域，“条件区域”选定筛选条件区域 M4：N6，“复制到”选定单元格“A35”，如图 4-79 所示，单击“确定”按钮。筛选后的工作表如图 4-80 所示。

部门	等级
市场部	良好
人力资源部	优秀

图 4-78　筛选条件

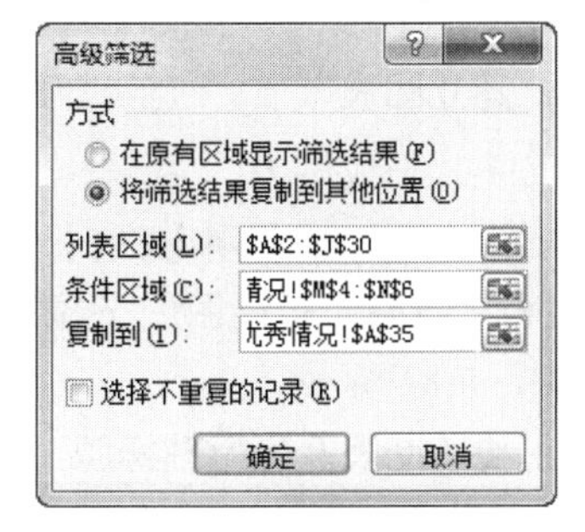

图 4-79　“高级筛选”对话框

编号	姓名	部门	规章制度	质量管理	计算机技能	平均成绩	总成绩	名次	等级
YG001	桑楠	人力资源部	80	90	89	86.3	259	4	优秀
YG017	李长伟	市场部	93	90	65	82.7	248	17	良好
YG019	李鹏	市场部	86	80	85	83.7	251	14	良好
YG020	周倩	人力资源部	90	85	88	87.7	263	2	优秀
YG027	刘民	人力资源部	82	86	87	85.0	255	10	优秀

图 4-80　市场部等级“良好”和人力资源部等级“优秀”情况的筛选结果

步骤 10：分类汇总各部门员工总成绩

在“分类汇总表”中汇总同一部门中各员工总成绩的总和。打开“分类汇总表”，选定汇总的数据区域，将数据清单按照主要关键字“部门”进行排序。单击“数据”选项卡→“分级显示”组→“分类汇总”按钮，弹出“分类汇总”对话框。“分类字段”选择“部门”，“汇总方式”选择“求和”，“选定汇总项”选择“总成绩”，如图 4-81 所示，单击“确定”按钮。汇总结果如图 4-82 所示。

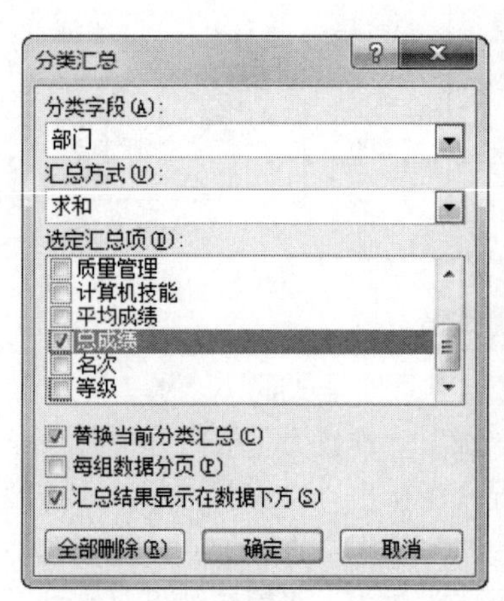

图 4-81　“分类汇总”对话框

员工培训成绩表

	A	B	C	D	E	F	G	H	I	J
2	编号	姓名	部门	规章制度	质量管理	计算机技能	平均成绩	总成绩	名次	等级
3	YG012	黄稚哲	财务部	89	80	80	83.0	249	16	良好
4	YG013	贾宝亮	财务部	78	85	91	84.7	254	11	良好
5	YG014	金贤德	财务部	86	88	78	84.0	252	13	良好
6	YG015	兰福辉	财务部	82	81	81	81.3	244	21	良好
7	YG028	李凤权	财务部	90	88	84	87.3	262	3	优秀
8			财务部 汇总					1261		
9	YG002	曹广民	行政部	75	79	70	74.7	224	26	不合格
10	YG003	陈波	行政部	89	81	83	84.3	253	12	良好
11	YG005	鄂明明	行政部	90	86	82	86.0	258	6	优秀
12	YG023	陈晓亮	行政部	76	92	77	81.7	245	19	良好
13			行政部 汇总					980		
14	YG001	桑楠	人力资源部	80	90	89	86.3	259	4	优秀
15	YG020	周倩	人力资源部	90	85	88	87.7	263	2	优秀
16	YG024	刘军	人力资源部	80	80	85	81.7	245	19	良好
17	YG027	刘民	人力资源部	82	86	87	85.0	255	10	优秀
18			人力资源部 汇总					1022		
19	YG008	李鹏龙	市场部	80	89	88	85.7	257	9	优秀
20	YG011	李云兴	市场部	77	72	75	74.7	224	26	不合格
21	YG016	刘超	市场部	76	75	78	76.3	229	25	合格
22	YG017	李长伟	市场部	93	90	65	82.7	248	17	良好
23	YG019	李鹏	市场部	86	80	85	83.7	251	14	良好
24	YG021	李祥森	市场部	95	80	84	86.3	259	4	优秀
25	YG025	李长春	市场部	84	81	65	76.7	230	24	合格
26	YG026	令狐春	市场部	72	76	70	72.7	218	28	不合格
27			市场部 汇总					1916		
28	YG004	胡冰	物流部	80	80	90	83.3	250	15	良好
29	YG006	宫天彬	物流部	79	83	85	82.3	247	18	良好
30	YG007	何国强	物流部	71	87	85	81.0	243	22	良好
31	YG009	胡波	物流部	85	92	89	88.7	266	1	优秀
32	YG010	黄亮	物流部	74	76	87	79.0	237	23	合格
33	YG018	黄涛	物流部	83	85	90	86.0	258	6	优秀
34	YG022	冀乐	物流部	85	85	88	86.0	258	6	优秀
35			物流部 汇总					1759		
36			总计					6938		

图 4-82　按“部门”分类汇总效果

子任务 2　制作员工培训成绩统计分析图

步骤 1：建立图表

打开“员工培训成绩表”，选定“姓名”“规章制度”“质量管理”和“计算机技能”四列数据。选定不连续的单元格，应使用【Ctrl】键，选定的区域为“B2：B30，D2：F30”。单击“插入”选项卡→“图表”组→“折线图”下拉列表框中的第一个选项“折线图”，如图 4-83 所示，生成的图表如图 4-84 所示。

步骤 2：更改图表及坐标轴标题

单击图表中的任意位置，此时将显示“图表工具”，其上增加了“设计”“布局”和“格式”选项卡，如图 4-85 所示。单击“布局”选项卡→“标签”组→“图标标题”下拉列表框的“图标上方”按钮，单击图表中标题的位置，将“图标标题”删除，更改为“成绩统计图表”；单击“坐标轴标题”，分别更改横坐标轴标题和纵坐标轴标题为“姓名”和“培训成绩”，更改后的效果如图 4-86 所示。

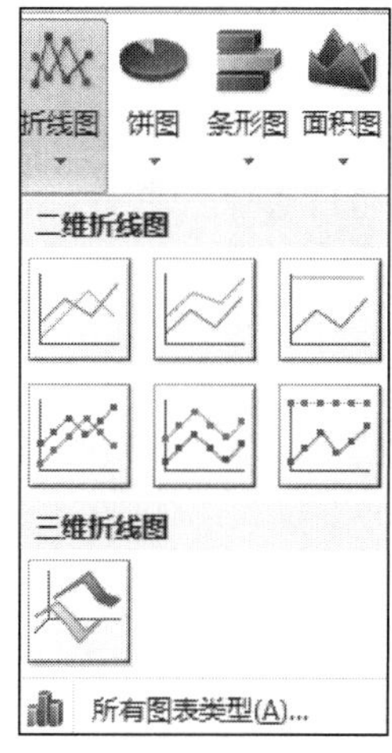

图 4-83 设置图表类型

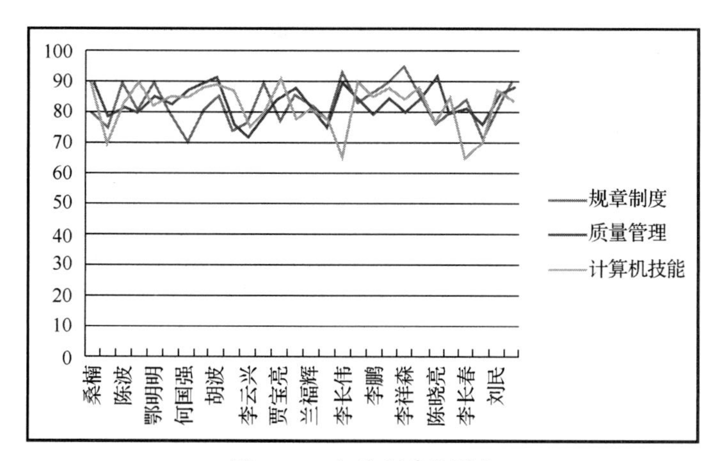

图 4-84 初步创建的图表

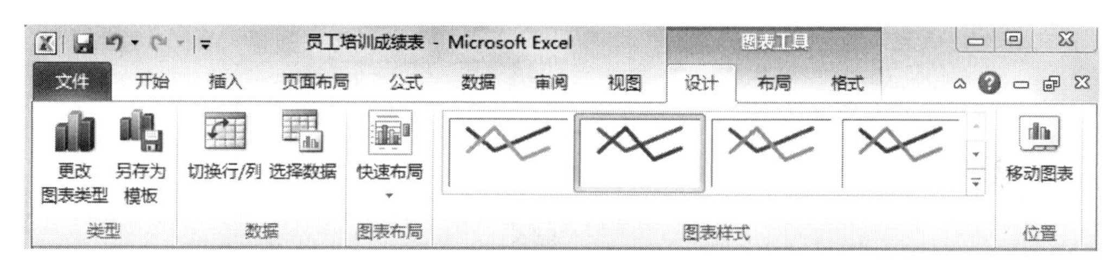

图 4-85 “图表工具”选项卡

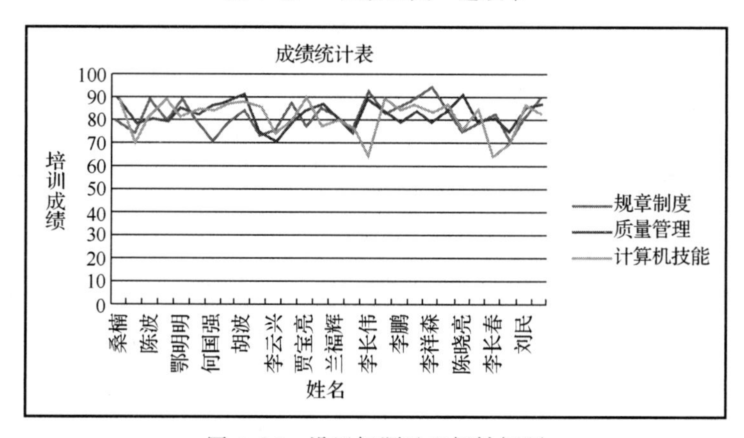

图 4-86 设置标题及坐标轴标题

步骤 3：设置纵坐标轴格式

单击“布局”选项卡→“坐标轴”组→“坐标轴”下拉列表框中的“主要纵坐标轴”→“其他主要纵坐标轴”按钮，弹出“设置坐标轴格式”对话框，在“坐标轴选项”中将“最小值”改为 60，“最大值”改为 100，“主要刻度”改为 10，如图 4-87 所示，单击“关闭”按钮。

步骤 4：移动图表

单击图表中的任意位置，单击“设计”选项卡→“位置”组→“移动图表”按钮，弹出“移动图表”对话框，在“选择放置图表的位置”中选择“新工作表”单选按钮，名称命名为“成绩统计图表”，如图 4-88 所示。单击“确定”按钮，图表移动到个单独的工作表中。

图 4-87 “设置坐标轴格式”对话框

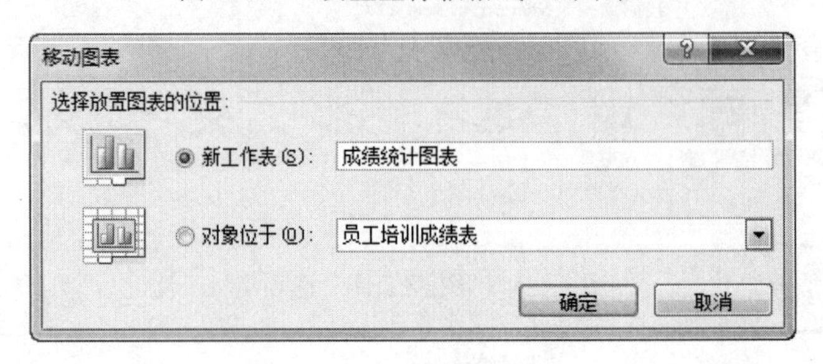

图 4-88 “移动图表”对话框

步骤 5：更改图表数据源

在图表创建好后，可以根据需要随时向图表中添加新数据，或从图表中删除现有的数据。现将原图表的数据源更改为姓名列和总成绩列。选中“成绩统计图表”，单击“设计”选项卡→“数据”组→“选择数据”按钮，弹出如图 4-89 所示的对话框。

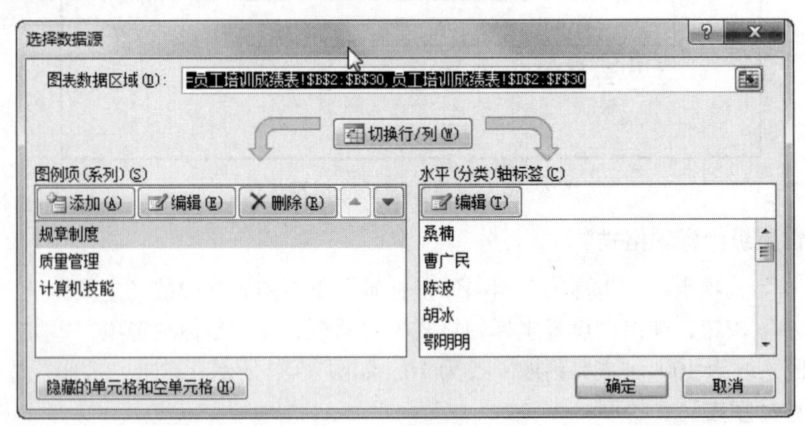

图 4-89 “选择数据源”对话框

在“选择数据源”对话框中，单击“删除”按钮，将原有的“规章制度”“质量管理”和“计算机技能”三项删除，然后单击“添加”按钮，弹出“编辑数据系列”对话框。通过单击折叠按钮，分别选择“系列名称”和“系列值”，其中“系列名称”选定为“H2”，“系列值”选定为 H3：H30 区域，如图 4–90 所示。

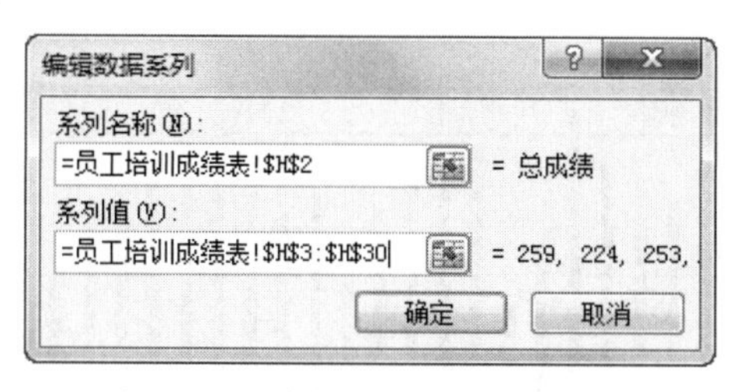

图 4–90　“编辑数据系列”对话框

单击“确定”按钮，可以看到添加的选项。再单击“确定”按钮，即可在图表中修改数据区域。修改数据源后的图表由于原纵坐标轴的最大刻度为 100，所以未能见到总分折线图，需要将图表中纵坐标轴的最大值修改为 300，最小值修改为 200，单击“布局”选项卡→“坐标轴”组→“坐标轴”下拉列表框中的“主要纵坐标轴”→“其他主要纵坐标轴”按钮，弹出“设置坐标轴格式”对话框，修改最大值和最小值，修改后的图表如图 4–91 所示。

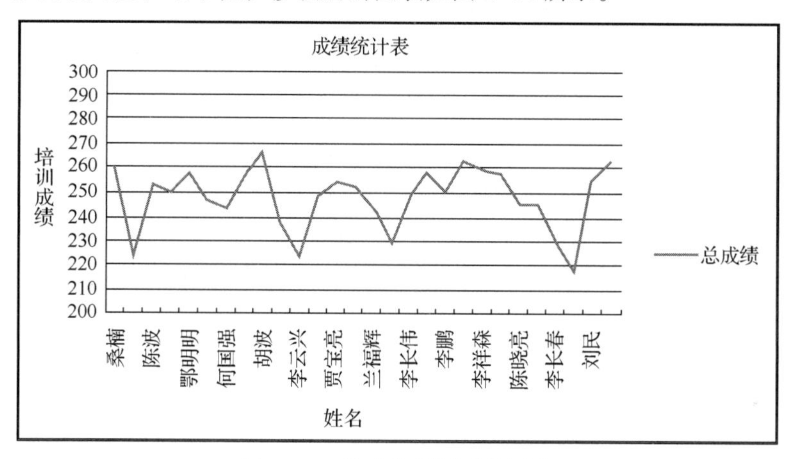

图 4–91　修改数据源后的图表

步骤 6：更改图表类型

将创建好的折线图修改为柱形图。选中图表，单击“设计”选项卡→“类型”组→“更改图表类型”按钮，弹出如图 4–92 所示的“更改图表类型”对话框，选中左侧的柱形图，单击“确定”按钮，将原折线图修改为如图 4–93 所示的柱形图。

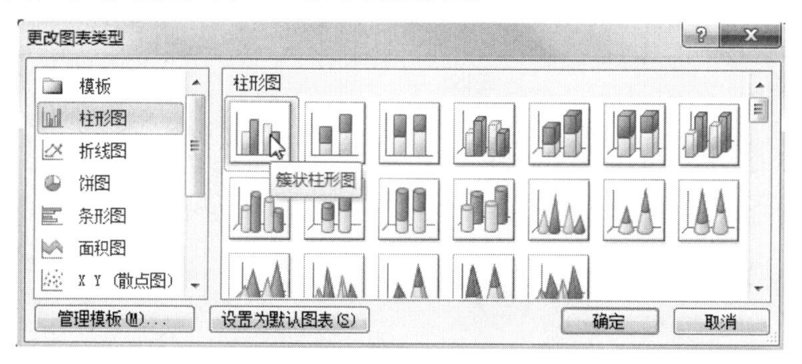

图 4–92　“更改图表类型”对话框

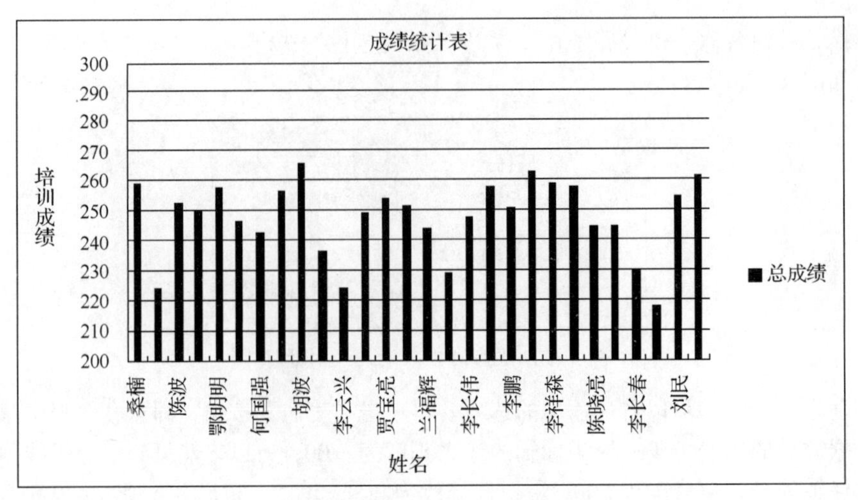

图 4-93 修改后的柱形图

子任务 3 打印员工培训成绩表

按照任务分析，对“员工基本信息表”进行打印预览、页面设置和打印。

步骤 1：页面设置

Excel 的页面设置是通过“页面布局”选项卡完成的，如图 4-94 所示。单击“页面布局”选项卡→“页面设置”组→“页边距”下拉列表框→“自定义边距”按钮，弹出图 4-95 所示的“页面设置”对话框，在“页边距”选项卡中将上下左右边距设置为“2”，水平居中。切换到“页面”选项卡，在图 4-96 所示的“页面”选项卡中，将纸张大小设置为 A4，横向。

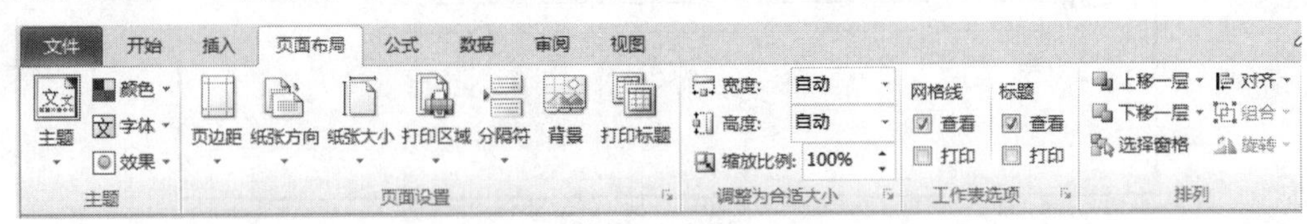

图 4-94 “页面布局”选项卡

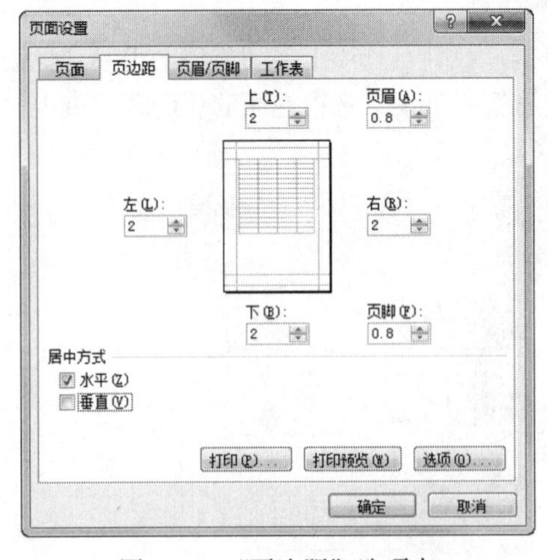

图 4-95 “页边距”选项卡

图 4-96 “页面”选项卡

步骤 2：设置顶端标题行

设置顶端标题行的目的是当表格数量较多时，往往会打印若干页，打印标题可以保证每张打印页上都有相同的标题。单击“页面布局”选项卡→“页面设置”组→“打印标题”按钮，弹出“页面设置”对话框，选择“工作表”选项卡，单击“顶端标题“文本框右侧的按钮，单击第 1 行和第 2 行的行号，返回“页面设置”对话框，如图 4–97 所示，单击“确定”按钮。

步骤 3：插入页眉页脚

为了方便文档添加说明性文字和页码，需要为文档添加页眉页脚。页眉、页脚分左、中、右三部分，用于确定页眉和页脚的具体位置。

切换到如图 4–98 所示的“页眉/页脚”选项卡，单击“自定义页脚”按钮，弹出“页脚”对话框，在页脚中部插入“页码”，右侧插入“日期”，如图 4–99 所示，单击“确定”按钮。同理单击“自定义页眉”按钮，弹出“页眉”对话框，在页眉右侧输入文字“员工培训成绩表”，单击“确定”按钮。

图 4–97　“工作表”选项卡

图 4–98　“页眉/页脚”选项卡

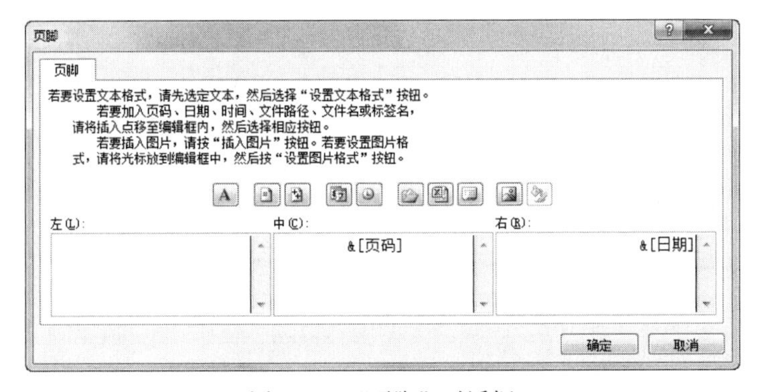

图 4–99　“页脚”对话框

步骤 4：打印设置

单击“文件”→“打印”命令，打开如图 4–100 所示的“打印”界面，在右侧窗格中出现打印预览界面，在左侧可以进行参数设置，设置好参数（如份数、打印机等）后，单击“打印”按钮，开始打印。

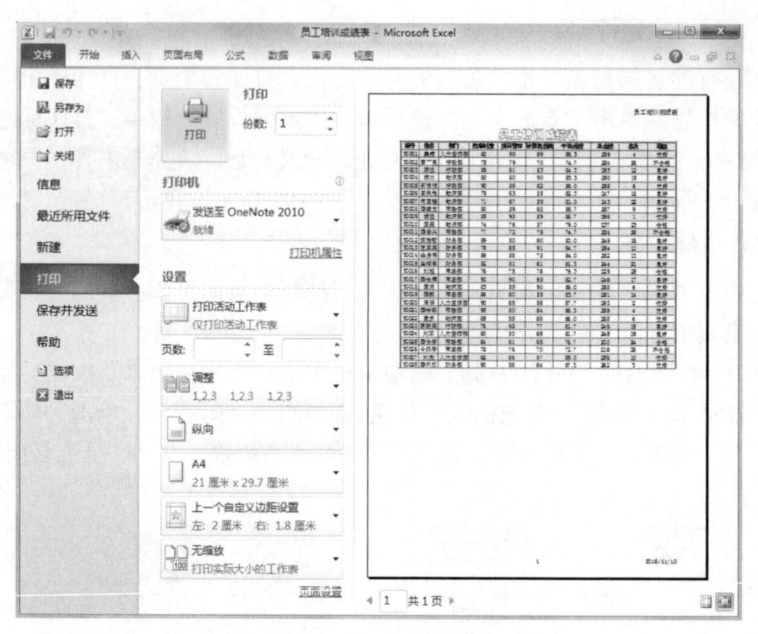

图 4-100 打印界面

扩展任务 制作学生自动分班表

任务介绍：学生入学参加入学考试，考试后按性别和总分平均分班，实现分班后性别平均、成绩平均的分班原则。分班表的实现需要使用公式、排序、定义自定义序列等操作。学生自动分班基础数据录入表如图 4-101 所示，完成后的效果如图 4-102 所示。

	A	B	C	D	E	F	G	H	I	J	K
1	学生自动分班表										
2	序号	学号	姓名	性别序号	性别	数学	语文	外语	计算机	总分	班级
3	11	011	李　平	1		84	90	88	100		
4	10	010	云飞	1		98	96	97	65		
5	6	006	梁东国	1		67	79	89	95		
6	9	009	李明明	1		72	90	90	51		
7	14	014	陈建国	1		56	77	86	81		
8	3	003	张海南	1		84	73	53	85		
9	15	015	王明明	1		67	65	78	85		
10	1	001	王明	1		89	45	78	76		
11	7	007	华安洋	1		75	85	68	56		
12	4	004	任平	1		53	76	65	82		
13	17	017	程玉虹	0		84	95	95	91		
14	13	013	李　丽	0		53	90	88	100		
15	16	016	刘巧巧	0		85	75	86	80		
16	8	008	赵雨	0		68	86	92	75		
17	5	005	郑亮	0		56	76	85	98		
18	12	012	黄小萍	0		98	60	64	80		
19	19	019	杨丽红	0		56	46	95	92		
20	18	018	张　华	0		53	68	81	76		
21	2	002	李小华	0		85	72	45	72		
22	20	020	李丽萍	0		67	60	64	80		

图 4-101 学生自动分班基本数据录入表

任务要求：

① 使用 IF 函数完成学生性别的填写，性别序号为 1 的是男，性别序号为 0 的是女。

② 使用 SUM 函数计算学生总分，总分的计算是数学、语文、外语和计算机成绩的总和。

③ 使用排序功能，按照“性别”为主要关键字升序，“总分”为主要关键字降序进行排列学生。

	A	B	C	D	E	F	G	H	I	J	K
1	序号	学号	姓名	性别序号	性别	数学	语文	外语	计算机	总分	班级
2	11	011	李　平	1	男	84	90	88	100	362	一班
3	3	003	张海南	1	男	84	73	53	85	295	一班
4	15	015	王明明	1	男	67	65	78	85	295	一班
5	13	013	李　丽	0	女	53	90	88	100	331	一班
6	16	016	刘巧巧	0	女	85	75	86	80	326	一班
7	18	018	张　华	0	女	53	68	81	76	278	一班
8	2	002	李小华	0	女	85	72	45	72	274	一班
9											
10	序号	学号	姓名	性别序号	性别	数学	语文	外语	计算机	总分	班级
11	10	010	云飞	1	男	98	96	97	65	356	二班
12	14	014	陈建国	1	男	56	77	86	81	300	二班
13	1	001	王明	1	男	89	45	78	76	288	二班
14	17	017	程玉虹	0	女	84	95	95	91	365	二班
15	8	008	赵雨	0	女	68	86	92	75	321	二班
16	19	019	杨丽红	0	女	56	46	95	92	289	二班
17	20	020	李丽萍	0	女	67	60	64	80	271	二班
18											
19	序号	学号	姓名	性别序号	性别	数学	语文	外语	计算机	总分	班级
20	6	006	梁东国	1	男	67	79	89	95	330	三班
21	9	009	李明明	1	男	72	90	90	51	303	三班
22	7	007	华安洋	1	男	75	85	68	56	284	三班
23	4	004	任平	1	男	53	76	65	82	276	三班
24	5	005	郑亮	0	女	56	76	85	98	315	三班
25	12	012	黄小萍	0	女	98	60	64	80	302	三班
26											

图 4-102　分班表完成后的效果图

④ 使用自定义序列功能，添加自定义序列“一班，二班，三班，三班，二班，一班”，在班级列完成序列的填充。

⑤ 使用自动筛选功能，按班级进行筛选，将三个班级学生筛选复制下来，形成新的分班表格。

知识链接

Excel 不仅提供了制表、计算等功能，还提供了数据管理功能，如排序、筛选、汇总等方面的功能。熟练掌握 Excel 2010 的数据管理操作，可以有效地管理繁杂的数据。

1. 数据清单

数据清单是指工作表中包含相关数据的一系列数据行，可以理解成工作表中的一张二维表格。

在执行数据库操作，如排序、筛选或分类汇总等时，Excel 会自动将数据清单视为数据库，并使用下列数据清单元素来组织数据：

① 数据清单中的列是数据库中的字段。

② 数据清单中的列标题是数据库中的字段名称。

③ 数据清单中的每一行对应数据库中的一条记录。

数据清单应该尽量满足下列条件：

① 每一列必须要有列名，而且每一列中的数据必须是相同类型的。

② 避免在一个工作表中有多个数据清单。

③ 数据清单与其他数据之间至少留出一个空白列和空白行。

2. 关键字

所谓“关键字”就是用户在搜索数据时输入的、能够最大程度地概括用户所要查找的信息内容的字或者词，是信息的概括化和集中化的表现。

Excel 数据的排序和筛选时需要使用到“关键字”进行操作。这里的关键字可以是文本，也可以是条件公式。

3. 数据排序

建立数据清单时，各记录按照输入的先后次序排列。但是，当直接从数据清单中查找需要的信息时就很不方便。为了提高查找效率需要重新整理数据，其中最有效的方法就是对数据进行排序。

4. 数据筛选

数据筛选可使用户快速而方便地从大量的数据中查询到所需要的信息。Excel 提供两种筛选方式：自动筛选和高级筛选。前者适用于简单条件，后者适用于复杂条件。

（1）自动筛选

自动筛选是将不满足条件的记录暂时隐藏起来，屏幕上只显示满足条件的记录。

（2）高级筛选

如果通过自动筛选还不能满足筛选需要，就要用到高级筛选的功能。高级筛选可以设定多个条件对数据进行筛选，还可以保留原数据清单的显示，而将筛选的结果显示到工作表的其他区域或其他工作表中。

进行高级筛选时，首先要在数据清单以外的区域输入筛选条件，然后通过“高级筛选”对话框对筛选数据的区域、条件区域及筛选结果放置的区域进行设置，进而实现筛选操作。

（3）高级筛选的条件表示

高级筛选首先需要录入筛选条件，筛选条件的录入分为单一条件和复合条件两种。

① 单一条件。在输入条件时，首先要输入条件涉及的字段的字段名，然后将该字段的具体条件写到字段名正下方的单元格中，图 4-103 所示为单一条件的例子，其中图 4-103（a）表示的是“性别为女”的条件，图 4-103（b）表示的是“总分大于 255”的条件。

性别	
女	

（a）性别为女

	总分
	>255

（b）总分大于255

图 4-103 “单一条件”的输入形式

② 复合条件。Excel 在表示复合条件时，遵循这样的原则，在同一行表示的条件为“与”关系；在不同行表示的条件为“或”关系。图 4-104 所示为复合条件的例子，其中：

图 4-104（a）表示“性别为男且成绩合格”的条件。

图 4-104（b）表示“总分大于 220 且小于 260”的条件。

图 4-104（c）表示“总分大于 260 或小于 210”的条件。

图 4-104（d）表示“性别为男同时总分小于 230，或者性别为女同时总分大于 255”的条件。

性别	合格否
男	合格

（a）复合条件1

总分	总分
>220	<260

（b）复合条件2

总分	总分
>260	
	<210

（c）复合条件3

性别	总分
男	<230
女	>255

（d）复合条件4

图 4-104 “复合条件”的几种输入形式

5. 分类汇总

分类汇总是按照某一字段的字段值对记录进行分类（排序），然后对记录的数值字段进行统计操作。

对数据进行分类汇总，首先要对分类字段进行分类排序，使相同的项目排列在一起，这样汇总才有意义。因此，在进行分类汇总操作时一定要按照分类项排序，再进行汇总的操作。

6. 图表

图表是 Excel 最常用的对象之一，它是依据选定的工作表单元格区域内的数据，按照一定的数据系列而生成的，是工作表数据的图形表示方法。与工作表相比，图表具有更好的视觉效果，可方便用户查看数据的差异、图案和预测趋势。利用图表可以将抽象的数据形象化，当数据源发生变化时，图表中对应的数据也自动更新，使得数据更加直观，一目了然。

（1）图表类型的介绍

Excel 提供的图表类型有多种，介绍以下几种常用的图表类型：

柱形图：用于一个或多个数据系列中值的比较。

条形图：实际上是翻转了的柱形图。

折线图：显示一种趋势，在某一段时间内的相关值。

饼图：着重部分与整体间的相对大小的关系，没有 X 轴、Y 轴。

散点图：一般用于科学计算。

面积图：显示在某一段时间内的累计变化。

（2）图表结构

图表是由多个基本图素组成的。图 4-105 显示了一个学生成绩的图表。

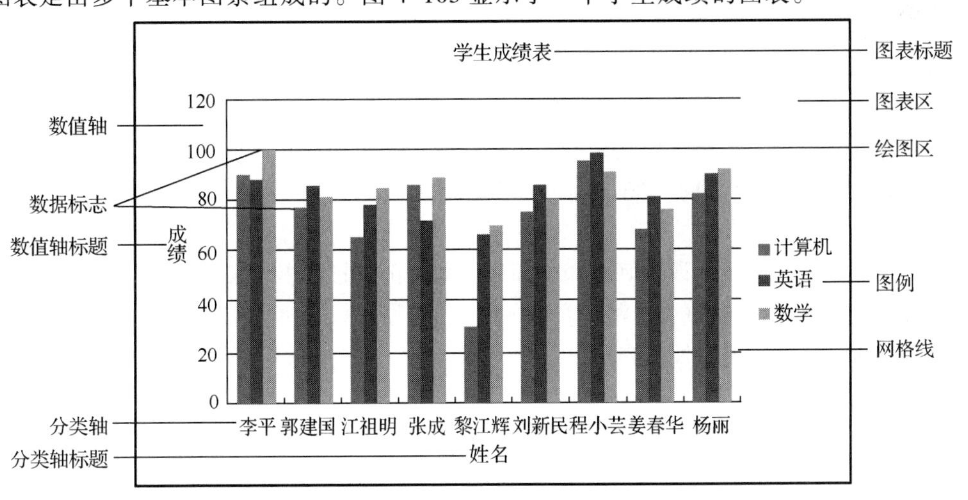

图 4-105　学生成绩表

图表中常用的图素如下：

① 图表区：整个图表及其包含的元素。

② 绘图区：在二维图表中，以坐标轴为界并包含全部数据系列的区域；在三维图表中，绘图区以坐标轴为界并包含数据系列、分类名称、刻度线和坐标轴标题。

③ 图表标题：一般情况下，一个图表应该有一个文本标题，它可以自动与坐标轴对齐或在图表顶端居中。

④ 数据分类：图表上的一组相关数据点，取自工作表的一行或一列或不连续的单元格。图表中的每个数据系列以不同的颜色和图案加以区别，在同一图表上可以绘制一个以上的数据系列。

⑤ 数据标志：根据不同图表类型，数据标志可以表示数值、数据系列名称、百分比等。

⑥ 坐标轴：为图表提供计量和比较的参考线，一般包括X轴和Y轴。

⑦ 刻度线：坐标轴上的短度量线，用于区分图标上的数据分类数值或数据系列。

⑧ 网格线：图表中从坐标轴刻度线延伸开来并贯穿整个绘图区的可选线条系列。

⑨ 图例：是图例项和图例项标示的方框，用于标示图表中的数据系列。

（3）图表分类

Excel的图表分嵌入式图表和工作表图表两种。嵌入式图表是置于工作表中的图表对象，保存工作簿时该图表随工作表一起保存。工作表图表是工作簿中包含图表的工作表。若在工作表数据附近插入图表，应创建嵌入式图表；若在工作簿的其他工作表上插入图表，应创建工作表图表。插入图表时默认的是嵌入式图表，如果想改变图表位置或变为嵌入式图表，可以使用移动图表的方式改变图表的位置。

7. 打印

在打印工作表之前，可根据需要对想打印的工作表进行一些必要的设置，如页面设置、页眉页脚设置、打印区域设置等。

（1）页面设置

页面设置中常用的选项包括打印方向、缩印比例、纸张大小、打印质量、页边距等。

① 打印方向：打印方向分为横向和纵向两种，打印宽度大于高度的工作表可使用横向打印。

② 缩放比例：工作表在打印时可以缩小和放大。Excel提供的缩放方式有两种：一种是按比例缩放；另一种是按页宽和页高设置。

③ 打印质量：用户可以选择高、中、低和草稿4种打印分辨率。

（2）页眉页脚

页眉打印在页的顶端，用于标明名称和报表标题等。页脚打印在页的底部，用于标明页号、打印日期、时间等。用户可根据需要添加、删除和修改页眉页脚。

（3）打印预览

在用户选定了打印区域并设置好打印页面后，即可正式打印工作表。在进行打印之前，可使用打印预览快速查看打印输出的效果，打印预览中的效果与打印机上实际输出的效果完全一样。如果对所见效果不满意，还可以调整。

习题与训练

一、选择题

1. Excel的3个主要功能是：__________、图表、数据库。

A. 电子表格　　B. 文字输入　　C. 公式计算　　D. 公式输入

2. 在Excel 2010的一个工作表中，系统默认打开的工作表数是__________个。

A. 8　　B. 16　　C. 3　　D. 任意多

3. Excel 2010应用程序窗口最下面一行称为状态栏，当输入数据时，状态栏显示____。

A. 就绪　　B. 输入　　C. 编辑　　D. 输入数据

4. 在Excel中，当用户希望使标题位于表格中央时，可以使用对齐方式中的__________。

A. 置中　　B. 合并及居中　　C. 分散对齐　　D. 居中对齐

5. 以下关于 Excel 2010 的叙述，________是正确的。

A. Excel 将工作簿的每个工作表分别作为一个文件来保存

B. Excel 允许同时打开多个工作簿文件进行处理

C. Excel 的图表必须与生成该图表的有关数据处于同一张作表上

D. Excel 工作表的名称由文件决定

6. 在 Excel 2010 工作簿中同时选择多个不相邻的工作表，可以按住_______键的同时依次单击各个工作表标签。

A.【Ctrl】　B.【Alt】　C.【Shift】　D.【Esc】

7. 在 Excel 2010 数据清单中，按某一字段内容进行归类，并对每一类做出统计的操作是_____。

A. 分类排序　B. 分类汇总　C. 筛选　D. 记录单处理

8. 在 Excel 单元格内输入计算公式后按【Enter】键，单元格内显示的是________。

A. 计算公式　B. 公式的计算结果

C. 空白　D. 等号“=”

9. 在 Excel 2010 中，当某单元格中的数据被显示为充满整个单元格的一串“######”时，说明__________。

A. 其中的公式内出现 0 做除数的情况

B. 显示其中的数据所需要的宽度大于该列的宽度

C. 其中的公式内所引用的单元格已被删除

D. 其中的公式内含有 Excel 不能识别的函数

10. 在 Excel 2010 中，对数据表做分类汇总前必须要先__________。

A. 按任意列排序　B. 按分类列排序

C. 进行筛选操作　D. 选中分类汇总数据

二、填空题

1.“自动换行”功能位于“设置单元格格式”对话框中的_______________选项卡。

2. 写出在单元格 E5 中，计算单元格 C5 中的内容减去单元格 D5 中的内容的公式________。

3. 在 Excel 中字号的度量值为_______________。

4. Excel 在默认情况下，数字在单元格中_______________对齐，文字居左对齐，也可以使用对齐方式进行更改。

5. 在默认 Excel 工作表的第 4 列第 5 行的单元格名称默认为_______________。

6. Excel 2010 工作簿文件第一次存盘默认的扩展名是_______________。

7. 在 Excel 环境中，用于存储并处理工作表数据的文件，称为_______________。

8. 在单元格中使用常规格式输入北京区号“010”时，应输入__________________。

9. 创建完成的图表，可以选择两种放置的位置，分别为___________和___________插入。

10. 在 Excel 中，打印工作表前就能看到实际打印效果的操作是_______________。

三、操作题

1. 制作本班一个学期每门课程的“成绩表”。例如，包含如下字段：

学号	姓名	性别	大学英语	高等数学	计算机基础	网页制作	程序设计基础

利用所学内容，对表格进行快速录入。

2. 对“成绩表”进行格式修饰。

（1）设置字段行行高为 20 磅，其余各行为 16 磅；设置对齐方式为水平居中、垂直居中。

（2）设置表格外边框为蓝色双细实线，内边框为蓝色单细实线，单元格底纹设置为淡黄色。

（3）在第一行上方插入一行，调整行高为 30 磅，将该行进行合并及居中，输入文本“学生成绩表”，并将字体设置为隶书，颜色为红色，字号为 22 磅，文本对齐方式为水平居中、垂直居中。

（4）将不及格的成绩利用条件格式表示为红色字体。

3. 将“成绩表”在同一工作簿中复制一份，工作表名称为“成绩表计算”。以下均在“成绩表计算”工作表中进行。

（1）计算每门课程的平均成绩。

（2）计算每门课程的最高成绩和最低成绩。

（3）计算每个学生的总成绩。

（4）利用 RANK 函数根据总成绩进行排名次。

（5）利用 IF 函数计算每个学生成绩的等级（平均成绩在 100 ~ 90 之间为优秀，89 ~ 80 之间为良好，79 ~ 70 之间为中，69 ~ 60 之间为及格，60 分以下为不及格）。

4. 利用“成绩表计算”工作表中的数据生成图表。

（1）生成对比各科成绩平均分的图表。

（2）根据个人喜好对图表进行修饰。

（3）根据需要生成基于其他数据源的图表。

5. 利用“成绩表计算”工作表中的数据进行分析。

（1）在同一工作簿中将“成绩表计算”工作表复制一份，命名为“排序表”，根据名次由低到高进行排序。也可根据需要按照其他字段进行排序。

（2）在同一工作簿中将“成绩表计算”工作表复制一份，命名为“筛选表”，筛选平均成绩大于 80 分的女同学。也可根据需要进行其他筛选。

（3）在同一工作簿中将“成绩表计算”工作表复制一份，命名为“分类汇总表”，按性别汇总每门课程的平均成绩。也可根据需要进行其他分类汇总。

项目 5　PowerPoint 2010 演示文稿制作

项目介绍

PowerPoint 2010 是微软公司 Office 2010 办公套装软件中的一个重要组件，用于制作具有图文并茂展示效果的演示文稿。演示文稿由用户根据软件提供的功能自行设计、制作和放映，具有动态性、交互性和可视性，广泛应用于演讲、报告、广告宣传、产品演示和课件制作等内容展示上，借助演示文稿，可更有效地进行表达和交流。

演示文稿是由一系列幻灯片组成的，本项目主要介绍如何利用 PowerPoint 2010 设计、制作和放映演示文稿。

学习目标

通过本项目的学习与实施，应该完成下列知识和技能的理解和掌握：

① 掌握演示文稿的创建、幻灯片版式、幻灯片编辑、幻灯片放映等基本操作。

② 熟练掌握演示文稿视图模式的应用，幻灯片页面、主题、背景及母版的应用与设计。

③ 掌握幻灯片中图形和图片、SmartArt 图形、表格与图表、声音与视频及艺术字等对象的编辑及使用。

④ 熟练掌握幻灯片中对象动画效果、切换效果和交互效果的设计。

⑤ 掌握演示文稿的放映设置与控制，输出与打印。

任务 1　制作大学生职业生涯规划演示文稿

任务介绍

来到大学已经两个多月了，小明通过对专业课程的学习和老师对专业前景的介绍，使他对大学生活已经有了更深入的了解，为了高效地利用时间，实现自己的人生价值，小明同学开始对自己的职业生涯进行规划。借助 PowerPoint 2010，小明完成自己的职业生涯规划演示文稿的制作，并可以在班级进行分享。

任务分析

演示文稿一般由标题、导航（目录）、正文内容、附录及致谢几部分组成，其中正文部分是演示文稿的主体，可包含文字、图片、表格、图表、剪贴画、艺术字、音视频等相关内容。

本任务通过启动 PowerPoint 2010，创建一个空白演示文稿文件，添加不同版式的页面，并将基本素材（文本、图片）插入到各个页面中，通过设置不同效果的幻灯片切换效果，使幻灯片的放映更加生动。

本项目任务可以分解为以下 2 个子任务:

子任务 1: 搭建演示文稿结构。

子任务 2: 输入内容。

任务实施

子任务 1　搭建演示文稿结构

步骤 1：启动并保存 PowerPoint 2010 演示文稿

PowerPoint 的启动操作同前面讲过的 Word 和 Excel 相似，在此不再赘述。程序启动后可看到 PowerPoint 的工作窗口，其主要由快速访问工具栏、标题栏、文件选项卡、功能选项卡、功能区、大纲/幻灯片区域、幻灯片编辑区域和备注区等部分组成。单击“文件”→“保存”命令，将文件保存为“我的大学生职业生涯规划”。

步骤 2：设置全屏显示（16∶9）

（1）单击“设计”选项卡→“页面设置”组→“页面设置”按钮，弹出如图 5-1 所示“页面设置”对话框，在“幻灯片大小”列表框中选择“全屏显示（16:9）”选项，单击“确定”按钮。

（2）返回幻灯片，可查看到其页面大小已发生变化，此时，因为页面大小的改变，幻灯片中的内容位置略有变化，可适当进行调整，效果如图 5-2 所示。

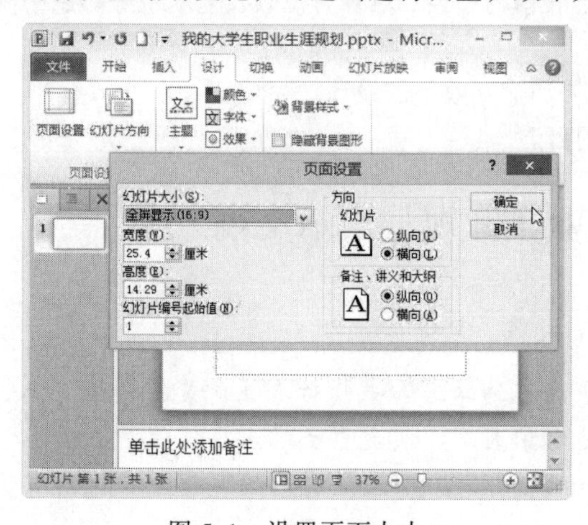

图 5-1　设置页面大小

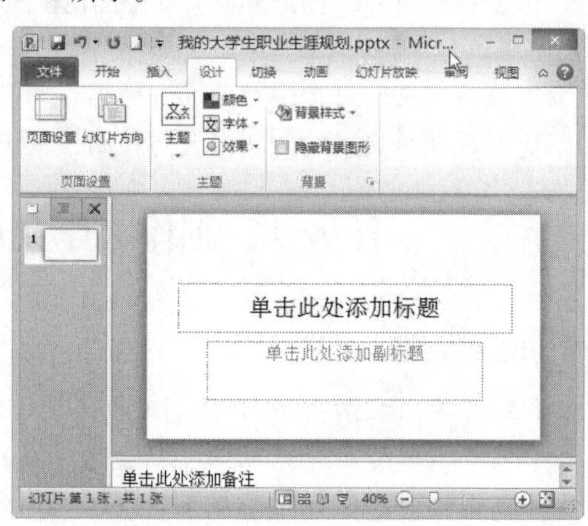

图 5-2　查看效果

步骤 3：应用“跋涉”主题

单击“设计”选项卡→“主题”组→“主题”下拉按钮，在打开的下拉列表框中选择“跋涉”，设置过程及效果如图 5-3 所示。

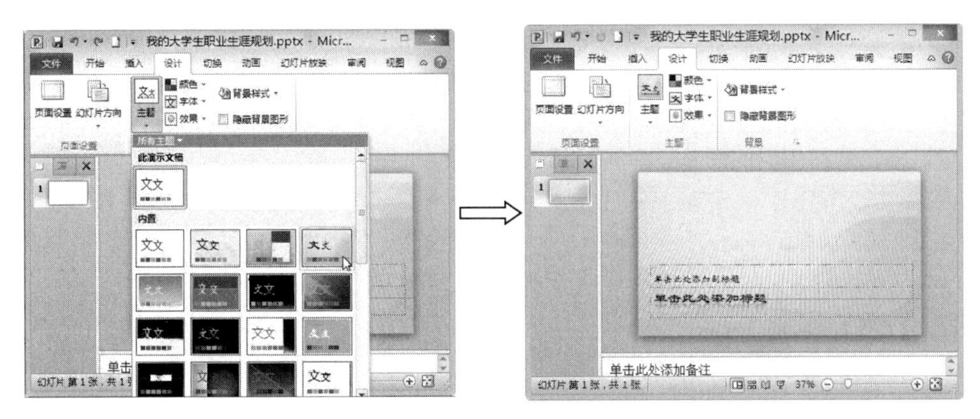

图 5-3　主题设置过程及效果

操作技巧：与 Word 的操作相同，在“主题”组中单击“主题颜色”下拉按钮、“主题字体”下拉按钮、“主题效果”下拉按钮，在打开的下拉列表框中选择所需的选项还可以分别更改当前主题的颜色、字体和效果。

子任务 2　输入内容

步骤 1：输入并设置文本格式

（1）在幻灯片中的“标题”和“副标题”位置，分别输入“大学生职业生涯规划”和“制作者：小明”，文字内容，标题文本输入效果如图 5-4 所示。

（2）选择“标题”的占位框，将其移动到幻灯片的右上角位置，单击“开始”选项卡→“字体”组，将标题文本字号设置为“50”，同理选择并移动“副标题”的占位框并将文本字号设置为“32”。

（3）单击“插入”选项卡→“文本”组→“文本框”下拉按钮，在打开的下拉列表框中选择“横排文本框”选项，在当前幻灯片中绘制文本框，输入制作时间，字号 32，首页文本调整效果如图 5-5 所示。

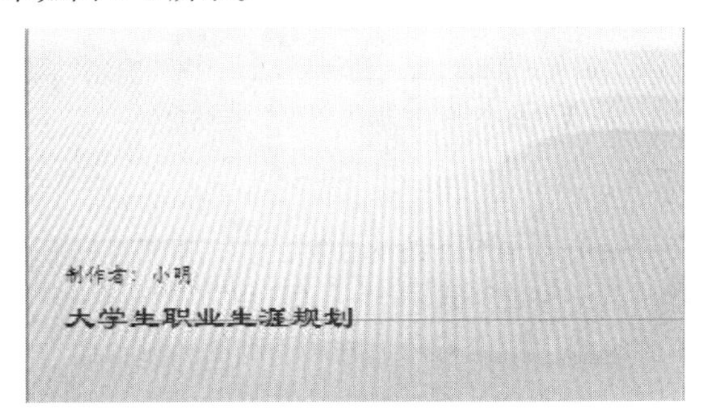

图 5-4　标题文本输入效果

图 5-5　首页文本调整效果

步骤 2：新建幻灯片并插入内容

单击“开始”选项卡→“幻灯片”组→“新建幻灯片”下拉按钮，在打开的如图 5-6 所示的幻灯片版式下拉列表框中选择“两栏内容”版式幻灯片，新建一张如图 5-7 所示的“两栏内容”

版式幻灯片。在新建的“两栏内容”幻灯片的标题占位符中输入“职业生涯规划”标题内容，在左侧的正文文本占位符中输入文本。在如图 5-8 所示的右侧的占位符中单击“插入来自文件的图片”按钮，或单击“插入”选项卡→“图像”组→“图片”按钮，弹出如图 5-9 所示的“插入图片”对话框，选择相应的图片，单击“插入”按钮。

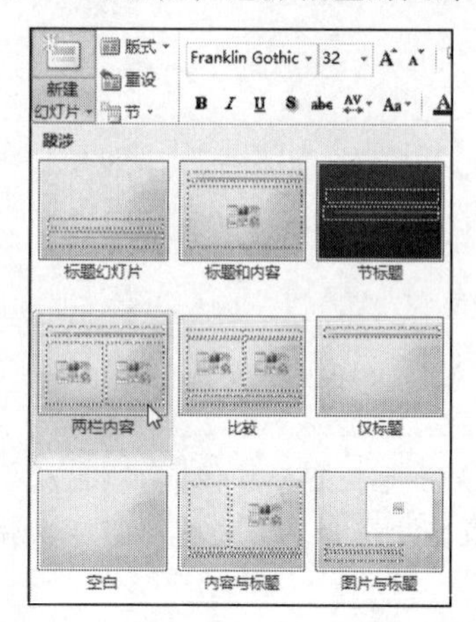

图 5-6 “新建幻灯片”下拉列表框

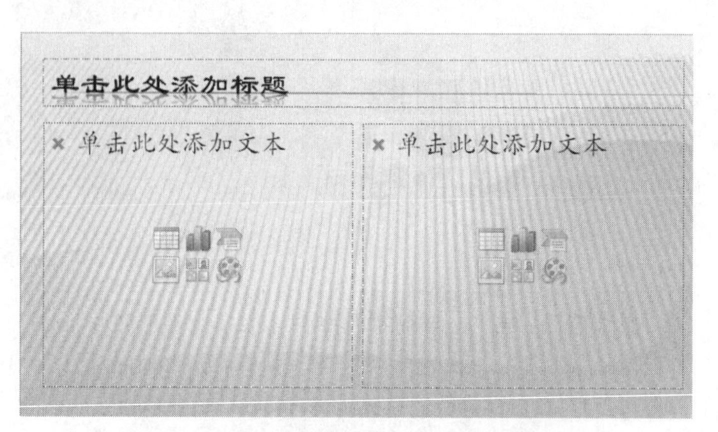

图 5-7 新建“两栏内容”幻灯片版式效果

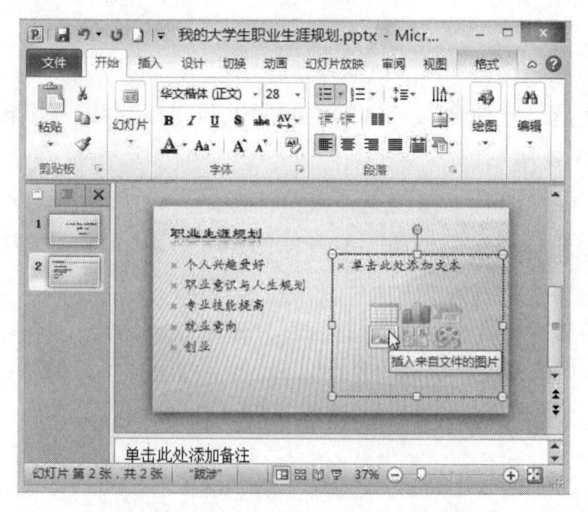

图 5-8 单击“插入图片”占位符

图 5-9 “插入图片”对话框

步骤 3：编辑插入的图片

（1）选择插入的图片，将鼠标指针移动到如图 5-10 所示左下角的控制点上，按住鼠标左键不放并向右上角拖动，调整图片大小。单击“图片工具 | 格式”选项卡→“图片样式”组→“快速样式”下拉按钮，在如图 5-11 所示的列表框中选择“圆形对角”选项，为图片设置样式。调整效果如图 5-12 所示。

（2）同理，制作第 3、4、5 张幻灯片，并为其添加并设置文本格式，插入并编辑图片样式，制作效果如图 5-13 ~ 图 5-15 所示。

（3）选择第 3 张幻灯片中的图片，单击“图片工具 | 格式”选项卡→“调整”组→“删除背景”按钮，进入如图 5-16 所示的“删除背景”编辑状态，调整图片选框的大小如图 5-17 所示，保留需要的图片内容，然后单击“关闭”组→“保留更改”按钮✓。返回幻灯片，图片原来的黑

色底纹背景被清除，效果如图 5-18 所示。然后使用相同的方法，清除第 4、5 张幻灯片中图片的底纹背景。

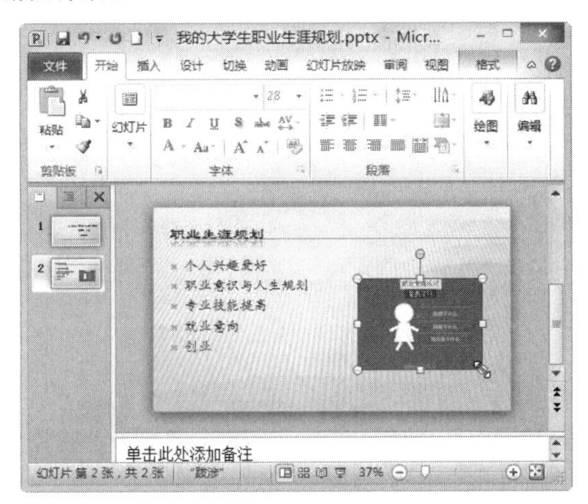

图 5-10 调整图片大小

图 5-11 “快速样式”下拉列表框

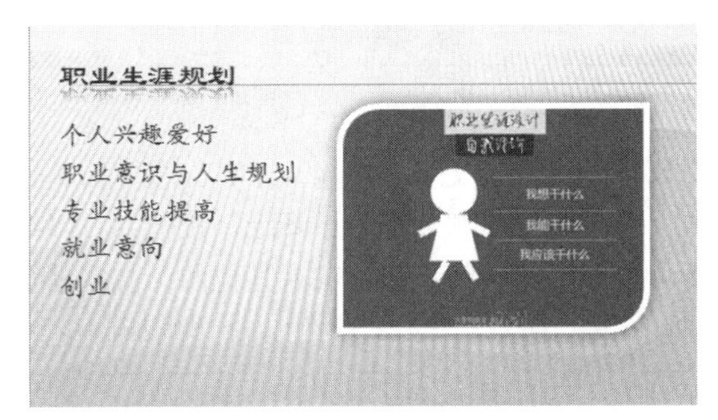

图 5-12 第 2 张幻灯片效果

图 5-13 第 3 张幻灯片效果

图 5-14 第 4 张幻灯片效果

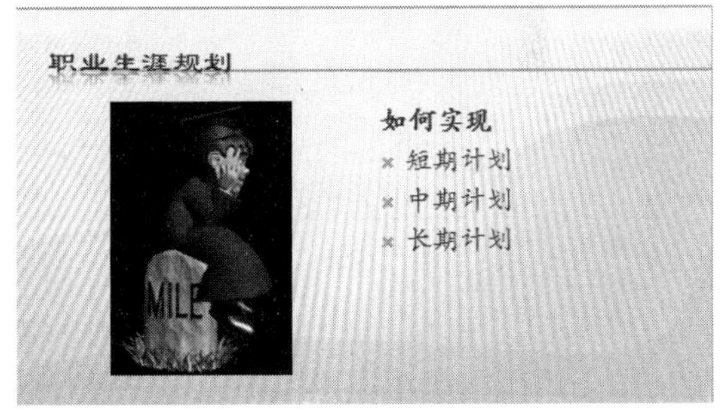

图 5-15 第 5 张幻灯片效果

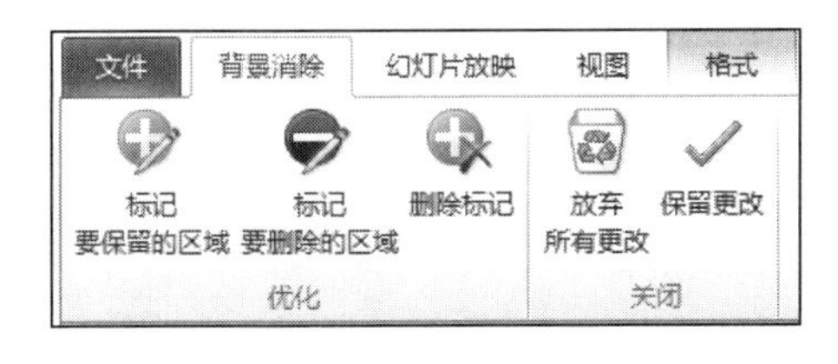

图 5-16 “删除背景”编辑状态

图 5-17 编辑框调整状态

图 5-18 图片清除背景效果

步骤 4：插入与编辑 SmartArt 图形

（1）选择第 2 张幻灯片，按【Ctrl+D】组合键，复制并生成一张新的幻灯片，删除新生成的幻灯片中的除标题外的其他文字、图片对象及相关占位符，删除效果如图 5-19 所示。

（2）单击“插入”选项卡→“SmartArt”按钮，弹出如图 5-20 所示的“选择 SmartArt 图形”对话框，选择“流程”列表，在中间的列表框中选择“基本 V 形流程”选项，单击“确定”按钮，插入效果如图 5-21 所示。

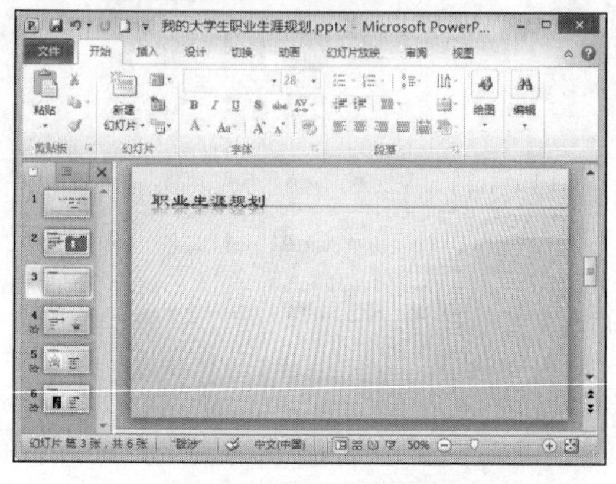

图 5-19　对象删除效果

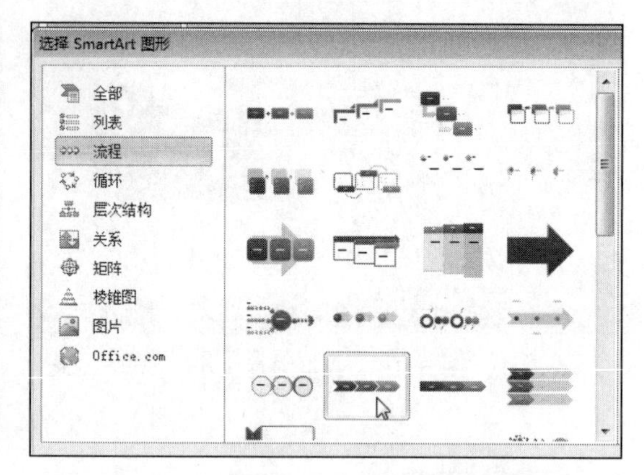

图 5-20　“选择 SmartArt 图形”对话框

（3）在 SmartArt 图形左侧“在此处键入文字”窗格的第一个文字框中输入“1”，按【Enter】键新建文字框，单击“SmartArt 工具 | 设计”选项卡→“创建图形”组→“降级”按钮，在降级的文字框中输入相应文字，输入效果如图 5-22 所示。使用相同的方法，输入其他两个文字框及降级文本框中的内容，输入效果如图 5-23 所示。

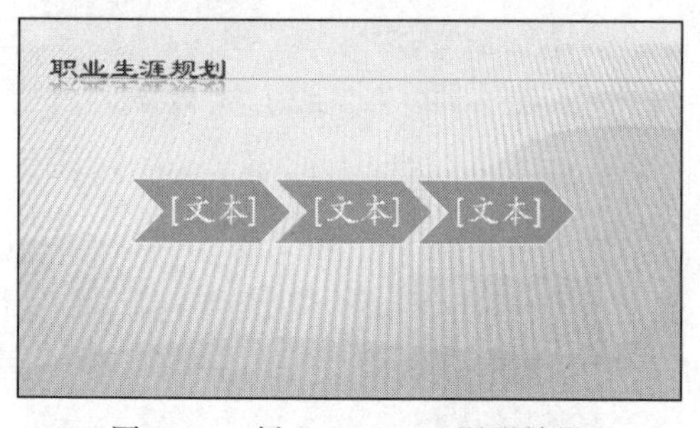

图 5-21　插入 SmartArt 图形效果

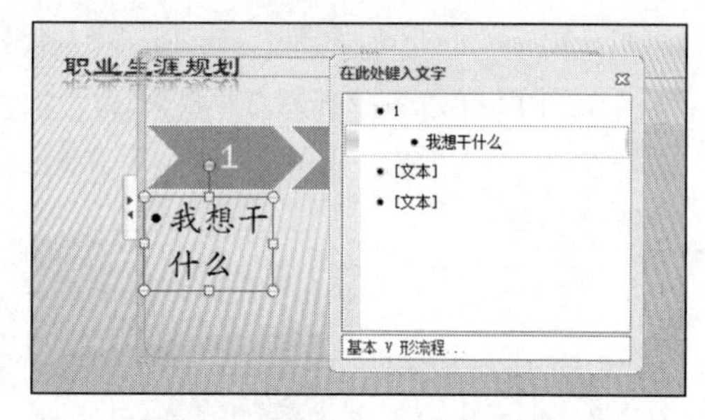

图 5-22　降级文本框输入效果

（4）选择 SmartArt 图形中形状下方的文字内容，将字号设置为“28”，然后将鼠标指针移动到 SmartArt 图形边框上调整其位置和大小，调整效果如图 5-24 所示。

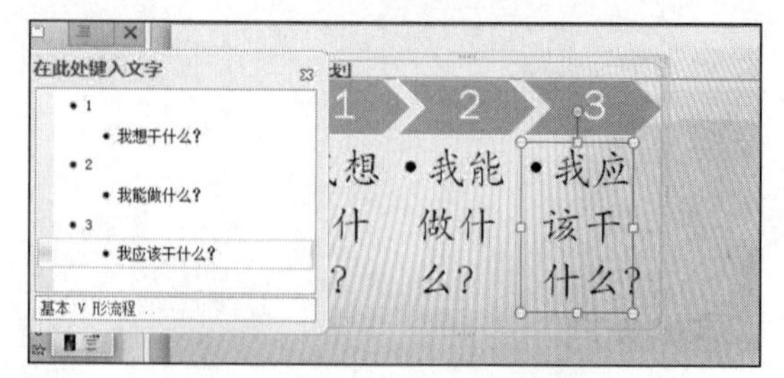

图 5-23　输入其他文本效果

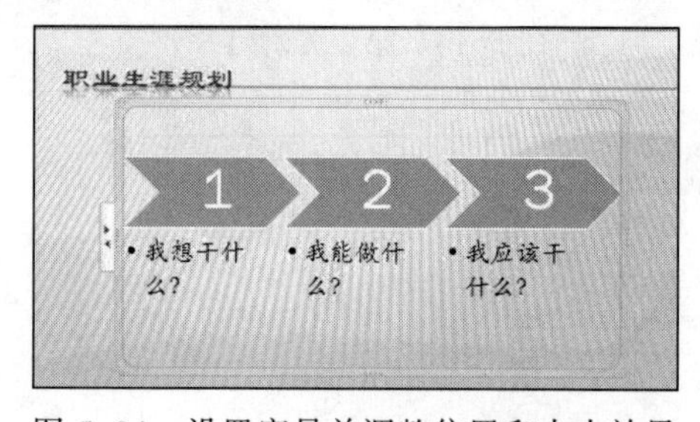

图 5-24　设置字号并调整位置和大小效果

（5）单击“SmartArt 工具 | 设计”选项卡→“SmartArt 样式”组→“快速样式”下拉按钮，在打开的如图 5-25 所示的下拉列表框中选择“三维”区中的“砖块场景”选项，设置效果如图 5-26 所示。

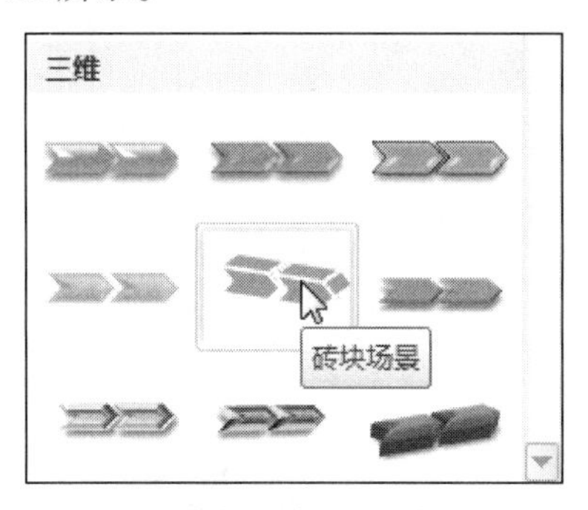

图 5-25　“快速样式”下拉列表框

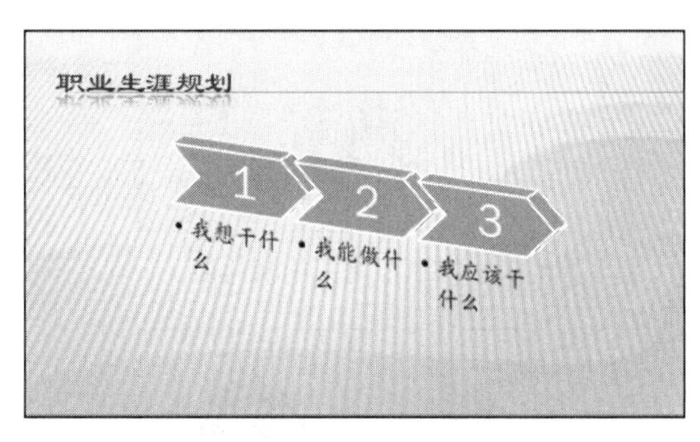

图 5-26　快速样式设置效果

步骤 5：绘制与编辑形状

（1）选择最后一张幻灯片，单击“开始”选项卡→“幻灯片”组→“新建幻灯片”下拉按钮，在打开的如图 5-27 所示的幻灯片版式下拉列表框中选择“仅标题”版式幻灯片，并输入“职业生涯规划”标题内容。

（2）单击“插入”选项卡→“插图”组→“形状”下拉按钮，在打开的如图 5-28 所示的“形状”下拉列表框中选择“基本形状”中的“椭圆”。按住【Shift】键，在幻灯片中部偏右的位置绘制一个圆形。单击“绘图工具|格式”选项卡→“形状样式”组→“形状填充”下拉按钮，在打开的下拉列表框中选择“标准色”中的“浅蓝”选项，单击“绘图工具|格式”选项卡→“形状样式”组→“形状轮廓”下拉按钮，在弹出的下拉列表框中选择“无轮廓”选项。圆形绘制并编辑效果如图 5-29 所示。

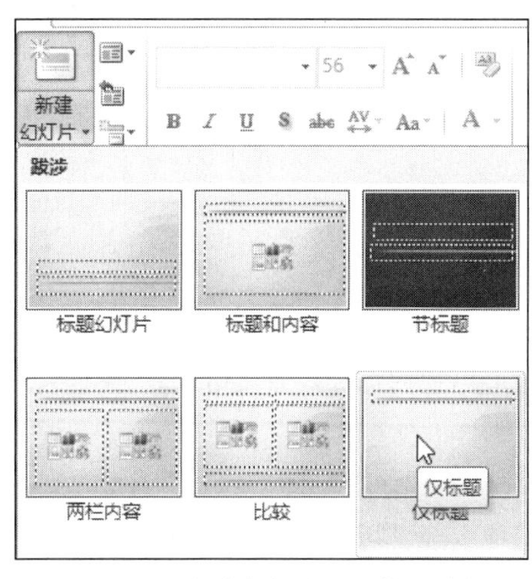

图 5-27　“新建幻灯片”下拉列表框

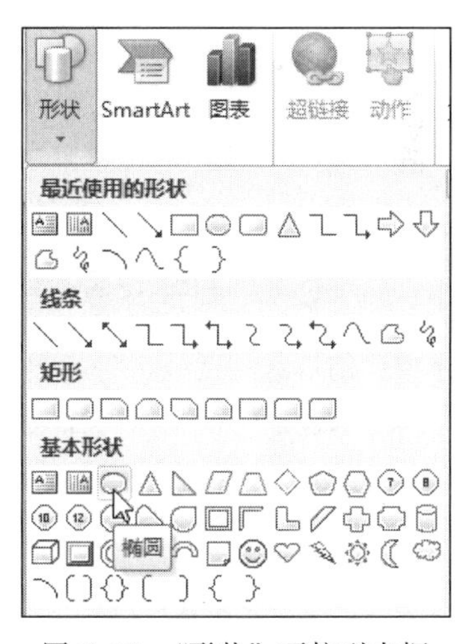

图 5-28　“形状”下拉列表框

（3）在绘制的圆形上右击，在弹出的快捷菜单中选择“编辑文字”命令，输入“态度”，设置字号大小为 48，字体颜色为黑色，文字输入并编辑效果如图 5-30 所示。

（4）复制并生成两个新的圆形，调整大小和位置，将左侧圆形填充色更改为“浅绿”色，字体内容改为“知识”，右侧圆形更改为“深红”色，字体内容更改为“技能”，复制圆形并修改效果如图 5-31 所示。在圆的下方绘制 3 个文本框，并在其中输入相应文本内容，文字输入效果如图 5-32 所示。

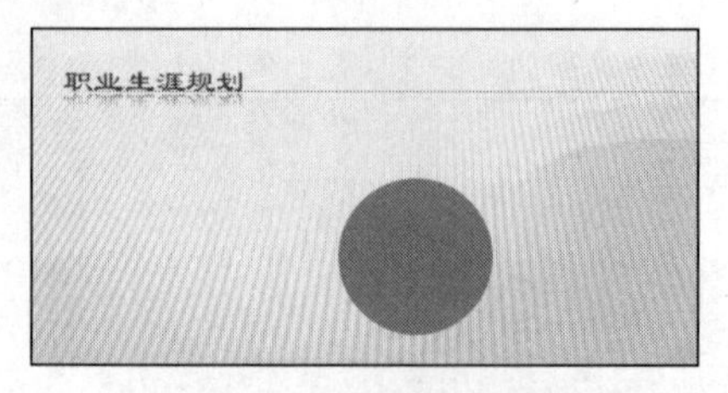

图 5-29　椭圆绘制并编辑效果

图 5-30　形状中输入文字

图 5-31　绘制和编辑其他图形

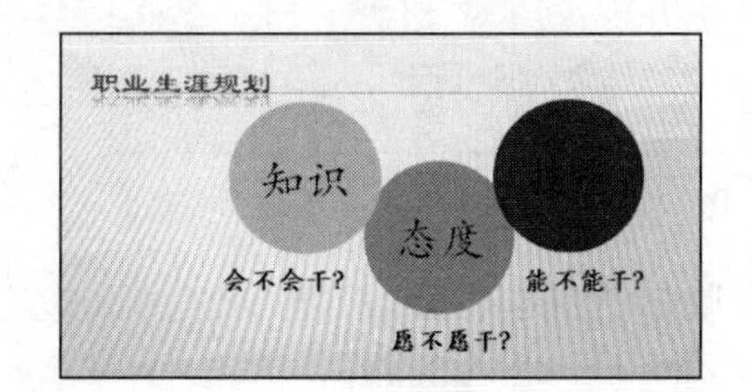

图 5-32　文本输入效果

（5）使用插入文本和图片的方法制作第 8 张幻灯片，修改并设置标题文本，第 8 张幻灯片的制作效果如图 5-33 所示。所有幻灯片整体浏览效果如图 5-34 所示。

图 5-33　第 8 张幻灯片制作效果

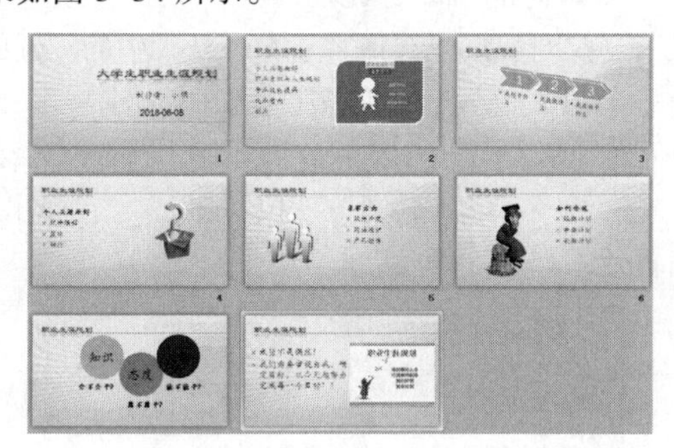

图 5-34　幻灯片浏览效果

扩展任务　为幻灯片设置切换效果

任务介绍：幻灯片切换效果是指演示文稿放映时幻灯片进入和离开播放时的整体视觉效果。幻灯片的切换效果包括幻灯片切换样式和切换属性，它可以使幻灯片的过渡衔接更为自然，提高演示度。

步骤 1：设置切换方案

选择演示文稿中的第 1 张幻灯片，单击“切换”选项卡→“切换到此幻灯片”组→“切换方案”下拉按钮，在打开的如图 5-35 所示的“切换方案”下拉列表框中选择“华丽型”组中的“立方体”选项。

步骤 2：设置“效果”选项

（1）单击“切换”选项卡→“切换到此幻灯片”组→“效果选项”下拉按钮，在打开的如图 5-36 所示的下拉列表框中选择“自顶部”选项。

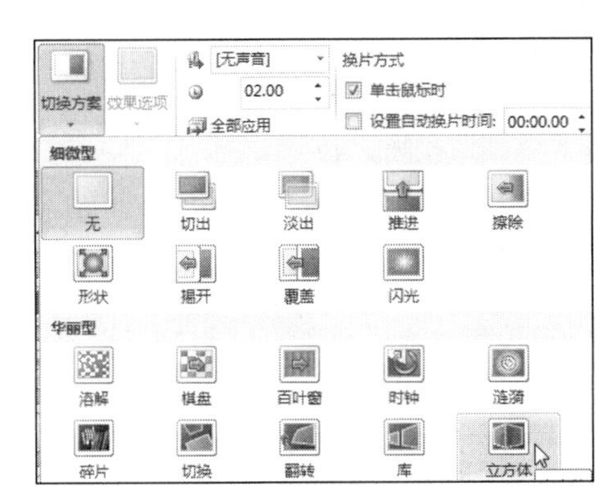

图 5-35　“切换方案”下拉列表框

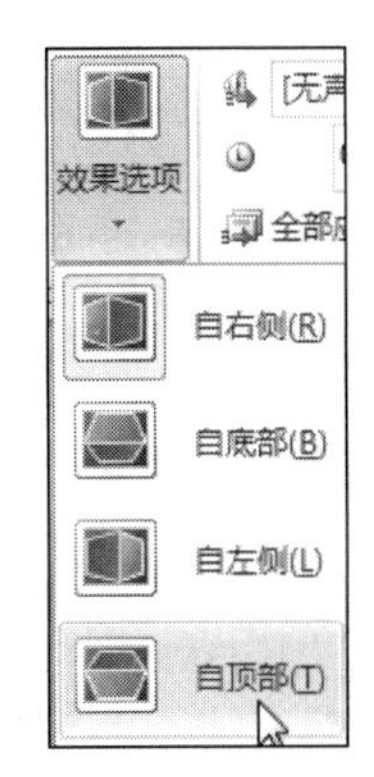

图 5-36　“效果选项”下拉列表框

（2）单击“切换”选项卡→“计时”组→“声音”下拉按钮，在如图 5-37 所示的“声音”下拉列表框中选择“风铃”选项，为幻灯片设置切换时的声音。

（3）在“持续时间”数值框中输入“01:20”秒，单击“切换”选项卡→“计时”组→“全部应用”按钮，如图 5-38 所示，为所有幻灯片添加相同的切换效果。单击“切换”选项卡→“预览”组→“预览”按钮可预览放映时的切换效果（也可为每一页设置不同的切换效果）。

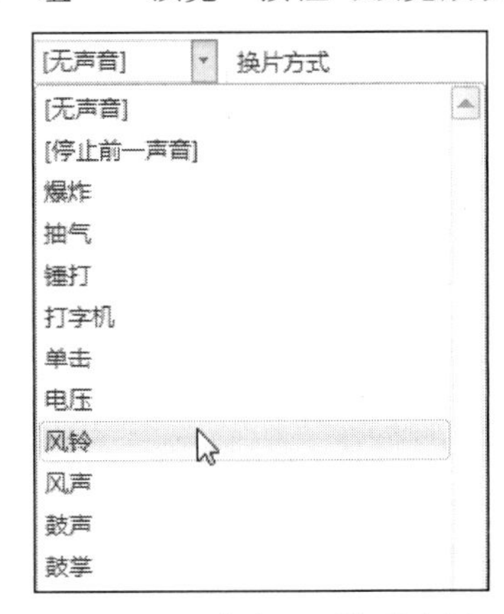

图 5-37　“声音”下拉列表框

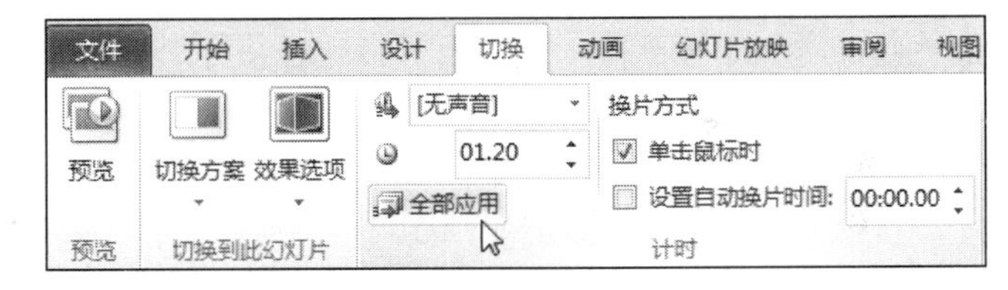

图 5-38　将效果应用到所有幻灯片

知识链接

1. PowerPoint 2010 的操作界面

PowerPoint 2010 程序启动后，窗口界面如图 5-39 所示。工作窗口由快速访问工具栏、标题栏、选项卡、功能区、幻灯片/大纲浏览窗口、幻灯片窗口、备注窗口、状态栏、视图按钮和显示比例按钮等部分组成，其中大部分组成已在 Word、Excel 中做了介绍，下面只对不同部分进行介绍。

（1）大纲/幻灯片缩览窗口

大纲/幻灯片缩览窗口包括“幻灯片”和“大纲”两个选项卡。选择“幻灯片”选项卡，可以显示各幻灯片的缩略图，单击某张幻灯片缩略图，幻灯片窗口会即时显示该张幻灯片的内容。利用“幻灯片”窗口可以重新排序、添加、删除或复制幻灯片，但不能在缩略图中直接对文本进行编辑。在“大纲”模式中，可以显示出各幻灯片的标题与正文信息，在其中可以对幻灯片操作也可以编辑幻灯片中的标题与文本信息。

图 5-39 PowerPoint 窗口界面

（2）幻灯片窗口

幻灯片窗口是演示文稿的核心部分，用来显示幻灯片的内容，包括文本、图片、表格等各种对象。在该窗口也可以直接编辑幻灯片的内容。

（3）备注窗口

备注窗口位于 PowerPoint 2010 工作窗口的底部，用于标注对幻灯片的解释、说明等各种信息，供用户参考。在放映状态下不会显示备注窗口中的内容。

（4）视图按钮

视图按钮提供了当前演示文稿的不同显示方式，有“普通视图”“幻灯片浏览”“阅读视图”“幻灯片放映”4 个按钮，单击某个按钮即可方便地切换到相应视图。例如在“普通视图”下可以同时显示幻灯片窗口、幻灯片/大纲浏览窗口和备注窗口，而在“幻灯片放映”视图下可以放映当前幻灯片或演示文稿。也可以单击“视图”选项卡下的按钮转换视图显示模式。

① 普通视图。普通视图是 PowerPoint 默认的视图模式，在该视图模式下用户可方便地编辑和查看幻灯片的内容，添加备注内容等。在普通视图下，窗口由 3 个窗口组成：左侧的“幻灯片/大纲”缩览窗口、右侧上方的“幻灯片”窗口和右侧下方的备注窗口，之前所进行的大部分操作都是在普通视图模式下进行的。

② 浏览视图。幻灯片浏览视图模式可以全局的方式浏览演示文稿中的幻灯片，可在右侧的幻灯片窗口同时显示多张幻灯片缩略图，如图 5-40 所示，在浏览视图模式下便于进行多张幻灯片顺序的编排，方便进行新建、复制、移动、插入和删除幻灯片等操作；还可以设置幻灯片的切换效果并预览。

③ 阅读视图。阅读视图可将演示文稿作为适应窗口大小的幻灯片放映查看，如图 5-41 所示，阅读视图只保留幻灯片窗口、标题栏和状态栏，其他编辑功能被屏蔽，该模式用于幻灯片制作完成后的简单放映浏览，查看内容和幻灯片设置的动画和放映效果。通常从当前幻灯片开始阅读，单击可以切换到下一页幻灯片，直到放映最后一张幻灯片后退出阅读视图。阅读过程中可随时按【Esc】键退出，也可单击状态栏右侧的其他视图按钮退出阅读视图并切换到其他视图。

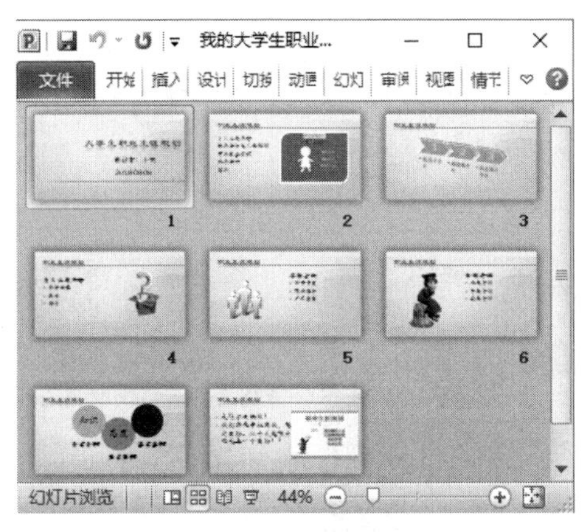

图 5-40　幻灯片浏览视图

图 5-41　阅读视图

④ 放映视图。在放映视图状态下，整张幻灯片的内容占满整个屏幕，可以观看幻灯片的实际制作效果，包括动画、切换等各种特效。

（5）显示比例按钮

显示比例按钮位于视图按钮右侧，单击该按钮，弹出“显示比例”列表框，选择幻灯片的显示比例，拖动其右方的滑块，也可以调节显示比例。

2. 幻灯片版式

PowerPoint 为幻灯片提供了多个幻灯片版式供用户根据内容需要进行选择，幻灯片版式确定了幻灯片内容的布局，用户根据需要可为当前幻灯片选择相应版式。幻灯片版式列表框如图 5-42 所示，确定完幻灯片的版式后，即可在相应的栏目和对象框内添加和插入文本、图片、表格、图形、图表、媒体剪辑等内容。

3. 幻灯片的主题

主题是 PowerPoint 应用程序提供的方便演示文稿设计的一种手段，是一种包含背景图形、字体及对象效果的组合，是颜色、字体、效果和背景的设置。主题作为一套独立的设计方案直接应用于演示文稿中，可以简化演示文稿的设计过程，使演示文稿具有统一的风格。PowerPoint 提供了大量的内置主题供用户制作演示文稿时使用，用户可直接在主题库中选择使用，也可通过自定义方式修改主题的颜色、字体和背景，形成自定义主题。

“设计”选项卡的主题选项组如图 5-43 所示，移动鼠标指针到某个主题，则显示主题名称，单击该主题，会将所选主题的颜色、字体和图形外观效果应用到演示文稿。图 5-44 所示为使用“波形”主题设置的幻灯片效果。设置主题后还可以通过主题组中的“颜色”“字体”、效果选项来重新修改主题的相关元素效果，并应用到演示文稿。图 5-45 所示为颜色修改后的幻灯片效果。

4. 幻灯片的背景

背景样式设置功能可用于设置主题背景，也可用于设置无主题幻灯片应用的背景，此外用户还可自行设计一种幻灯片背景，满足演示文稿的个性化设置要求。背景设置利用“设置背景格式”对话框完成，主要是进行幻灯片背景的颜色、图案和纹理等进行调整，包括改变背景颜色、图案填充、纹理填充和图片填充等方式，以下背景设置同样可用于主题的背景设置。

图 5-42 幻灯片版式选项　　　　图 5-43 “主题”选项

图 5-44 使用“波形”主题　　　　图 5-45 “修改主题颜色”对话框

（1）默认背景样式

PowerPoint 2010 为每个主题提供了 12 种默认背景样式，用户可以选择一种样式快速改变演示文稿中幻灯片的背景，既可以改变当前选中的幻灯片，也可以改变演示文稿所有幻灯片的背景，“背景样式”下拉列表框如图 5-46 所示。

（2）背景颜色

背景颜色设置有“纯色填充”和“渐变填充”两种方式。“纯色填充”是选择单一颜色填充背景，而“渐变填充”是将两种或更多种填充颜色逐渐混合在一起，以某种渐变类型从一种颜色逐渐过渡到另一种颜色，如图 5-47 所示。

（3）图片或纹理填充

PowerPoint 2010 为我们提供了 25 种纹理图案样式供我们选择，如图 5-48 所示，同时用户还可以选择“文件”命令选择用户自己的图片填充到背景中。

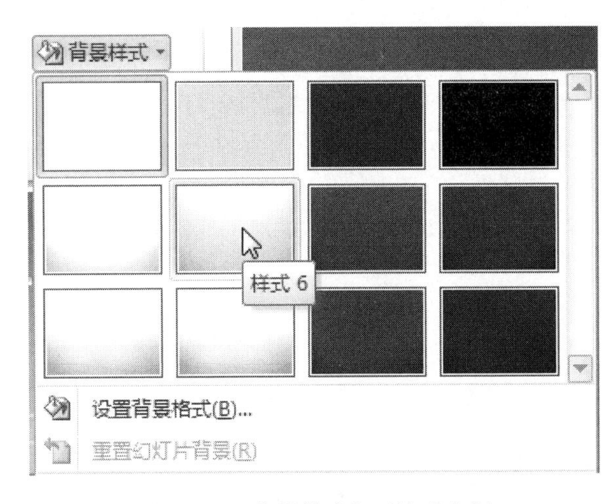

图 5-46　“背景样式”下拉列表框　　　　图 5-47　渐变填充选项框

（4）图案填充

PowerPoint 2010 为我们提供了 40 余种背景图案，如图 5-49 所示，同时还可通过“前景色”和“背景色”按钮自定义图案的前景色和背景色。

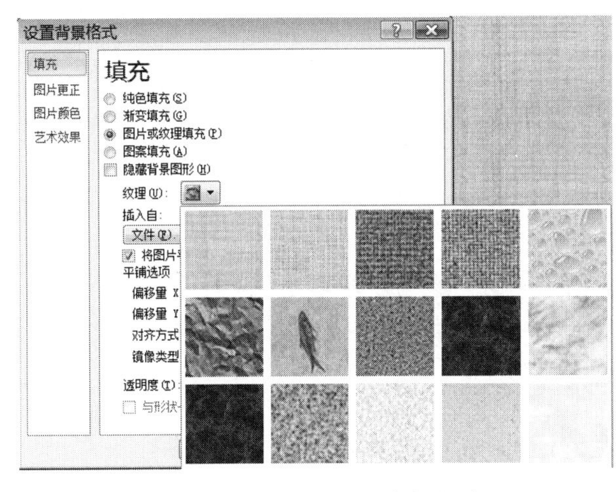

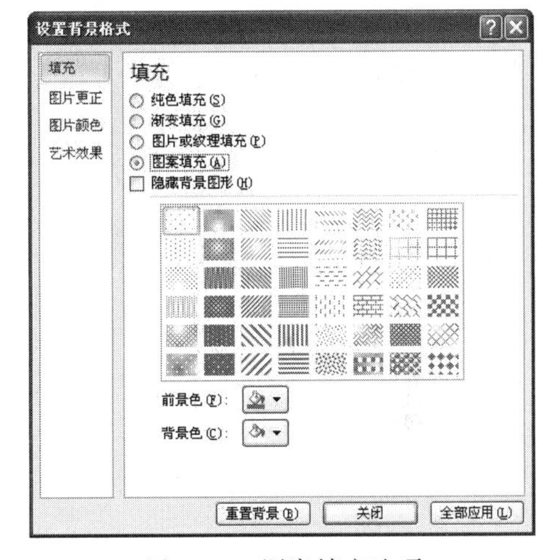

图 5-48　图片或纹理填充选项　　　　图 5-49　图案填充选项

5. 幻灯片切换

幻灯片切换是指演示文稿放映时幻灯片进入和离开时的动画效果，即页面与页面之间的整体过渡效果。幻灯片的切换效果包括幻灯片切换样式和切换属性，它可以使幻灯片的过渡衔接更为自然，提高演示性。

（1）切换样式

“切换样式”下拉列表框如图 5-50 所示，PowerPoint 2010 提供了细微型、华丽型和动态内容三大类 30 余种切换样式，用户可以根据需要选择合适的样式进行应用，单击其中的任意样式可以应用到当前选择幻灯片也可以应用到所有幻灯片中。

（2）切换属性

幻灯片切换属性包括效果选项、换片方式、持续时间和声音效果，如可设置“自左侧”效果，“单击鼠标时”换片、“打字机”声音等。图 5-51 所示为幻灯片切换属性设置窗口。

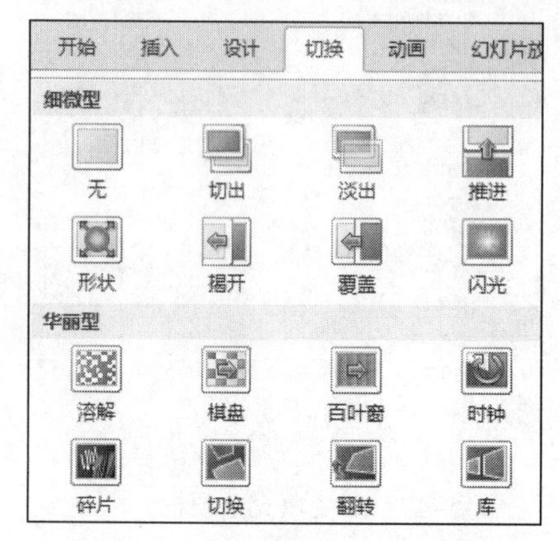

图 5-50 “切换样式”下拉列表框

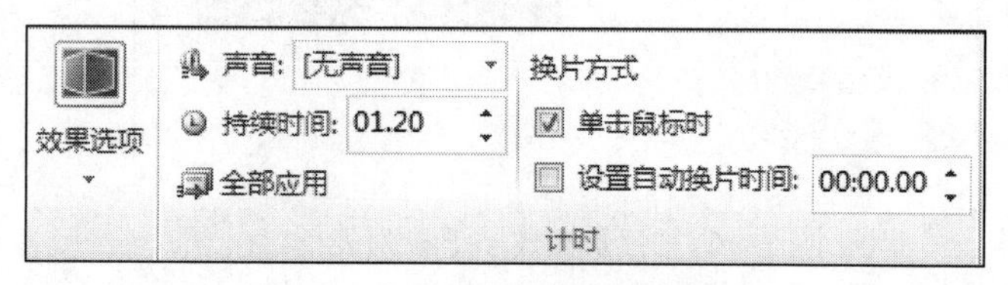

图 5-51 幻灯片切换属性设置窗口

任务 2 制作个人简历演示文稿

任务介绍

小明来到大学已经两年多了，即将走向工作岗位，为此他想为自己制作了一份个人简历，并能通过 PowerPoint 进行播放演示。

任务分析

个人简历一般包括个人基本情况、专业特长、兴趣爱好、求职意向等。

本任务通过启动 PowerPoint 2010，创建一个空白演示文稿文件，通过添加不同版式的页面，并将基本素材（文本、图片）插入到各个页面中。

任务分解

本项目任务可以分解为以下 3 个子任务：

子任务 1：利用母版设置统一风格。

子任务 2：设置超链接对象动画效果。

子任务 3：设置放映效果。

任务实施

子任务 1 利用母版设置统一风格

步骤 1：新建 PowerPoint 文档并保存

① 选择“开始”→“所有程序”→“Microsoft office”→“Microsoft PowerPoint 2010”命令，启动 PowerPoint 2010，新建一个空白的 PowerPoint 文档，单击“文件”→“保存”命令，以“小

明个人简历”的名称保存文档。

② 单击“设计”选项卡→“页面设置”组→“页面设置”按钮，在弹出的“幻灯片大小”列表框中选择“全屏显示（16:9）”选项，单击“确定”按钮。

步骤 2：利用母版设置统一风格

① 选择“视图”选项卡→“母版视图”组→“幻灯片母版”按钮，进入幻灯片母版编辑状态，选择母版状态下序号为 1 的幻灯片，如图 5-52 所示。

② 单击“幻灯片母版”选项卡→“背景”组→“背景样式”下拉按钮，在打开的下拉列表框中选择“设置背景格式”选项，弹出如图 5-53 所示的“设置背景格式”对话框，选择“填充”区域中“纯色填充”单选按钮。在“填充颜色”区域中选择“颜色”列表框中的“其他颜色”选项，弹出“颜色”对话框，切换到“自定义”选项卡，如图 5-54 所示，在红色 R、绿色 G、蓝色 B 数值框中输入 225、250、220，单击“确定”按钮，然后关闭“设置背景格式”对话框。

图 5-52　进入幻灯片母版效果

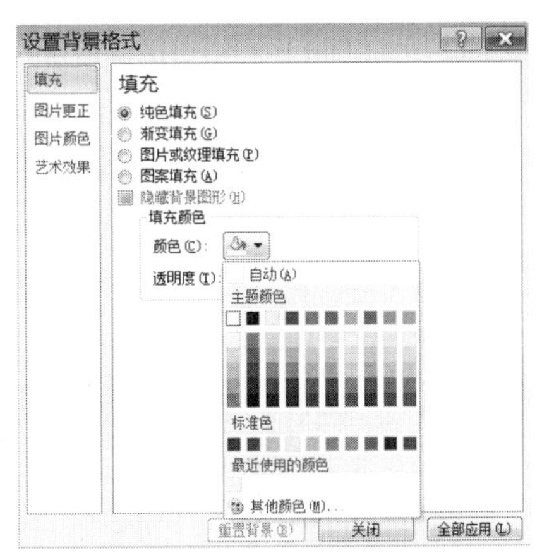

图 5-53　设置背景格式

③ 选择第 2 张“标题幻灯片”版式，单击“幻灯片母版”选项卡→“背景”组→“背景样式”下拉按钮，在打开的下拉列表框中选择“设置背景格式”选项，在弹出的对话框中，选择“填充”中的“图片或纹理填充”选项，如图 5-55 所示，单击“文件”按钮，弹出“插入图片”对话框，插入“背景.jpg 图片，单击“关闭”按钮，插入效果如图 5-56 所示。

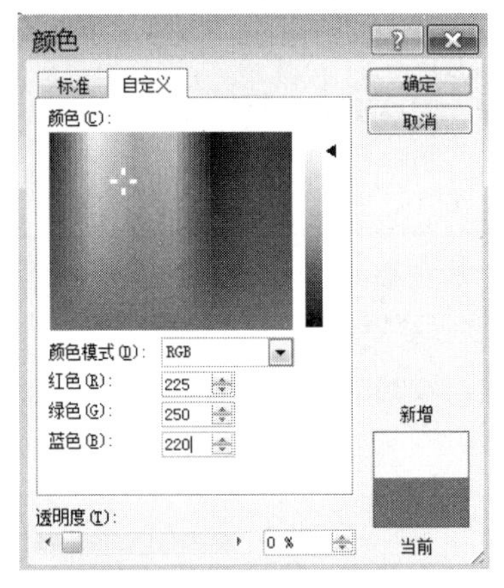

图 5-54　设置背景颜色

图 5-55　“图案或纹理填充”参数选项

④ 选择第 8 张“空白幻灯片”版式，选择“幻灯片母版”选项卡→“背景”组→“隐藏背景图形”复选框☑，同步骤 2 插入图片“致谢.jpg”，插入效果如图 5-57 所示。单击“幻灯片母版”选项卡→“关闭”组→“关闭幻灯片母版”按钮，退出“幻灯片母版”编辑状态，返回普通视图模式。“标题页”效果如图 5-58 所示。

图 5-56 图片填充效果

图 5-57 “空白幻灯片”版式设置效果

步骤 3：添加目录页内容页

同理，新建 5 张“标题和内容”版式幻灯片，并录入相应内容，目录页效果如图 5-59 所示，4 张内容页设置效果如图 5-60 所示。再新建一张“空白版式”幻灯片。

图 5-58 “标题”页内容效果

目录

- 个人情况介绍
- 获奖情况
- 兴趣爱好
- 联系方式

图 5-59 “目录”页内容效果

个人情况介绍

1. 本人性格开朗、稳重，待人真诚热情。
2. 工作认真负责，积极主动，能吃苦耐劳。
3. 有较强的组织能力、实际动手能力和团体协作精神，能迅速的适应各种环境，并融合其中。

获奖情况

1. 在校期间获奖、成果情况：
2015——2016学年荣获省“三好学生”称号。
2016——2017学年荣获市“优秀共青团员”称号。
2017——2018学年荣获“实习积极分子”称号。
在校篮球联赛中获得第一名
2. 获得证书情况：
大学英语四级证书、全国计算机二级证书、会计资格证书

兴趣爱好

- 爱好广泛，是学校篮球球主力，同时是学校文艺骨干，性格踏实肯干，工作认真，责任心极强。

联系方式

1. 电话：15800000000
2. 邮箱：123456789@166.com

图 5-60 4 张幻灯片文字录入效果

步骤 4：设置幻灯片的切换效果

单击“切换”选项卡→“切换到此幻灯片”组→“切换方案”下拉按钮，在打开的下拉列表框中选择“华丽”型→“涟漪”选项。在“切换到此幻灯片”组中单击“效果选项”下拉按钮，在打开的下拉列表框中选择“从左上部”。在“计时”组中的“声音”列表框中选择“收款机”的切换声音。单击“全部应用”按钮，完成幻灯片的切换效果的设置。

子任务 2　设置超链接及对象动画效果

步骤 1：设置超链接

① 单击第 2 张幻灯片“目录页”，选择“目录页”中的“个人情况介绍”文字内容，单击“插入”选项卡→“链接”组→“超链接”按钮，在如图 5-61 所示的“插入超链接”对话框中选择“链接到”区域中的“本文档中的位置”选项，在“请选择文档中的位置”列表框中选择“3.个人情况介绍”，单击“确定”按钮。

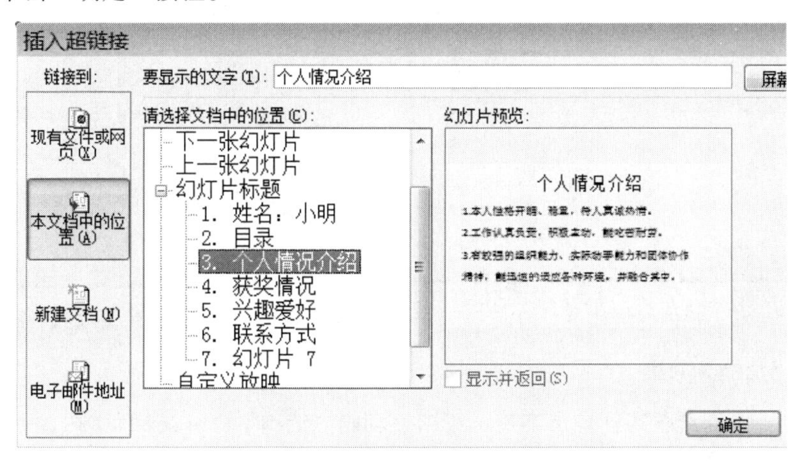

图 5-61　“插入超链接”对话框

① 同理“目录”页中的“获奖情况”文字域超链接到第 4 张幻灯片，“兴趣爱好”超链接到第 5 张幻灯片，“联系方式”超链接到第 6 张幻灯片，设置超链接后目录页的文字效果如图 5-62 所示。

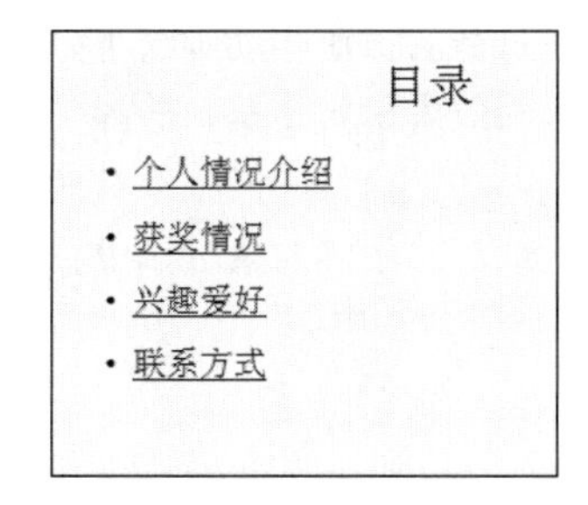

图 5-62　超链接后的文字效果

步骤 2：插入动作按钮

① 选择第 3 张幻灯片，单击“插入”选项卡→“插图”组→“形状”按钮，选择如图 5-63 所示的“形状”下拉列表框“动作按钮”区中的“自定义”动作按钮。在幻灯片的右下角位置拖动鼠标左键，绘制“自定义”动作按钮，并弹出“动作设置”对话框，选择“超链接到”单选按钮下方列表框中的“幻灯片”选项，如图 5-64 所示，弹出如图 5-65 所示的“超链接到幻灯片”对话框，选择“2.目录”，单击“确定”按钮。

② 在“自定义”动作按钮上右击，在弹出的快捷菜单中选择“编辑文字”命令，添加如图 5-66 所示的“返回”内容文字，并设置字体大小。复制制作好的动作按钮，并将其粘贴到第 3 至第 6 张幻灯片中。

图 5-63　形状”下拉列表框

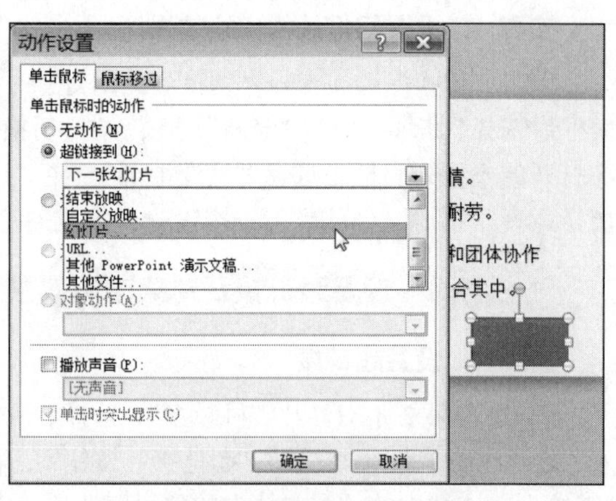

图 5-64　动作设置”对话框

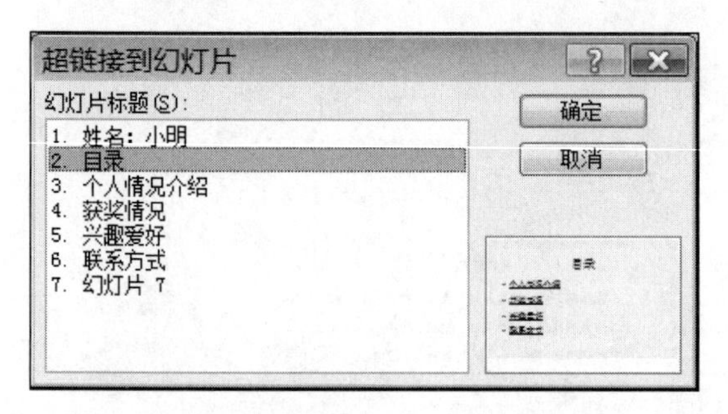

图 5-65　超链接到幻灯片”对话框

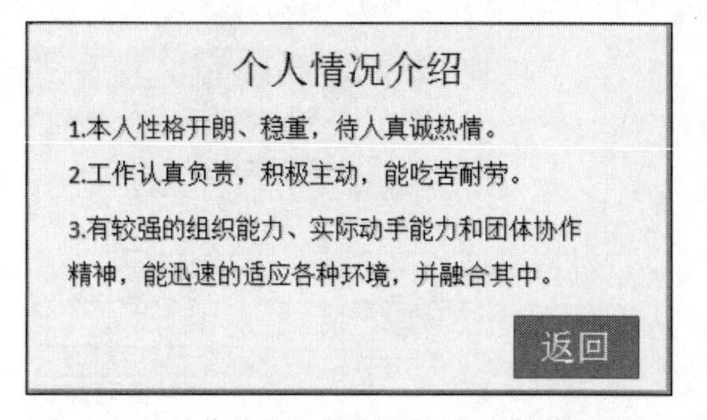

图 5-66　动作按钮”绘制及文字添加修改效果

步骤 3：添加动画效果

① 选择第 1 张幻灯片的标题文本框，单击“动画”选项卡→“高级动画”组→“添加动画”按钮★，在图 5-67 所示的“添加动画”列表框中选择“进入”区中的“轮子”选项。

② 选择副标题文本框，单击“动画”选项卡→“高级动画”组→“添加动画”下拉按钮，在打开的“添加动画”下拉列表框中选择“更多进入效果”选项，打开如图 5-68 所示的“添加进入效果”对话框，选择“温和型”区域中的“中心旋转”选项，单击确定按钮。

③ 选择第 2 张幻灯片“目录页”的正文内容，为其添加“切入”进入效果。同时依次为其他幻灯片中的对象分别设置不同动画效果。

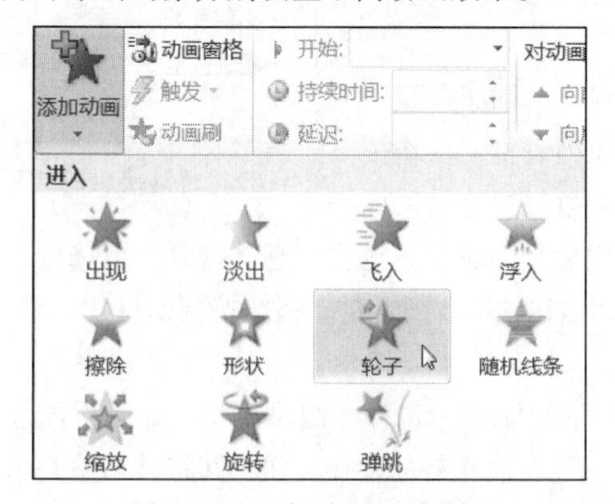

图 5-67　添加动画”列表框

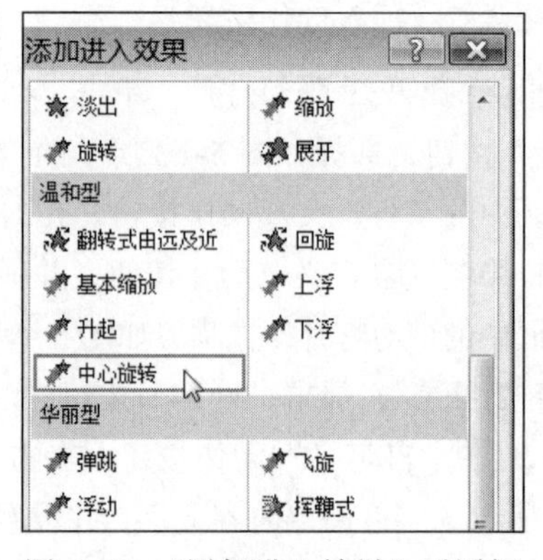

图 5-68　“添加进入效果”对话框

步骤 4：更改动画效果选项与播放顺序

① 选择“标题”幻灯片中的“副标题”文字内容，单击“动画”选项卡→“计时”组→“开始”下拉按钮，选择“开始”列表中的“上一动画之后”选项，设置动画播放顺序，在“持续时间”数值框中输入“02.00”。对象设置动画后其左上角将显示编号，如图 5-69 所示。

② 选择第 2 张幻灯片中的正文内容占位符，单击“动画”选项卡→“动画”组→“效果选项”下拉按钮，弹出如图 5-70 所示的“效果选项”下拉列表框，选择其中的“自左侧”选项，更改“切入”动画的进入方向。

③ 单击“动画”选项卡→“高级动画”组→“动画窗格”按钮，打开如图 5-71 所示的“动画空格”窗格，将鼠标指针移动到对应的动画选项上，按鼠标左键向下拖动鼠标，可以改变动画的进入顺序，还可以通过“计时”组修改其他选项。

图 5-69　播放顺序的序号标记

图 5-70　效果选项”下拉列表框

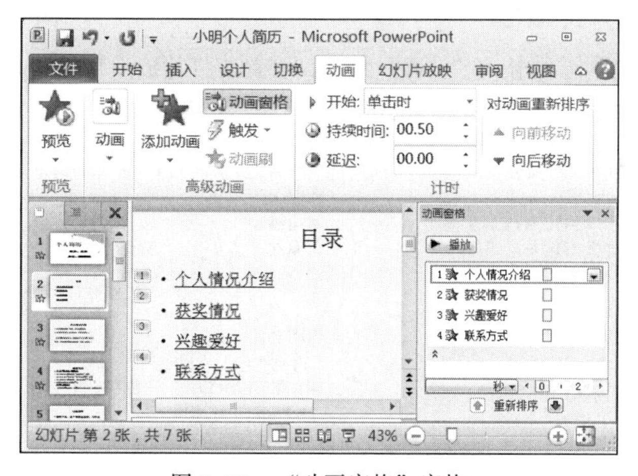

图 5-70　“动画窗格”窗格

子任务 3　设置放映效果

步骤 1：设置排列计时

① 单击“幻灯片放映”选项卡：设置”组→“排列计时”按钮，进入放映排练状态。

② 打开“录制”工具栏，自动为当前幻灯片进行计时，如图 5-72 所示。

③ 播放完成后，单击“录制”→“下一页”按钮（或者单击鼠标左键切换到下一张幻灯片），则“录制”工具栏的时间又从头开始为该张幻灯片的放映进行计时。

④ 所有幻灯片放映结束后，屏幕上将弹出提示对话框（见图 5-73），询问是否保留幻灯片的排列时间，单击“是”按钮进行保存。

图 5-72　幻灯片排练计时

Microsoft PowerPoint
幻灯片放映共需时间 0:00:21。是否保留新的幻灯片排练时间?
是(Y)　否(N)

图 5-73　是否保留对话框

步骤 2：录制旁白

选择第 7 张幻灯片，单击“幻灯片放映”选项卡→“设置”组→“录制幻灯片演示”下拉按钮，在打开的如图 5-74 所示的下拉列表框中选择“从当前幻灯片开始录制”选项，弹出如图 5-75 所示的“录制幻灯片演示”对话框，取消选择“幻灯片和动画计时”复选框，单击“开始录制”按钮。此时进入幻灯片录制状态，打开“录制”工具栏并开始对录制旁白进行计时，此时录入准备好的演说词，录制完成后按【Esc】键退出幻灯片录制状态。

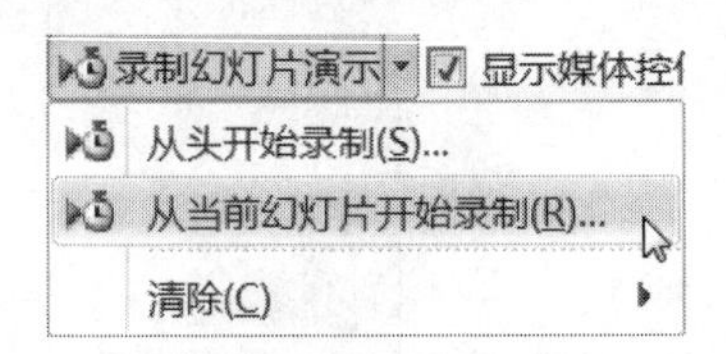

图 5-74　“录制幻灯片演示”下拉列表框

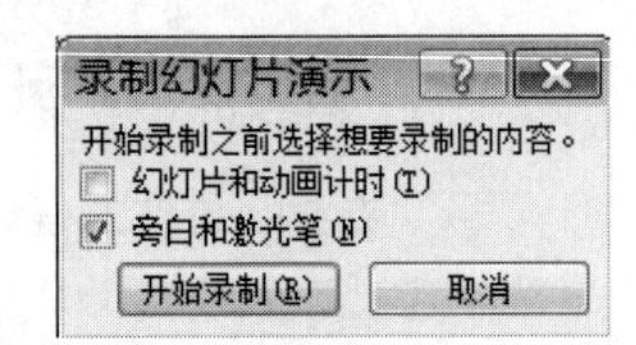

图 5-75　“录制幻灯片演示”对话框

步骤 3：设置放映方式

单击“幻灯片放映”选项卡→“设置”组→“设置幻灯片放映”按钮，弹出如图 5-76 所示的“设置放映方式”对话框，根据需要设置不同的放映方式。

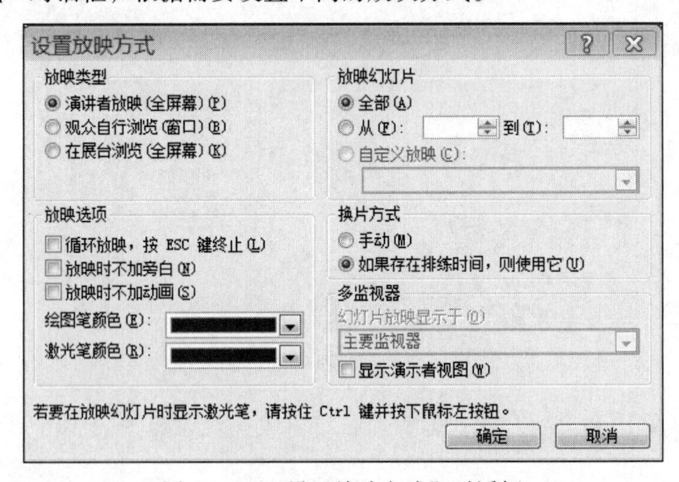

图 5-76　“设置放映方式”对话框

扩展任务　为幻灯片插入媒体文件

任务介绍：在某些演示场合下，生动活泼的幻灯片才能更吸引观众。除了文中介绍的插入对象外，用户可以插入媒体文件，如音频和视频文件，使幻灯片声情并茂。

步骤 1：插入音频

单击“插入”选项卡→选择“媒体”组→“音频”按钮，弹出“插入音频”对话框，选择需要插入的声音文件，此时幻灯片中将显示一个声音图标，同时打开提示播放的控制条，单击“播放”按钮即可预览插入的声音，如图 5-77 所示。

步骤 2：插入视频

单击“插入”选项卡→“媒体”组→“视频”下拉按钮，在打开的下拉列表框中选择“文件中的视频”选项，在弹出的“插入视频文件”对话框选择要插入的视频文件，单击“插入”按钮，插入视频文件，如图 5-78 所示。

图 5-77　插入音频文件

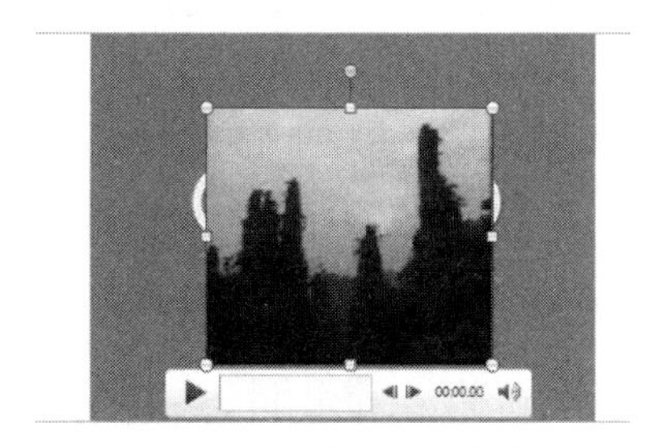

图 5-78　插入视频文件

知识链接

1. 母版视图

在 PowerPoint 中有 3 种母版：幻灯片母版、讲义母版、备注母版，如图 5-79 所示。幻灯片母版用于设置幻灯片的样式，可供用户设定各种标题文字、背景、属性等。幻灯片母版包括“普通幻灯片母版”（幻灯片母版编辑状态下的第 1 张母版幻灯片）和“版式幻灯片母版”（除第 1 张之外其他的母版幻灯片）。“普通幻灯片母版”相当于母版的母片，在“普通幻灯片母版”上修改的内容会在每张幻灯片上都起作用。每一种幻灯片版式都有自己的母版，即“版式幻灯片母版”，每一种版式的母版只与其所对应的版式幻灯片有效。备注母版只对幻灯片的备注起作用。讲义母版一般就用很少，幻灯片按讲义打印时，才以讲义母版的样式进行。

2. 幻灯片链接

幻灯片放映时用户可以通过使用“超链接”和动作按钮来增加演示文稿的交互效果。超链接和动作按钮可以实现从当前幻灯片跳转到其他幻灯片、文件、外部程序或网页上，起到演示文稿放映过程的导航作用。超链接命令，可以链接到现有的文件或网页，还可以链接到本文档中的位置、新建文档以及电子邮件地址等。动作是通过在幻灯片中添加动作按钮的方式实现从当前幻灯片到其他幻灯片的链接，可以链接到演示文档的上一张、下一张、第一张和最后一张幻灯片，同时还可以为幻灯片的跳转添加播放声音等效果。

3. 动画效果类型

PowerPoint 提供了 4 类动画：“进入”“强调”“退出”和“动作路径”。

①“进入”动画。设置对象从外部进入或出现幻灯片播放动画的方式，如飞入、旋转、淡入、出现等，以绿色五角星显示。

②“强调”动画。设置在播放画面中需要进行突出显示的对象，起强调作用，如放大/缩小、

更改颜色、加粗闪烁等，以黄色五角星显示。

③“退出”动画。设置播放画面中的对象离开播放画面时的方式，如飞出、消失、淡出等，以红色五角星显示。

④“动作路径”画面。设置播放画面中的对象路径移动的方式，如弧形、直线、循环等。

4. 动画窗格

当多个对象都设置动画后，可以按动画添加的顺序播放，也可以通过如图 5-80 所示的“计时”组中选项调整动画的播放顺序，动画播放的持续时间等参数，还可以通过图 5-81 所示的“动画窗格”对动画的播放方式、效果等参数进行设置。

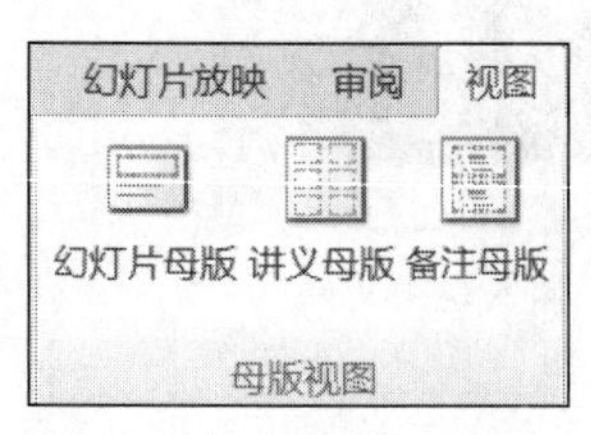

图 5-79 “母版视图”组

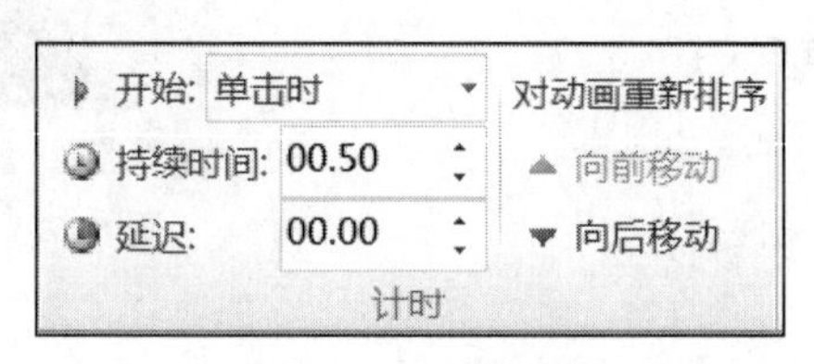

图 5-80 “计时”组

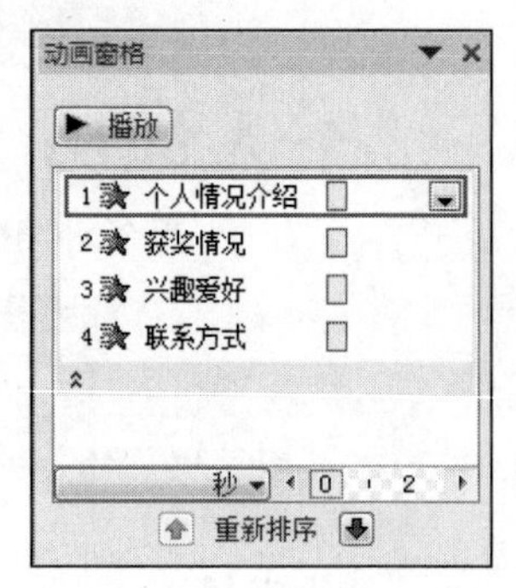

图 5-81 “动画窗格”窗格

5. 自定义动作路径

如果预设的路径动画不能满足用户的设计要求，用户还可以通过自己绘制的图形作为动画路径来设计对象的路径动画。

6. 复制动画

如果想给某个对象设置已经存在的对象动画效果，可以通过动画刷来完成。选中幻灯片上的某个对象，单击“动画刷”命令，可以复制该对象的动画，单击另一对象，其动画效果便复制到了该对象上，双击“动画刷”命令，可将同一动画效果复制到多个对象上。这个命令可以帮助快速复制动画效果。

7. 排列计时

排练计时是指对放映每张幻灯片的时间进行记录，然后放映演示文稿时，就可按排练的时间和顺序进行放映，从而实现演示文稿的自动放映，演讲者则可专心地进行演讲而不用控制幻灯片的切换等操作。

习题与训练

一、操作题

请按以下要求完成演示文稿的制作：

1. 启动 PowerPoint 2010，添加四张不同版式的幻灯片，并输入以“我的大学梦”为主题的内容。

2. 为幻灯片应用“流畅”型主题效果。

3. 在第一张幻灯片与第二张幻灯片之间插入一张版式为空白的新幻灯片，并命名为“新幻灯片”。

4. 为新幻灯片添加标题文本框，并设置背景填充颜色为“新闻纸”纹理。

5. 在文本框内输入“我的农经梦”，格式为“华文行楷，32，居中显示”。

6. 为标题文本设置超链接，链接网址为：http://www.hnyjj.org.cn。

7. 在第三张幻灯片中插入图片，并添加“进入、强调和退出”动画效果。

8. 为每张幻灯片添加不同的切换效果。

9. 将演示文稿设置为“观众自行浏览”模式进行放映。

10. 将演示文稿保存为“演示文稿作业”。

二、选择题

1. PowerPoint 2010 文件默认扩展名为______。

A. .docx　　B. .pptx　　C. . xlsx　　D. .ppt

2. 新建一个演示文稿时第一张幻灯片的默认版式是______。

A. 项目清单　　B. 两栏文本　　C. 标题幻灯片　　D. 空白

3. 幻灯片的背景颜色是可以调换的，可以通过右键快捷菜单中的______命令设置。

A. 设置背景格式　　B. 版式　　C. 动画设置　　D. 重设幻灯片

4. 在 PowerPoint 2010 中，对文字或段落不能设置______。

A. 段前距　　B. 行距　　C. 段后距　　D. 字间距

5. 在制作过程中如果对页面版式不满意，可以通过______选项卡中的“幻灯片版式”来调整。

A. 设计　　B. 开始　　C. 插入　　D. 视图

6. 在 PowerPoint 2010 中，如果希望在演示过程中终止幻灯片的放映，则随时可按______键。

A.【Esc】　　B.【Alt+F4】　　C.【Ctrl+C】　　D.【Delete】

7. 下列操作中，不是退出 PowerPoint 的操作是______。

A. 单击“文件”→“关闭”命令　　B. 单击“文件”→“退出”命令

C. 按【Alt +F4】组合键　　D. 双击 PowerPoint 窗口控制菜单中的关闭图标

8. 在幻灯片放映时，每一张幻灯片切换时都可以设置切换效果，方法是单击______选项卡，选择幻灯片的切换方式。

A. 格式　　B. 动画　　C. 切换　　D. 插入

9. 在 PowerPoint 2010 中打开了一个演示文稿，对文稿作了修改，并进行了“关闭”操作以后______。

A. 文稿被关闭，并自动保存修改后的内容

B. 文稿不能关闭，并提示出错

C. 文稿被关闭，修改后的内容不能保存

D. 弹出对话框，并询问是否保存对文稿的修改

10. 在 PowerPoint 2010 中，执行了插入新幻灯片的操作，被插入的幻灯片将出现在______。

A. 当前幻灯片之前　　B. 当前幻灯片之后

C. 最前　　D. 最后

参 考 文 献

[1] 薛永三. 计算机应用基础项目化教程（Windows 7+Office 2010）[M]. 北京：中国铁道出版社，2014.

[2] 钟滔. Office 2010 办公高级应用[M]. 北京：人民邮电出版社，2017.

[3] 侯冬梅. 计算机应用基础[M]. 北京：中国铁道出版社，2017.

[4] 谢宇. Office 2010 办公高级应用立体化教程[M]. 北京：人民邮电出版社，2014.

[5] 赖利君. Office 2010 办公软件案例教程[M]. 3 版. 北京：人民邮电出版社，2014.

[6] 李珍茹. Office 2010 办公软件从入门到精通[M]. 北京：科学出版社，2013.

[7] 李蒨. 办公自动化实用教程[M]. 4 版. 北京：人民邮电出版社，2018.

[8] 蔡明. 大学计算机应用基础（Windows 7+Office 2010）[M]. 北京：人民邮电出版社，2018.

[9] 吴兆明. 计算机应用基础教程（Windows 7+Office 2010）[M]. 北京：人民邮电出版社，2018.

[10] 王炎华. 计算机应用基础[M]. 北京：中国铁道出版社，2017.

[11] 王勇. 计算机应用基础实训教程（Windows 7+Office 2010）[M]. 北京：中国铁道出版社，2017.

[12] 高天哲. 计算机应用基础 Windows 7+Office 2010[M]. 北京：化学工业出版社，2015.

[13] 李树波. 计算机应用基础 Windows 7+Office 2010[M]. 北京：化学工业出版社，2015.

[14] 王津. 计算机应用基础实训教程[M]. 4 版. 北京：中国铁道出版社，2017.

[15] 王正友. 计算机应用基础教程[M]. 2 版. 北京：中国铁道出版社，2017.